U0169238

阅读　你的生活

Savoir Faire

A History of Food in France

高卢的技艺

法兰西饮食史

[美] 玛丽安·德本 —— 著
Maryann Tebben
何帅 —————— 译

中国人民大学出版社
·北 京·

译者序

法国的美食多不胜数，比如有鹅肝酱、蜗牛、松露、奶酪、面包和葡萄酒等，而且因为各地所产食材和当地人口味的不同，发展出多种多样的独特烹调方法，从而产生变幻无穷的美味，简直可称之为法国的最佳名片之一。法国料理以其口感之细腻、酱料之美味、餐具摆设之华美而成为一种艺术。而自打我们有印象以来，法国料理就是如此地优雅、精致和浪漫，一般人往往被法国料理复杂的技术、繁杂的设备、难懂的术语、成套的礼仪和昂贵的价格唬住，很少去探寻其行业地位是怎么来的、它发展到今天历经哪些演变。比如，你是否知道，法国古代的富人认为吃蔬菜有害健康？你是否知道，“香槟酒之父”佩里侬（Dom Pérignon）修士的故事只是一个杜撰出来的营销手段？你是否知道，著名的卡芒贝尔奶酪最开始并非我们现在看到的洁白如雪的样子？你是否知道，经历 19 世纪中期的葡萄根瘤蚜灾后，法国酿酒业除了高端酒外几乎被毁于一旦，全靠嫁接美国葡萄藤才得以续命？你是否知道，在餐厅的诞生地巴黎，“restaurant”最开始指一种汤，后来才演变成人们外出就餐的社会现象和场所？你是否知道，现代法餐中为客人分餐且一道一道上菜的服务方式实际上源自俄国？你是否知道，在《追忆似水年华》（*A la Recherche du temps perdu*）中唤起普鲁斯特（Proust）记忆的玛德琳蛋糕差点用蜂蜜吐司和意式香脆饼替代？

与市面上其他有意识或无意识地参与营销法国料理“高大上”形象的书籍不同，本书的作者玛丽安·德本为我们提供了一个很好的观照角度——一个西方人的平视视角。德本为美国马萨诸塞州西蒙洛克巴德学院饮食研究中心主任和法语教授，致力于研究文艺复兴时期和 17 世纪法国文学、文化，法国和意大利饮食史，以及女性作家。她对法国从公元 1 世纪的罗马 - 高卢时期到当今的丰富饮食史进行了细致梳理，挖掘出隐藏的故事，为我们撷取了那些高光片段，包括普通大众饮食的变迁，香槟、奶酪和餐厅的发展史，修道院、宫廷盛宴、烹饪书、科学技术创新、文学、法国大革命、交通运输网络、政府和行业协会等给法国烹饪带来的影响；同时还加入了其他同类作品中遗漏的女性、殖民地和外来移民文化对法国料理的贡献，指出当今法国人饮食身份面临的危机和困境，试图将这幅关于法国饮食的全景图补充得更加完整。她一针见血地指出“法国料理的本质在于矫揉造作”，在书中以幽默诙谐的口吻为我们解构法国料理的神话，一层层揭开法式美食的神秘面纱。她经过对法国历史典籍的深入研究发现：法国之所以拥有出类拔萃的农业、烹饪技术和食材，是因为法国人向来就是这么认定的；法国人擅长建立食材和烹饪技术的等级分类体系，并为他们的产品打上法国标签，将其融入法国的语言、文化传统和民族身份之中。德本的核心观点是：法国饮食的优越性基于一种构建出来的、浸淫着文化传统的叙事，这一叙事经过从农民到巴黎高级餐厅大厨、从奶酪生产者到总统、从文学艺术到法律法规的不断重复和接力放大，成为法国人的坚定信念和民族认同的黏合剂。法国人或许对打仗不太在行，但可以说通过他们独到的艺术和美学、难以理解又难以抗拒的时髦征服了世界——尤其是在餐饮领域。法国美食的成功不仅将法国从历史上战败后的军事和经济低迷中解救出来，还在潜移默化中塑造了法国的民族凝聚力量。

中华大地拥有不亚于法国的丰富饮食文化和珍馐美味，不过中餐在走向世界和打响品牌方面在一定程度上要逊色于法国料理。在我们走向中华民族伟大复兴的过程中，一方面要增强文化自信，另一方面也可以借鉴“他山之石”，通过了解和学习他人的成功密码来帮助中国饮食文化和中国美食更好地“走出去”。

最后，感谢在翻译过程中给予过我指导和帮助的李祝英女士和吴云飞先生。

何帅

2021 年 5 月于北京

前 言

那些传颂法国食物的故事构成了法国饮食史的基石。自高卢时代起，法国食品就稳定保持着高品质的名声，法餐也是最受国际认可的菜系之一。在第一本介绍法国饮食的英文专著《法国的食物》（*The Food of France*，成书于1958年）一书中，韦弗利·鲁特（Waverley Root）称，在法国的“美食之旅中，在那些充满冒险的宴席上，你需要一个向导、一个哲学家和一个天才的老饕来带领你发现那些高贵菜肴的珍稀之处”[1]。“即使是受过良好训练的食客也需要一位博学的导师”——这一观念是在几个世纪不断巩固法国食品地位的刻意努力下逐渐形成的。“好好吃”的传统似乎与法式生活密不可分。法国拥有丰富的物产、辽阔的帝国疆域，以及众多唱赞歌的作家和大厨，成为美食学的诞生地似乎命中注定。然而，法国美食称霸的关键并不在于食物本身的品质，而在于那些讲述它们的故事。法国人可是讲故事的好手。

神话、建构甚至完完全全的虚构——更不用提食谱、指导手册和影像，还有解释食物和烹饪必不可少的专业术语，所有这些在法国国内和国际上为传播普及法国饮食文化发挥了重要作用。本书认为，法餐的国际知名度位列前茅恰恰也是因为我们熟知这些故事，比如：戴高乐和258（或325或246）种奶酪，佩里侬修士和起泡酒，帕尔芒捷（Parmentier）和土豆，玛丽·阿瑞勒（Marie Harel）和卡芒贝尔奶酪，普鲁斯特和他的玛德琳蛋糕，等等。有些故事如此家喻户晓，以至于在不断的复述中“成真”了。在这种情况下，传说也是食物史构成的一部分。在世界饮食史的框架中理解法餐的主导地位，需要在事实、日期和数据之外看到那些被创作、复述和印制出版的故事。单纯的史实只告诉我们在高卢－罗马时期，人们很少吃猪肉，且仅限于农村家庭范围内，消费量直到19世纪才有所上升。而关于猪肉的故事则告诉我们，在高卢－罗马时期，因为法兰克人食用生猪肉，所以猪肉被视为野蛮的象征。到墨洛温王朝，法兰克人成为法国人后，猪肉才摇身一变成为文明的象征。在现代社会早期，农村家养猪一度被埋没于田园，猪肉仅被农民消费；直到19世纪巴黎的熟食店将猪肉加工成诱人的都市食物后，猪肉才再次受到重视。成千上万像这样的小故事构成了关于法国食物的传说，了解食物背后的故事也是法国美食体验的一部分。

发起对法国饮食史全方位的调查需要对食谱（经过证明的饮食实践的标记）和食物的供给、大众文化、象征意义，以及食物在文学和其他艺术种类、谣言和传闻（不管是公平的还是不公平的）中的形象进行全面审视。这本介绍法国饮食史的书从上述角度入手，并将法国文学当作起始线索，因为这些作品除了呈现它们所描绘人物的日常劳作、想法和观点外，还常常从另一个少见的角度呈现食物。法国饮食史对神话和想象的依赖如此之深，以至于法国饮食的故事与围绕和呈现它的文学章节密不可分。在法国语言文字中，美食学常常和写作绑定在一起，因为“美食学”（gastronomy）这个词就是由19世纪的文人［主要是亚历山大–巴尔萨泽–洛朗·格里莫·德·拉雷尼埃尔（Alexandre-Balthazar-Laurent Grimod de la Reynière）和让·安泰尔姆·布里亚–萨瓦兰（Jean Anthelme Brillat-Savarin）］写作创造出来的。帕斯卡尔·欧利（Pascal Ory）① 指出，关于美食学的历史一定也关乎文学辞章史，尤其在“长期将文学当作一种特殊崇拜对象”的法国。[2] 本书每章后都有一节“注释版文学鉴赏”，带大家一睹那个时期法国饮食在文学中的形象（第六章“文学点金石”除外，因为该章节的主题就是文学）。

法国料理大部分的发展都得益于宫廷文化的引领，将其与精致、艺术和美联系在一起。美食学作为19世纪的产物脱胎于民族主义，并持续为除边缘群体和法国海外领地居民外的主流人群提供民族凝聚的力量。诸如亚历山大·拉扎雷夫（Alexandre Lazareff）② 这样的传统主义者声称：“‘法国饮食例外论’的核心不在于自然资源或农民，而是美食学，主要因为我们将其看成一种表达方式和一种文化遗产。”[3] 在巴黎将餐馆当作公共空间的现象并不是宣告共和党人“自由、平等、博爱”的理想得到实现，

① 法国历史学家，法兰西学院院士。——译者注（以下脚注均为译者注，不一一注明）

② 法国 Pain Vin 公司董事长，法国农业部前高级官员，巴黎政治学院客座教授。

而是“低配”地复制国王的“大餐典礼”（grand couvert）——供人观看的公开聚餐。但是，法式烹饪毫无疑问也是属于人民的，“乡下人的形象”被法国农民引以为傲，也受到政客赞誉。法国农业属性的吸引力也解释了法国被占时期维希政府出台的“土地重新分配政策”（对乡村农田再分配以鼓励大家回归农业）和AOC（原产地命名控制）奶酪保护政策的原因。作为18世纪骚乱和面粉战争的催化剂，法国面包一直在政府严格管控之下。法国政府在1993年还颁布过关于确定传统面包标准的政令。

这些关于法国饮食的不计其数的小传很好地装扮了历史的边角，而大部分关于法国料理的更广泛的研究都绕不开巴黎。作为法国的首都和最大城市，巴黎自身形成了一套完整的饮食体系。但是，讲述法国饮食的完整历史必须将外省与法国现在和之前的海外领地包括在内。法国的前海外殖民地为法国的食物版图贡献了基础产品（比如糖和酒），同时被法国殖民活动永久影响。高级料理的故事想必大家耳熟能详，但是饮食的全貌还必须包括农民和工人的食物，这两者也提供了建立美食帝国的基础食材。虽然很多具有历史意义的食谱对我们管窥中产阶级或精英饮食很有帮助，但它们描绘的图景遗漏了那些不识字和通过口授传艺的厨师。关于19世纪的饮食故事是传播最广的，当时的马里－安托万·卡莱姆（Marie-Antoine Carême）将餐饮艺术带向顶峰，描绘日常饮食的文学作品大量涌现，但法国饮食远不止那些易于知晓和理解的昔日荣光。完整的历史必须包括法国大革命前和餐馆出现前的时期，包括冰箱和起泡香槟酒出现之前的时期。关于面包、葡萄酒和奶酪的这样或那样角度的学术研究并不鲜见，但本书尝试讲的是生产者和消费者的故事、传统和颠覆的故事。最重要的是，这本关于法国饮食史的书尝试解开法国料理的一些“为什么”：为什么法国人这样吃？法餐何时开始成型？为什么法国人欣然接受他们土地上出产的独特食物？为什么局外人对范畴广博的法餐总绕不开那些老套的印象？法国饮食里的这些“为什么”在一些法国文学摘录和其他艺术表现形式中跃然纸上；食物和饮食活动凭借它们得以像一幅静物写生、一幅漫画或艺术品一样，即使只供人一瞥也仍然值得被保存。

安托万·福尔隆（Antoine Vollon）：《黄油堆》，1875/1885 年，布面油画

法国人民之所以拥有出类拔萃的农业、天生具备的高超技术和最好的食材，是因为他们自己向来拥有如此信念。他们还将自己和其他人区分开来——即使英国人和法兰克人一样都使用酱料。褐酱（espagnole sauce，意为西班牙酱汁）的起源或许与西班牙有点渊源，但现在却是地地道道的法式酱汁。在 1739 年出版的烹饪书中，作者弗朗索瓦·马兰（François Marin）就宣布在制作“现代料理”了，并对他初具雏形的菜式不断改进。法国人一直懂得将其烹饪产品精致化的重要性，并具有超前意识，时刻记得将他们的产品打上法国标签。17 世纪不断涌现的食谱使一些新的餐饮术语［比如清汤（bouillon）、前菜（hors d'oeuvre）和炖菜（ragoût）］在正式的厨房工作中留下印记，此后这些术语和食谱在烹饪实践中获得了不可动摇的地位。所以，现在无须赘言，法式技艺直接成了专业技术的代名词。至少对于高级烹饪来说，语言是保持法国料理内在同质性的关键，其“法国性”使法餐菜式得以在国外发扬光大。法国史学家弗洛朗·格列（Florent Quellier）认为，法国葡萄酒的名望和“法国料理的霸主地位”使得法语中“gourmet”（法文本义为老饕）一词有了“美食家”的正面含义，并在 19 世纪强势输出到其他欧洲语言中。[4] 法国人认领（和创造）了“gastronomy”（美食学）、“gourmandise”（指讲究、爱好饮食）和其他数不清的饮食词语。美食学作家布里亚-萨瓦兰在他的著作《厨房里的哲学家》（*Physiologie du goût*，成书于 1825 年）中指出，“gourmandise”一词的来源和“coquettishness”（卖弄风情）一样都是法语，并在书中将

“gourmandise”的含义从“暴饮暴食”转变为“对精致食物的欣赏追求”。在实际操作上，政府颁布的保护性法令有力地扶持了生产者一方，助力面包、肉和酒等不断成长为独立行业。针对这些行业的保护主义得到了人民的支持，尽管这种家长式经济在为法国公民提供保障的同时，也限制了生产者一方的发展。

没有一本书能够穷尽法国饮食这个话题。关于法国美食（和日常食物以及介于这两者之间的东西）有太多可聊的了。本书只能算“快照”，力争全面但不可避免存在偏颇，尽量从有利于我们现代食客理解的视角辨清法国饮食独特性的起源。如果不搞清楚法国人如何一步步走到今天，是什么因素（经济、地理、政治或艺术方面的）曾引导他们做出选择，我们就无法理解他们现在的饮食方式。虽然餐桌是所有食物研究的终点，但本书还将通过研究食物的生产和消费，研究文学作品中“吃”出现的地方和方式（通过对当时饮食潮流态度的实时描绘）来勾勒法国饮食的全景。因此，本书也可以说是由历史潮流和想象篇章织就的华丽挂毯，以令人感同身受的方式描绘法国饮食。既然做不到面面俱到，本书将致力于发掘法国饮食座座丰碑后隐藏的珍宝，更加仔细地检视那些老生常谈、流于表面的故事，补充研究前现代和殖民时期的饮食，问出那些没问过的问题，将关注重点从高级料理转向大众饮食、从食客转向生产者。最重要的是，将上述角度整合到一块。

本书的章节组织并不严格按照时间顺序，因为饮食史大事件的影响常常跨越时空，有时要过很久才能看出结果。第一章从高卢时期讲起，那些还不能称作法国人的原住民显露出他们在烹饪创造方面的天赋。根据安提姆斯（Anthimus）的记载，法国人的祖先法兰克人首创性地改变了一些食材的性状，高卢人和法兰克人将对猪肉、奶酪和热面包的喜爱作为遗产代代相传下去。作为法国饮食特性的塑造者之一，法兰克人以好胃口著称，他们也对领地里富饶的土地和盛产鱼类的河流进行了充分利用。法国小农经营和吃本地食物的传统也要追溯到高卢时期，当时他们的领地虽然比现在小得多，但相当肥沃。当地河流出产的鱼类在古代文学作品中得到传颂。随后，加香料的鱼汤因帮助人们熬过了禁肉令下青黄不接的封斋节而名声大噪，这也是为什么后来巴黎有了雷阿勒市场（多亏了圣路易和他的鱼市）。鱼类菜肴后来还成为里昂小酒馆的招牌菜之一。补充一句，里昂这个地方藏着所有法国最好的女厨师。

第二章审视了查理大帝（Charlemagne）时代后，法国餐桌的基督教化、面包法令在中世纪强制推行和文艺复兴时期宫廷菜肴首次接纳蔬菜的历史。法国人从中世纪时期起对待食物就已经有自己的一套方法了：要求面包定价合理，区分不同阶级食用的面包，为不同面包命名并确定标准重量。肉类也和面包一样按种类和重量供应，屠宰师在这方面的权力大得惊人，但相关规则不断变化，既是对他们的保护又是对他们的限制。从中世纪开始，屠宰师和国王（或者政府）开始互相角力，双方的来回博弈从1418 年王室以危害公众健康卫生为由关闭巴黎屠宰场算起，直到19 世纪才告一段落，其间双方各有得失。

法国料理既是一门科学也是一门艺术。第三章研究从路易十四古典时期起，使法餐逐渐出挑和可辨识的那些创新。层出不穷的烹饪书带来了精英料理和厨师长（chef de cuisine）的概念，催生第一波新式料理的潮流：大块烤肉让位于乳酪面粉糊酱肉、新晋的驰名奶酪、（还不能称为香槟的）起泡白葡萄酒和随后尼古拉·阿佩尔（Nicolas Appert）发明的可以长途运送的食品。这些早期食谱里的技术和菜式一旦被打上"法国"标签，立马在欧洲内外的宫廷变得炙手可热。法式烹饪知识通过印刷品的传播使法国料理成为法国人的民族财富，使美食学的影响力超出精英阶层和讲法语的人口。

第四章见证了法国大革命时期席卷法国乡村的面粉战争、巴黎餐馆的诞生和那些无穷无尽的法规——它们力图保障法国公民的生活必需品：做面包用的小麦、取暖用的木材、炖汤或彰显身份用的肉和生活享乐用的酒。面包和肉类处于保护主义措施和强大的行业协会拉锯战的旋涡中心。人民将对谷物价格上涨的怒火倾泻在面包师身上，政府的回应方式却是对面包的种类加以限制。尽管吃肉在法国启蒙运动时期被视为暴力行为，但法国大革命后肉类行业协会的复兴再次证明，吃肉的权力在法国人民的饮食中无可撼动。心怀善意的科学家用土豆解决面包危机的尝试以失败告终。即使是在启蒙时代，时尚因素也驱动着巴黎面包样式的创新，软而白的发酵面包最终取代了老式紧实的圆面包。

提到19世纪的法国烹饪，我们会想到卡莱姆、布里亚－萨瓦兰、格里莫·德·拉雷尼埃尔和美食学。然而这些进步的背景却是战争、入侵以及两个皇帝和一个共和国的轮替带来的政治动荡。

第五章审视了法国大革命后的社会情绪对食物的看待方式和供应的影响。这一时期法国的边境线不断变化，宫廷菜肴再度受到追捧。19 世纪的巴黎是所有美食故事开始和落幕的地点，但外省在其中也发挥了不小的作用。卡莱姆的时代也见证了第一批地方菜食谱的诞生和葡萄根瘤蚜灾带来的苦难。法国大革命和拿破仑战争后，巴黎重拾用艺术、时尚和精致饮食来消磨时光的老习惯。

第六章直接全部用来介绍饮食文学，挖掘与厨艺烹饪相关的文献宝藏：如布里亚－萨瓦兰被用滥了的格言——“告诉我你吃什么，我就能知道你是什么样的人”，还有令普鲁斯特魂牵梦绕的玛德琳蛋糕。这两者代表了法国文人笔下令人向往的法国饮食美妙图鉴的精华。还有来自马提尼克、突尼斯和瓜德罗普的声音，那些海外法国人在夹缝中下记录他们自己的饮食传统，补充了殖民时期和后殖民时期饮食的样貌，并提供局外人对法国饮食的观察角度。

法国在各地的殖民活动大都横跨整个 19 世纪，从 18 世纪末期的圣多明各（海地）的糖料种植园，到存续至 20 世纪中期的阿尔及利亚的葡萄园和西非的咖啡、水果与油料作物园。第七章检视了法国殖民地食品计划，尤其是法国人将“风土”概念推广到海外的尝试，以此区分宗主国和殖民地的物产。法国殖民活动对殖民地的影响是多方位的，塑造了其与法国既相联系又相区别的农业和民族身份。法国虽然曾有过治理一个辽阔帝国的尝试，但始终未能将殖民地的食物和民族特性完全吸收进正统的法国料理。

爱德华·马奈（Edouard Manet）:《牡蛎》，1862 年，布面油画

第八章介绍了两次世界大战和被占时期法国的农业和社会巨变。如今的法国料理虽然入选人类非物质文化遗产，但也面临着身份危机。汽车旅行改变了法国人对经典料理的理解，地方菜一时风头无限。在“里昂母亲”的努力下，中产阶级料理的地位向高级餐饮更近了一步。为了拯救手工奶酪和使法国人免于快餐的诅咒，谦逊的农民形象再度回归，并化身为一名叫乔瑟·波维（José Bové）[①]的人。21 世纪处于十字路口的法国，既渴望保住美食大国的地位，又无法适应全球化带来的菜系融合和自身人口结构日趋多元化的趋势。

---

① 曾带头砸法国麦当劳店。

夏尔－弗朗索瓦·多比尼（Charles-François Daubigny）：《农场》，1855 年，布面油画

法国各类饮食史的共同主题实际上都是在讲述对“风土”的信仰，这一信仰源自这一共识：卓越的法国料理得益于法国得天独厚的气候与和谐创新的文化氛围。17 世纪见证了“风土”这个术语的诞生，用来描绘土壤与作物之间的和谐关系，很快其定义扩大到用来表述优质土壤传递给农作物的品质，并为这样一个论断提供了依据：只有在法国出色的土壤里才能长出出色的农作物，它们只能通过天赋异禀的法国公民（他们也是这片出色土地的产物）来加工制作。艾米·特鲁贝克（Amy Trubek）[①] 认为，法国对“风土”概念的推广是“国家保护和推广其珍视的农业传统计划的一部分”[5]，是对将法国与土地紧紧联系在一起的农民形

① 美国佛蒙特大学营养和食品科学系主任兼教授。

象信任和留恋的表现。但“风土”同时也是法国高端葡萄酒的保护性营销手段，将外国产品及其影响力排除在外。否则，为什么在法德边境曾经属于法国的德国领地上出产的葡萄酒不能够享受法国“风土”认证呢?

今天，在对争取 AOC 标识的法国产品的评估中，“风土”的内涵还增加了知晓“制作之道”（savoir-faire）的含义。“制作之道”也是法国行话，意为品质和才华的结合体。法国人通过食物向世界讲述卓越的传奇故事，其美食遗产源自其丰饶、优异的物产和传统悠久、浑然天成的厨艺技术。为了在饮食领域保持不败地位，法国人将“制作之道”和“生活之道”（savoir-vivire）的概念强强联合。“savoir-vivire”的字面含义是生活的法则，对法国人来说就是“吃的规矩”。美食学家布里亚－萨瓦兰认为，讲究饮食首先是一种社会品质，是“生活之道”，烹饪则是一种艺术。[6]《法兰西学院词典》（the Académie Française dictionary）将美食学定义为“制作精美食物的艺术法则总和”，认为规则使得法式烹饪成为艺术。实际上，“制作之道”贯穿了全书的脉络：比如种植、烹饪和品鉴伟大食物的诀窍，还有如何创造概念将食品作为法国产品来推广的窍门等。法国人在军事、工业甚至农业上不一定有多么成功，但是他们知晓食物之道——如何创新和精炼，如何制定和推广规则，如何传承美食遗产，如何自我推销。法国料理的精髓在于与美好的人一起享用美妙的食物，并遵守保持其原汁原味的规则。

Savoir-Faire

A History of Food in France

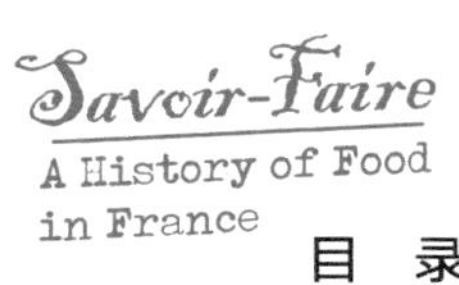

目 录

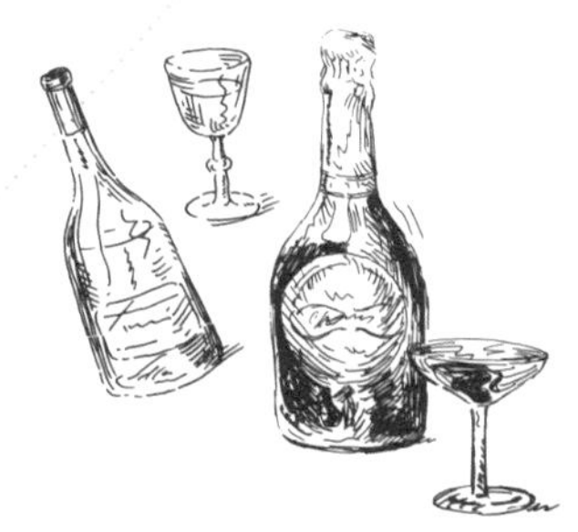

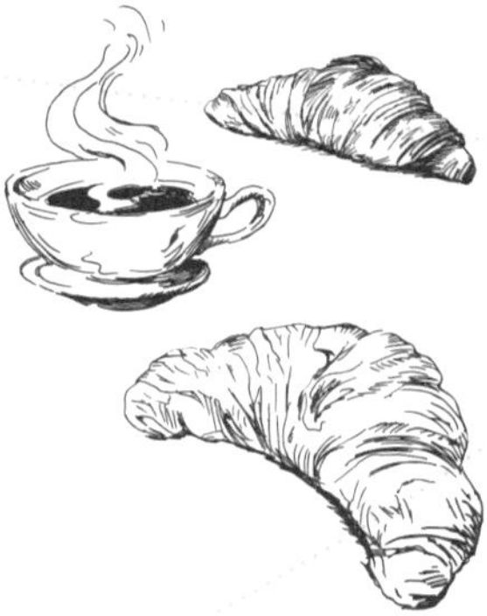

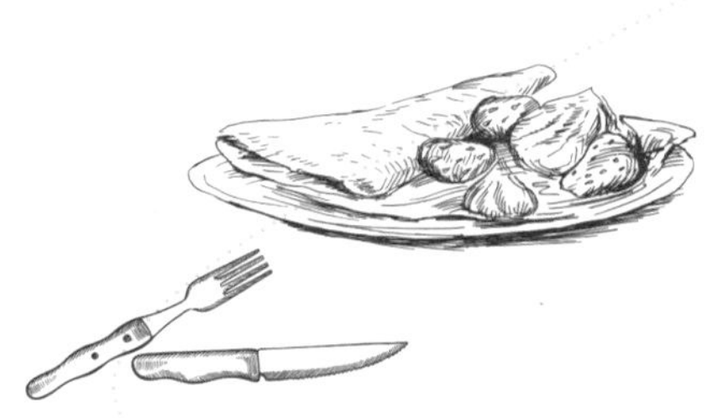

第一章

寻根高卢

法国美食的卓越之处在于事实与神话的珠联璧合，它根植于这片法国存在之前名叫高卢的土地。[1]尽管古代饮食考证尚未有定论，但是可靠的文学和考古证据表明，罗马帝国时期的高卢就以“善吃”著称，这一点早在公元1世纪老普林尼（Pliny the Elder）的《自然史》（*Natural History*）中就有记载。[2]现在被称为法国的这片土地过去大体由高卢－罗马人占据西北，法兰克人占据北部（双方以塞纳河为界），西哥特人占据西南，勃艮第人占据东部，尽管其各自的势力范围随着征伐和政变时常改变。公元52年，罗马军队入侵高卢，随后与当地居民广泛融合，产生了高卢－罗马民族。罗马帝国统治下的和平持续了3个世纪。5世纪初，匈人的入侵迫使罗马人开始撤离。公元476年，最后一个罗马皇帝被从高卢赶走，高卢迎来了克洛维一世（Clovis，481—498年在位），他建立了君主制。公元6世纪初，墨洛温王朝统一高卢，将其称为“法兰克人的王国”，其子民都成了法兰克人，即今天法兰西民族的前身。

在与高卢人和法兰克人共享领地时期，罗马人在占领的地盘上强行推广了一些他们的饮食传统，同时也接受了一些本地人的吃法，包括食用生的肥猪肉（这一令人咋舌的吃法来自法兰克人，尽管一开始遭痛批，但后来也被部分罗马人有保留地接受了）。我们今天很多关于高卢人饮食的知识都来自安提姆斯，他是希腊的一名医生，在公元511年作为使节被派遣到法兰克国王提乌德里克一世的宫廷，著有《食物观察信笺》（*Letter on the Observance of Foods*）。该书是那个时期和罗马帝国最后一部对饮食进行全面描绘的画卷，曾被称为“法国第一本烹饪书”，但其写作形式是附带评论的报告，而不是食谱的合集。[3]这部作品成书于公元511年后，一开始是作为献给提乌德里克一世（Theuderic）的实用论述，稍涉医学，但着重研究法兰克人的饮食风俗，比如享用黄油、鲑鱼、培根和啤酒的习惯等。法兰克人尤其以“铁胃”著称，与罗马人崇尚适度原则不同，他们“认为海吃豪饮是男人阳刚的表现”[4]。虽然将“能吃”和阳刚之气相联系不是法兰克人留给法国的最持久的遗产，但“食物第一”的观念永久留在了法国人的民族属性中。在帝国衰落时期，一些古老的食物凭借安提姆斯的作品得以保存，包括醋蜜（oxymel，一种蜂蜜和醋的混合饮料）和“流蛋”（sorbilia）。安提姆斯在书中对经发酵得到的鱼酱嗤之以鼻，并认为黄油只能当作药用。然而，他的书首次记载了关于蘑菇和松露的描述——尽管用的是他粗糙且不标准的拉丁语。[5]显然，安提姆斯和他同时期的文字只记载了贵族或精英的饮食；农民阶层一日三餐状况如何，无从推断。

罗马人过去认为饮用牛奶是一种未开化的风俗习惯，但安提姆斯在他的著作里对这一观念提出挑战。他认为，有文化的喝酒者和没文化的喝奶者之间没多大差别，明确称法兰克人两者都喝。他建议健康的人可以喝新鲜的牛奶、山羊奶或绵羊奶，或者喝山羊奶和蜂蜜、蜂蜜酒或者葡萄酒的混合物（这或许是最打破常规的饮品了）。法兰克人嗜吃黄油，而罗马人仅将黄油用于医药用途。安提姆斯也不敢逾矩，虽专门开辟一章称赞新鲜无盐的黄油，但主要也是称赞其药用价值。奶酪幸运地免受罗马人对奶制品的歧视，因为其制造需要灵巧的人工劳动，因此也是文明的象征[6]，以至于安提姆斯花了四个篇章介绍奶酪。通过介绍法兰克人的传统，我们得以目睹高卢－罗马人面包、油和葡萄酒“三角”饮食与非罗马人肉、谷物、奶制品和啤酒“四角”饮食的冲突。这两种饮食模式要等到高卢过渡为中世纪的法国时才开始融合。

罗马－高卢时期用迪朗斯河运送葡萄酒，创作于公元前 63 年到公元 14 年之间

这些就是法国成为后世无可撼动的美食国度的早期源头。据普林尼记载，罗马帝国最负盛名的奶酪来自尼茂苏省（今法国尼

姆市)、勒苏尔和加巴利库斯（今法国中部高原洛泽尔省和热沃当省）的村庄。尽管罗马的山羊奶酪也特别好，但是高卢产的“味道浓烈如药”[7]。安提姆斯认为，只有新鲜无盐的奶酪才有益健康。但是，罗马诗人马提亚尔（Martial）在《隽语》(*Epigrams*，成书于86—103年）中赞扬了一种产自法国图卢兹的方块奶酪(quadra)。[8]斯特拉波（Strabo）在《地理学》(*Geography*，一部与普林尼大致同期的希腊语著作）中盛赞了莱茵河和索姆河环绕的色夸尼地区（现法国西南弗朗什孔泰大区）产的高品质猪肉——“罗马人从他们那里获取最好的盐腌猪肉”[9]。安提姆斯在他的饮食摘记中也提到，法兰克人嗜吃猪肉。他建议将猪肉煮熟后放凉再食用，但又声称生培根有益健康，且“接待他的法兰克主人就是因为常吃这个才比其他人健康”[10]。他同意马提亚尔的观点，认为最好的火腿来自高卢，尽管马提亚尔文字中提到的地名（切雷塔尼和梅那皮地区）实际上分别是今天的伊比利亚半岛和比利时。[11]母猪的子宫在不少记载中被列为一种特殊佳肴，是一种精英餐桌上的美食（正如其他大多数肉类一样）。保罗·阿力耶斯(Paul Aries）认为“生猪肉（不是子宫或乳房）成为墨洛温王朝时期的代表菜”是高卢-罗马饮食最终向墨洛温王朝饮食转变的标志。这一时期，日落西山的罗马饮食被充满肉食和泥土气息的法兰克饮食取代，“野蛮”和“精致”也被重新定义。一位6世纪的食谱创作者文尼达留斯（Vinidarius）提供了比安提姆斯书中的生培根多得多的猪肉食谱，包括红酒酱乳猪和百里香烤猪。阿力耶斯注意到猪的地位也发生了变化，“再也不是野蛮人的象征，而

摩泽尔河和葡萄园

是‘森林的徽章’”[12]。马西莫·蒙塔纳里（Massimo Montanari）也证实，从森林和草场获取食物不再是罗马人眼中“贫穷和边缘化的象征，而是一个流行且有利可图的活动，得到全社会赞誉”[13]。猪的地位和森林一样得到提升，区分人和食物“野蛮”和“文明”的界限开始模糊。罗马帝国一灭亡，高卢－法兰克人的饮食习惯（阿力耶斯称之为“高卢餐桌法则”[14]）马上得到恢复，看来罗马人的饮食习惯相比其他方面并没有在高卢扎根太深。

了不起的猪

肉类在高卢－罗马时期和墨洛温王朝时期是权贵的象征，当时最常见的肉类是猪肉。野猪和家猪由于其实际和象征意义在餐桌上拥有优越地位。高卢－罗马人的领地上到处都是黑压压的森林，地上落满的橡果给猪提供了饱餐的来源，也给富人和农民提供了打猎的场地。在中世纪早期的文字记载中，猪成了森林的象征。人们对猪肉的喜爱超越了罗马－高卢人、凯尔特人和日耳曼人领土的边界——这些地方在后世都属于法国。公元1世纪，凯尔特－高卢地区（勃艮第地区的前身）汝拉山脉附近的色夸尼地区所产的高品质盐腌猪肉已获得希腊作家斯特拉波的认可。公元6世纪，医生和作家安提姆斯在他的《食物观察信笺》里记录了法兰克人偏重猪肉的饮食结构，该书用一整章介绍生猪油脂的营养健康价值，还用另外七章专门介绍猪肉。罗马征服者对法兰克人饮食中的生猪肉嗤之以鼻，认为这是野蛮人的吃食，但所有阶层的人都在用某种方式食用猪肉：底层人民用猪油给蔬菜炖汤调味，上流社会将猪肉烤熟或水煮后切片摆上桌。猪身上的每一个部位都得到利用，最珍贵的部分是脏器，尤其是猪肚、母猪的乳房和子宫。养猪在高卢的森林地区很常见，尽管那时的猪比现代的猪个头小得多，而且很可能与野猪混交。野猪在高卢－罗马时期的待遇也很高，尤其受高卢人和日耳曼人部落的青睐。莫库斯（Moccus）是凯尔特－高卢人的猪神，这个神话源自凯尔特人对野猪的崇拜。除此之外，还有其他很多传说。野猪的形象作为攻击性的象征被用在前高卢－罗马时期的硬币和军队徽章上。

征服者威廉的盛宴，巴约挂毯局部，11 世纪

而在德国这一边，18 世纪相传有一只叫斯克里默（Skrimmer）的大猪生活在瓦尔哈拉森林，路边的小饭馆直接从它身上片肉下来，但它毫发无损并源源不断地为人们提供美味佳肴。

所有这些证据似乎让人得出如此印象：法国人和他们的祖先热爱最好和最精致的食物，出产法国珍馐的土地先天拥有卓越的农业潜力——这也是后来法国全民参与宣传的概念。高卢－罗马人当时还不会生产葡萄酒，大麦或小麦啤酒是更受欢迎的饮料，人们偶尔还喝蜂蜜酒。普林尼曾略为提及高卢有一种用谷物酿造的啤酒，这种谷物还可以提供发酵面包用的酵母。[15]话说回来，早期的酿酒者的确在高卢的土地上找到了希望：其东南部在罗马帝国之前就生长着葡萄藤，公元前 50 年罗马人开始在其中部和北部种植葡萄。[16]罗纳河、摩泽尔河和莱茵河等织成的河流网络促进了葡萄酒贸易的兴盛，罗马人的运酒船得以出入“长毛高卢人”的领地。叫“长毛”或许是因为高卢地区草木茂盛；又或许是因为法兰克人普遍长须长发，被罗马人认为是野蛮人。[17]古罗马后期，波尔多地区和摩泽尔山谷地区（今天的洛林地区）的葡萄酒已经以其品质有了知名度。公元 378 年，高卢总督德西穆斯·马格努斯·奥索尼乌斯（Decimus Magnus Ausonius，出生于波尔多）在他 4 世纪后期的诗作里赞美了故乡的酒和摩泽尔地区风景如画的葡萄园。图尔的格雷戈里（Grégoire de Tours）在他公元 591 年左右完成的《法兰克人史》（*History of the Franks*）中也提到了奥尔良、图尔、昂热和南特的葡萄酒。

淡水鳕

棕鳟

河鳟

在奥索尼乌斯的诗歌《摩泽尔河》(*Moselle*)里，他列出了一个摩泽尔河中可食用鱼类的清单，证明了鱼类在高卢人饮食结构中的重要性。奥索尼乌斯和安提姆斯所赞美的鲑鱼、鲈鱼和鳟鱼等都是河鱼。[18] 奥索尼乌斯称白鲑鱼有“最柔嫩的肉质”，鲑鱼“肉色如玫瑰般红润”(唯有它可与广受赞誉的胭脂鱼媲美)，梭子鱼“在大排档煎炸时冒出刺鼻的油烟味”，河鲱则是“穷人的食物”[19]。安提姆斯的记述中遗漏了胭脂鱼（一种地中海海鱼，高卢内地没有），但提供了一份梭子鱼食谱，它和掼鸡蛋清一起用来制作可能是法国历史上最早的鱼丸。[20]西多尼乌斯·阿波里纳里斯（Sidonius Apollinaris）在其公元5世纪的记载里证实了塞纳河和卢瓦河都盛产鱼类，产量之多以至于形成了辐射全境的鲜鱼买卖行业。[21]

罗马帝国能在境内顺畅地运输鱼和酒，表明其商道已经建立形成（这便利了后来的法国），且其愿意生产食物出口外销。但随着罗马人的供应网络在帝国的余晖中摇摇欲坠，普罗大众只能在住所附近的狭窄范围内寻找吃食。好在高卢人拥有的肥沃土地和农业优势使他们从周围族群中脱颖而出，高卢农民不仅通过种地养活了自己和他们的领主，还为未来的创新和贸易开辟了道路。高卢人曾被认为是最优秀的农民，他们发明了轮作、堆肥和农牧结合的生产方式以及收割器、耕作器等农业用具。[22]其蔬菜、水果、肉和奶也产量颇丰。下层阶级打理的菜园保持了小农经济的活跃性，也为遥远后世法国饮食史中记载的、供应巴黎的大型菜园打下了基础。富饶的土地和精耕细作传统的结合可能促进了“好好吃”风气的传播：法国人很早就学会了务农，吃得不多但蔬菜种类多样，并强调吃当地产的食物。即使只对早期高卢或法国的饮食史稍有涉猎，也能看出这两个特点：法国饮食的地区特色鲜明，以及人们通常青睐需要施加人力技巧和创造工作的制成品，比如奶酪和葡萄酒。这个看法与人们之前的成见形成鲜明对比，那一成见便是：罗马人是文明开化的化身，代表出产葡萄酒和橄榄油的领地；非罗马人代表的则是草原和森林，吃的是生肉和土里直接收获的蔬菜。虽然安提姆斯不情愿地肯定了法兰克人的饮食，但他认为菜肴“既要满足口腹之欲又要对健康有益”，这向美食学迈近了一步。[23]这种对乐趣追求的影射虽然没有取代健康饮食的严格要求，但也已经与罗马人的态度大相径庭了：后者对待日常饮食的原则通常是谨小慎微、适度为先（狂欢盛宴的场合显然除外）。

除了鱼肉和猪肉，上层高卢－罗马人还吃牛肉（尽管显然吃得比罗马人少，后者还从高卢进口母牛），通过饲养绵羊和山羊获取奶和肉。大块的肉通常先经水煮或蒸熟，再烤或炖，蘸着酱料食用。野生和驯化的野鸡、鹅和鸭在富人的餐桌上也有一席之地，但不会出现在节日的筵席上。安提姆斯书中记载了为使野鸡和鹅在被宰杀前增肥而给它们强行填食的方法。他还推荐食用鹧鸪和鹤（偶尔为之），但不推荐吃燕八哥和斑鸠，因为那些鸟类可能会吃对于人类而言有毒的植物。[24]安提姆斯还在书中表达了对溏心或流黄的鹅、野鸡和家鸡的蛋的喜爱；传说也是他发明了名为“雪蛋”（oeufs à la neige）的菜肴——尽管这个命名与实物的差距需要一些想象力来填补。[25]肉类消费量在墨洛温王朝时期开始上升，因为公共区域对狩猎行为更加开放。贵族们猎取森林里的鹿和野猪，农民们则设陷阱捕捉野兔和鸟类、捕捞淡水鱼和海鱼。这种所有阶层都能参加捕猎的现象一直持续到公元10世纪，在此之后贵族们开始将老百姓从他们的领地上驱离。[26]

但高卢人爱吃肉并不意味着其饮食结构中就缺少蔬菜。在罗马人到来之前，高卢土地上的凯尔特人就擅长务农，而不是只做些园艺。法兰克人和高卢－罗马人将蔬菜种植业发扬光大。[27]安提姆斯的书中记载了甜菜、西蒜、冬白菜，还有蔓菁、欧洲防风、胡萝卜以及野生和种植芦笋的烹饪方法。对肉类和蔬菜调味则要用到香芹、芫荽子、莳萝、甘松、姜和青橄榄汁；法兰克人对使用被罗马人诅咒的大蒜、洋葱和小洋葱（适量用）并不忌讳。安提姆斯对丁香的记载令人十分感兴趣，因为这种香料直到罗马帝国末期才得到广泛使用。[28]安提姆斯对一道以扁豆为原料的菜肴的描述尤其有趣：先煮两次，再用醋、漆树粉和香菜仔细调味；这道菜的美食属性远远超过了其药用属性。[29]至于水果，根据安提姆斯记载，法兰克人喜爱苹果、梨、杏和桃等甜味水果，因为他们认为硬和酸的水果有害健康。他们既自己种植也从野外采集浆果，吃本地的树木出产的无花果、甜中带苦的杏仁和栗子。安提姆斯赞成适量食用椰枣和由甜葡萄制成的葡萄干。

最后聊一聊面包。现代法国对面包的迷恋在高卢时期就初露端倪，这片土地自古盛产谷物。安提姆斯观察到，富裕的法兰克人食用白面包，而且是趁热吃以利于消化。古书中明确列出了不同种类的麦子、下层阶级吃的谷物和用来制作贵族面包的精细小麦面粉（simila）——这种面粉还可以和羊奶一起煮成糊给胃部不适的人吃。据普林尼考证，虽然用来做小麦面粉的冬小麦在高卢地区长得特别好，但使用最广泛的实际上是一种黍类。[30]他还注意到，高卢的面包比其他地方的面包更轻，一方面是由于麦子的品种，另一方面是由于发酵技术的使用。[31] 法兰克人对肉食的偏爱并未完全取代罗马人对面包的执念，但罗马人将肉和奶当作野蛮人食物的观念也随着法兰克人自主权的提高而逐渐转变。通常情况下，罗马士兵和后备役公民普遍将蔬菜蘸橄榄油、面包和葡萄酒作为早午餐（prandium）。这种早午餐一般是素食的冷餐，做法比较简单，通常供单人食用。[32] 面包虽然不是罗马公民的每日必需品，但对士兵来说至关重要。如果只给士兵吃豆类，或者更甚——只给他们吃肉的话，会有引发抗议的风险，因为他们相信吃面包能够使“重甲护卫的身体变得像铠甲一样坚硬紧致”[33]。肉类在罗马人眼里通常与宗教献祭联系在一起，对节日筵席也至关重要——人们就着大量葡萄酒享用肉类和其他精美食物，其乐融融。但是，那些将肉和动物制品当作主食的人却被罗马人视为野蛮人，比如在他们所占领的高卢土地上食用并推崇肉类和奶的日耳曼部族（包括法兰克人）。

高卢的穷人吃煮熟的肉类和粮食粥，富人则吃彰显阶级身份的圆面包。农民种植和食用的谷物，比如黑麦、荞麦、斯佩尔特麦、燕麦、大麦和黍类等虽然更加高产，但口感比不上贵族吃的细麦子。农民们用谷物煮粥也有经济上的考虑：公元630年以后，达戈贝尔特一世（Dagobert）将磨制麦子变成了一项封建特权，农民们为了避免支付使用公共磨坊和烤炉的费用，于是选择将谷物做成汤和米糊。随着高卢的统一，人们不再区分高卢－罗马人和野蛮人之间的饮食差异，转而注重区分文明人和未开化者之间的差异，不再论其出身起源。西多尼乌斯·阿波里纳里斯从他元

老院成员和贵族的视角出发，举例说明了罗马人和野蛮人之间严格饮食界限的松动：在里昂，长发的勃艮第人尽管吃由洋葱和大蒜（农民的配料）调味的熟食，但部分饮食也达到了罗马文明菜的标准；这些非罗马人虽然仍是“未开化的食者”，但是离罗马的农民阶层的距离比起殖民地里吃生肉的野蛮人更近了一步。[34]对于想要保住自身权力的贵族来说，文明和粗糙吃法之间的差异不再是不同民族之间的差异，而是那些传统文化保护者与挑战者之间的差异。在罗马帝国消亡的日子里，曾经在高卢具有强势地位的传统罗马文化遗产逐渐让位于法国中世纪文化的萌芽。[35]以法兰克人饮食为代表的非罗马饮食在高卢晚期经历了更充分的发展，还受到圣餐饮食等基督教化浪潮带来的影响。这些变化大多由查理大帝引进，他推行的“餐桌的基督教化”很快将初生的法国和其他邻国区分开来。

尽管现代法国人在他们自己宣传的历史版本中并不一定完全承认他们野蛮法兰克人祖先的影响，但是中世纪法国的饮食实践的的确确与高卢－罗马时期和法兰克王国时期的厨艺创新及“吃得尽兴而不是适度”的传统一脉相承。不管怎么说，高卢人/法兰克人自古就以“胃口好、勇于突破规则和精于厨艺”而著称。这些未开化的野蛮人居然能做出一些令人欲罢不能的菜肴，这令罗马贵族十分不悦。透过 15 个世纪的迷雾，我们发现“长毛”高卢人的确可能赋予了几道现代法国菜以雏形。虽然我们仅凭高卢饮食少数珍贵的具体证据得出的结论难免有失偏颇，但是法国饮食的全景图必须囊括这些古代的微光，以提醒我们法国料理的荣耀之源远早于卡莱姆、埃斯科菲耶（Escoffier）和博古斯（Bocuse）等法国名厨，最初是始于其土壤和河流。

德西穆斯·马格努斯·奥索尼乌斯[1]
《摩泽尔河》[2]（公元 371 年）[3]

多鳞的白鲑[4]在沙岸边的水草里闪烁，它的肉质多么地柔嫩、鱼骨多么地紧致，它是健康餐桌的理想菜肴，但只能放置六个小时；鳟鱼的背部如繁星般点缀着紫色的圆点[5]；泥鳅[6]没有尖刺，仿佛恶作剧；顺溜的河鳟[7]唰地一下不知所踪。而汝，鲃鱼，奋力游过萨尔河弯曲湍急的峡谷，在两岸各三座高耸码头间泛着涟漪的河嘴被带进一条涛声更大的水流。再轻轻划一下吧，汝是越挫越勇的，在所有生灵中汝拥有年岁带来的荣耀。

噢，我也不会漏掉汝——肉色红如玫瑰的鲑鱼，在河流中层摇摆着大尾巴，在浅水区繁殖，沉静的水面暴露了你的行踪。汝鱼头光滑，胸部的鳞片像护胸甲一般，适合摆上“令人不知所措的餐桌”[8]；可以经长时烹煮而不变形，鱼头高贵、鱼腹便便、鱼脂丰厚。汝，淡水鳕[9]，越过伊利里库姆，越过伊斯特河[10]的沼泽地，漂浮的水沫出卖了汝的行踪。汝被带入我们的水域，汝是摩泽尔河欢快的水流中出名的寄养子。大自然赋予汝如此美妙的颜色：背部布满深色的斑点，外缘被橙红色包围，光滑的背部带着一层天蓝的色调。汝中段肉质紧实，脂肪充盈，而从中段到尾尖的鱼皮又是那么粗糙。

也不会忘了汝，鲈鱼——我们餐桌上的美味，虽生于河流，不受追捧，但值得与海鱼媲美，甚至与粉红的胭脂鱼并驾齐驱[11]；汝的滋味如此美妙[12]，滚圆的身体被鱼骨分成几段。还有它，梭子鱼，顶着一个像开玩笑起的拉丁文名字，居住在沼泽或是充满莎草和软泥的池塘里，是哀鸣青蛙的死敌。它从来不是上宴会餐桌的料，在大排档煎炸时冒出刺鼻的油烟味。[13]还有无人不知的绿色丁鲷——普罗大众的慰藉，欧白鲑——小男孩吊钩的猎物，壁炉上吱吱作响的河鲱——平民的食物。还有汝，长到一半、被我捉到的白杨鱼，介于鲑鱼和鳟鱼之间的物种，汝兼具两者特点又不与之完全雷同，无法给汝做出确切定义。汝肯定在水族中占有一席之地，长度不超过两个手掌（不算大拇指），脂肪充盈，身体圆润，产卵期间块头更大，像鲃鱼一样有须。（第一卷，第85～125页）

…………

水下的来路现在已经看得够清，关于水下各类带闪闪盔甲的兵团的故事已经讲得够多，是时候让岸边的葡萄藤展露丰姿了。这里山脊高耸，斜坡远展，山口和向阳的山面起伏不平，像是一座被葡萄藤蔓包裹着的天然圆形大剧

场。那么，就让酒神巴克科斯的馈赠吸攫住我们游荡的目光吧。[14]（第二卷，第150～156页）

注释

[1] 公元378年起，奥索尼乌斯担任高卢行省总督。公元379年，他退休返回出生地波尔多。当时，罗马皇帝通过指派高卢人当行省总督来使高卢人对罗马帝国保持忠诚；奥索尼乌斯和公元5世纪的西多尼乌斯·阿波里纳里斯的祖父和父亲一样都担任过此角色。

[2] 摩泽尔河是莱茵河的支流，流经今天的法国、德国和卢森堡。诗的前面部分，奥索尼乌斯还提到了迪朗斯河和莱茵河，这两条河在历史上对罗马帝国的葡萄酒贸易具有重要意义。

[3] 英语翻译由休·G. E. 怀特（Hugh G. E. White）完成，《奥索尼乌斯》（剑桥大学出版社，1919年）第一卷，第231-263页。怀特从奥索尼乌斯诗歌中看到的更多是史学而非文学价值，他尤其对诗歌中关于作者身边的中产阶级生活的描绘感兴趣。

[4] 原版是大头鱼（Capito）；《新皇家百科全书》[乔治·谢尔比·霍华德（George Shelby Howard）等（1790年）]显示这个词可以用来指代好几种鲤科鱼类，包括白鲑、鲻鱼和淡水胭脂鱼。现在，白鲑已经不太符合现代人的胃口了。

[5] 奥索尼乌斯的原文用的是“salar”，刘易斯（Lewis）和肖特（Short）《拉丁语词典》（1879年）的注释仅为“一种鳟鱼”。但文中提到的颜色的确让我们想起鳟属鱼类，其在18世纪的描写中确实带有紫色的圆点。

[6] 指有口须和蛇形身体的鱼类，也因此被认为少刺。

[7] 另一种鳟鱼，即奥弗涅鳟鱼。

[8] 怀特的注解为“一顿客人不知道自己更喜欢吃哪个菜的正餐”。

[9] 原版用的是“鲉鱼”，只在奥索尼乌斯和普林尼的《自然史》中出现过（比如第9册第32章）。在约翰·博斯托克（John Bostock）和H. T. 莱利（H. T.Riley）的版本中被翻译成“河鳟”（伦敦，1855年）；他们认为，鲉鱼生活的地方太靠北，当时的希腊作家无从知晓。还有版本

翻译成“七鳃鳗”。但是，法语版译者坚持将其翻译成淡水鳕，这是一种原产自罗纳河的鱼，其肉和肝受到人们喜爱。

[10] 也被称为多瑙河。

[11] 红胭脂鱼出现在这里是为了与文中列出的淡水鱼相比较，既表明了罗马帝国时期兴盛的鱼类贸易使远在内地的人们能吃上海鱼，也显示此时的高卢人开始“吃当地食物”。

[12] 胭脂鱼在罗马人的餐桌上很常见，此鱼是少数获奥索尼乌斯夸赞其味道的鱼类之一。

[13] 事实上，安提姆斯很看重梭子鱼，并提供了一份以梭子鱼和鸡蛋清为原料的食谱，成为今天里昂传统名菜——龙虾酱汁蛋面鱼丸（quenelles de brochet）的前身。

[14] 奥索尼乌斯的描绘显示，从古罗马时期开始，人们就在摩泽尔河谷陡峭的山坡上搭架种葡萄。安德鲁·达尔比（Andrew Dalby）证实：在罗马人到来之前，高卢东南部就有人种植葡萄。古罗马后期，摩泽尔河谷的葡萄酒和奥索尼乌斯家乡波尔多的葡萄酒一样口碑甚佳。然而今天，大部分摩泽尔河谷的酒庄转向酿制德国的雷司令葡萄酒。

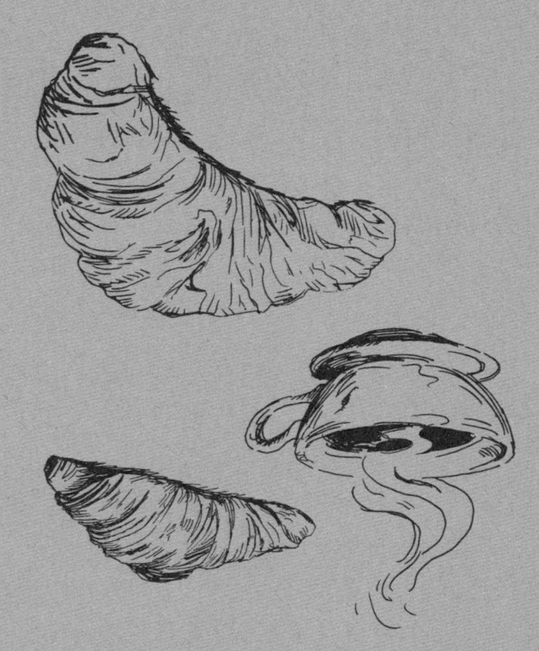

Savoir-Faire

A History of Food in France

第二章

中世纪和文艺复兴时期的法国：面包时代

现代法国料理的雏形能从中世纪和文艺复兴时期窥见端倪：这一时期食品工业开始成型，突破禁欲主义和膳食学束缚的烹饪艺术也得到发展。构成法国国民饮食身份不可或缺的元素在中世纪得以构建：如面包、葡萄酒和食品精炼技术等，其发展借助文字和影像更上一层楼。关于法国美食学的故事也在中世纪打下基础。法兰克人作为高贵高卢人后代的传说和克洛维一世作为法国基督教奠基人的说法也是通过中世纪学者的考证才得到证实，而不是在克洛维一世在世时就确认的。克洛维一世将高卢饮食和法国前现代饮食区分开来；他创建了法兰克人的王国，将法兰克人和高卢-罗马人团结在一起；他信奉的天主教也是法国文化身份的一个重要方面。中世纪的法国学者通过对一批古老藏书的研究，再度确认他们是高卢人的后代；并通过研究克洛维一世（“笃信基督教的国王”）的传说，为法国作为天赋异禀的天选之国这一说法寻找合理解释。[1]中世纪前，法兰克人曾被视作野蛮人，饮食习惯、仪容仪表都比较粗陋。这种对高卢人有目的性的“再发现”为法国饮食的起源故事也提供了有力佐证。“法国（如果此时可以将其称为法国的话）餐桌的基督教化”也是一个刻意建构出来的概念，因为比起他们的邻居，这些初代法国人更需要“通过信仰和顺应神意来肯定自身价值”[2]。于是，他们开始转向“文明的”或“基督教化的”饮食结构。在查理大帝统治（768—814年）[3]初期，法国基督教化的浪潮也席卷了高卢餐桌。“善吃

“节欲”，15世纪的微缩画

者”的概念也在这个时期出现，主要体现为提倡少吃肉、多吃面包和蔬菜、限制饮酒的圣餐饮食。基督教的新规强制推行多日斋戒和禁欲原则。同时，因为人们认为法国西部的居民在饮食上应该和东部地区（被认为是野蛮地区）拉开距离，这意味着西部居民应该少吃肉，多吃面包、葡萄酒和蔬菜。在饮食结构的基督教化过程中，修道院的饮食习惯逐渐扩展到法国全境，即按照宗教日历，每个周五、封斋节的每一天、每季度初的一周三天都必须斋戒，除此之外还有一些别的要求。

值得一提的是，葡萄酒在基督教化的法国备受尊敬，而啤酒的地位则受到被蓄意贬低的英式习俗牵连。查理大帝的忏悔神父图尔的阿尔昆（Alcuin de Tours）在 8 世纪写道：英国人和异教徒是一路的，他们的本土和大众文化里就提倡喝啤酒；法国人则懂得恰当地饮用葡萄酒这种圣餐的液体，即使法兰克人（包括阿尔昆自己）也喝啤酒。[4] 中世纪的遗嘱里开始提到葡萄酒——这表明在当时葡萄酒已经广泛普及，甚至连农民都能消费得起——至少在城市和靠近产酒区的地方是这样的。[5] 在乡下和不种葡萄的地区，啤酒和苹果酒则占据主要地位。皮埃尔·德·博洛瓦（Pierre de Blois）在 12 世纪再度挑起争论，称：啤酒是英格兰所有的麻烦之源（包括醉酒）；而葡萄酒是神圣的，使法国人值得受到褒扬。由此可见，葡萄酒成为法国新构建的文明饮食身份的一部分，将法国人和其邻居区别开来（也开启了法国人和英国人之间旷日持久的骂战）。法国人对其生产的葡萄酒自吹自擂的传统源远流长，进入现代社会后也势头不减。图尔的格雷戈里对法国奥尔良

和桑塞尔的葡萄酒取得的成功赞不绝口。公元 16 世纪，巴尔泰勒米·德·夏斯纳（Barthélémy de Chasseneux）在《世界荣耀之册》（*Catalogue of Glories of the World*）中称勃艮第葡萄酒无与伦比。[6] 波尔多的葡萄酒也早早扬名立万。公元 1152 年，阿基坦的埃莉诺（Eleanor of Aquitaine）和金雀花亨利（Henri de Plantagenêt，两年后成为英格兰国王亨利二世）成婚后，国王下令每年从波尔多运送近八万桶葡萄酒到英国——几乎占了该地区产量的一半。[7] 但大部分法国酒还是在本地酿造和消费，直到中世纪后期交通运输的改善进一步扩张了葡萄酒交易网络。这一时期的修道院僧侣也会酿酒——既用于宗教用途也用于自享，他们与合作的酒庄生

运酒，13 世纪彩绘玻璃局部

产着属于法国的最好的葡萄酒。14 世纪，阿维尼翁的教皇非勃艮第的佳酿不喝。1366 年，彼特拉克（Petrarch）在一封写给教皇乌尔班五世（Pope Urban V）的信中严厉批评了教皇的随从，称他们因怕再也喝不到博恩（属勃艮第）的美酒而拒绝回罗马。[8]

在中世纪的欧洲，修道院系统对食品生产和烹饪技术创新方面的影响占据主导地位。中世纪后期，修道院故意建在深山老林里，促使僧侣们通过独处和自给自足来辅助修行。早期的僧侣们采取了苦修的生活方式：戒除荤食，以野菜和生食为生。6 世纪中期，圣伯努瓦（St Benoît）制定了严格的指导原则来规范修行活动，包括日常饮食程序：僧侣每日可以享用两顿热餐（通常是汤），条件允许的话可以再吃一顿生蔬菜、面包和饮用按人配给的酒。四足动物的肉是绝对禁止食用的，除非是给身体非常虚弱的人吃。圣伯努瓦认为修道院应当配备水源、一间谷物磨坊、一座园子和一间手工作坊来生产僧侣们所需要的全部物资，以避免其跟外界接触。到了 7、8 世纪，修道院院长和主教们放松了些许规定，允许除星期五外在每天的汤里加入猪油调味，在圣诞节和复活节可以吃禽肉。梅茨大主教克罗德刚（Chrodegang）甚至还允许在封斋节的前后吃肉（而且不是禽肉或鱼肉），在封斋节期间吃奶酪和饮用五种度数的酒。[9]具有改革精神的修道院长阿尼亚讷的伯努瓦（Benoît d'Aniane，西哥特人家庭出身）为了扭转这一势头，开始重尊圣伯努瓦所定之规，并寻求在全国范围内订正和统一修道院的饮食规范。查理大帝也注意到了他的所作所为，赐予他本人和他所在的修道院以皇家地位和保护。公元

814年，查理大帝唯一的继承人——“虔诚者”路易（Louis the Pious）即位后，在加洛林王朝境内的所有修道院推行圣伯努瓦之规。公元817年，在亚琛举行的宗教会议颁布了宗教法规，规定所有西法兰西的僧侣须归于本尼迪克特派；在饮食方面，会议同意阿尼亚讷的伯努瓦的建议：除病人外，所有僧侣不得吃家畜肉，但允许除星期五和一些宗教忌日外将猪油作为每顿饭的调味品，在圣诞节和复活节可以吃禽肉。阿尼亚讷还规定只能喝最小度数的酒。不过，令人惊奇的是，僧侣们在封斋节和断食日期间可以食用海狸尾巴——海狸因为大部分时间生活在水里，因而在当时被认为是一种鱼类。

巴黎塞纳河左岸的圣德尼修道院向我们展示了修道院及其附属土地的生产和消费体系是如何运作的。公元832年的另一次宗教会议后，伊尔杜安修道院院长起草了宪章，规定哪些产品可以由该修道院之外的30片附属领地提供，哪些东西必须由僧侣们自己生产。而公元862年，另一份由“秃头”查理（Charles the Bald）批准的宪章显示，该修道院除了面粉和葡萄酒以外，其他物资的生产都已经外包；圣德尼修道院甚至公开参与交换经济，以购买的方式获取一些食品，并很可能通过卖出修道院的葡萄酒来购进其他物资。[10]在法兰克王国时期，完备的交通网络便利了地中海地区优质食品的运送，虽然与巴黎相距甚远（也远离圣伯努瓦之规），但它们仍能抵达僧侣们的手中。公元910年，阿基坦公爵拨地建立的克吕尼修道院成为后来本尼迪克特派修道院的代表。不过，克吕尼修道院的修行活动并不完全符合圣伯努瓦之规以及修道院须自给自足的规训。逐渐地，包括克吕尼修道院在内的一些宗教团体开始在市镇市场上购买葡萄酒和小麦。1120年，在“可敬的彼得”①（Peter the Venerable）下令只能买那些无法自产和现场收获的产品后，克吕尼修道院才再度回归自给自足。[11]法国修道院的食谱通常试图给人留下“农民般”的节俭印象，一般以自己种的蔬果和简单烹饪的食物为主，比如汤和米糊；用软小麦做的面包算是例外，因为用大麦、斯佩尔特麦、粟等其他粗粮做的粗面包才是农民的食物。然而，一份11世纪后期

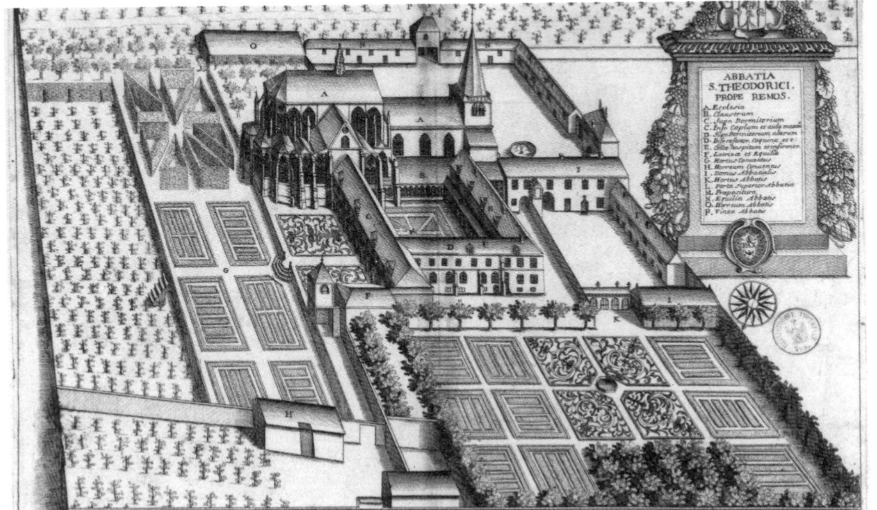

17世纪兰斯圣蒂埃里修道院的园地。请注意画面顶部和左边广阔的修道院葡萄园（G）和蔬菜园（K）

---

① 时任克吕尼修道院院长。

克吕尼修道院僧侣在沉默祈祷时用来交流的手语清单显示，僧侣们的食物多样性令人惊讶——这些手语对应有三种面包、七种鱼（包括鳗鱼、鳟鱼、鲟鱼和乌贼）、煎饼和葡萄酒。[12]

1125年，伯尔纳·德·克莱尔沃（Bernard de Clairvaux）对克吕尼修道院僧侣的饮食（还加上其他方面）给予了严厉批评，指责其使用了“引诱”味蕾的佐料；指责其以酒代水，并往里添加香料；指责其使用毫无必要的多种花样来烹饪蛋类。[13] 1132年，彼得·阿贝拉德（Peter Abelard）在信中提及修道院食用昂贵鱼类的不正之风（这些鱼本来是代替肉的祭品），此外还消费各种香料和大量的葡萄酒。[14]讽刺的是，这些由昂贵的鱼和蛋类做的菜肴原本是作为斋戒期间吃不上肉的补偿。“可敬的彼得”针对克莱尔沃的批评做出了实质性的整改。约13世纪，克吕尼修道院的饮食变成了以蔬菜汤和煮熟的青菜为主，一星期有四天可以吃蛋和奶酪，两天可以吃到鱼（如果价格便宜）、面包和葡萄酒；僧侣们在节庆日可以吃肉和饼，而不是面包；处于身体康复期的僧侣可以吃肉。[15]马西莫·蒙塔纳里认为，僧侣们使用那些违背安贫乐道初衷且脱离常规的食材，实际上是对宗教界强大社会地位的一种宣示，那些获得巨大权力的僧侣们无法抵御模仿贵族饮食的诱惑。[16]从早期允许僧侣们在节庆日吃禽肉的规定可以看出，他们吃的层次相当高，因为在中世纪禽肉的等级比牛肉和猪肉等“粗肉”要高，后者是给劳工吃的。

中世纪的修道院也可以说是世俗之人的服务者和供养者：穷人把它当作医院；富裕的旅客则把它当作旅馆，有时还一次性强行住上几天甚至几个星期。为了供应这些访客，修道院必须储存额外的面包、奶酪和肉——大部分是以什一税或丰收税的形式从其下属的村庄里收上来的。科尔比修道院雇佣了一批平民在其园子里工作，付给他们口粮和工钱，还有另外的人协助僧侣们进行日常劳作和物资生产。虽然这些不信教的外来人吃的和僧侣们差不多，但他们可以吃到僧侣们吃不到的特定种类的面包和猪肉（火腿和大块肉）——僧侣们要吃的话只能吃肥肉。尽管经历了亚琛宗教会议的改革，但从公元822年科尔比修道院喂养猪的数量来看，其僧侣在封斋节之外是能够定期吃上猪肉的。研究者估计，修道院每年处理近400头猪，在分给平民后还能剩下许多肉，这表明僧侣们每年在斋戒以外的日子里也能享用一些。[17]

彼得·阿贝拉德
纸刻像，匿名，
17世纪

既然肉类消费在教会影响下受到限制，面包顺理成章地成为法国饮食的中心，这使中世纪在某种程度上成为面包的时代。法国的小麦种植在这个时期和之后已经相当普及，从而使法国不像其周边邻国一样还依赖其他谷物。或许，今天使法国区别于邻国的“面包文化”也是因为小麦（用来制作软小麦粉）在法国很早就占据主导地位。中世纪农民将用来做面包的软小麦称为“贵族的粮食”，因为其产量低、只有富人吃得起，这对于看重产量超过味道或口感的农民阶层来说意义不大。[18] 法国的小城市和村庄将大部分开阔空地用来种植小麦，四通八达的海陆运输使远方土地上出产的软小麦也可以抵达大城市。14 世纪后期的诺曼底和 15 世纪的皮卡第产的小麦供养了整个巴黎，北勃艮第地区则供养了第戎。[19] 小麦在变成法国面包前需要先被磨成粉，磨坊则是修道院和封建领主彰显权力的另一个领域。11 世纪初，风力或水力磨坊在法国的乡村很常见，它们同时也是修道院建筑和城市的重要组成部分。巴黎一度有八座磨坊，都位于塞纳河上连接西岱岛和塞纳河右岸的磨坊桥上——该桥现在已部分损毁。巴黎粮商出售粮食的地点在格雷夫广场附近的河边，这也是法国北部的货品经水运抵达巴黎的第一站。起初，所有的磨坊都归封建领主所有，封建领主将其交给教会或平民维护，抽取一部分磨过的谷物作为报酬。直到 15 世纪，在法国某些地方还存在这样一种制度：封建领主强制其领地上的属民使用磨坊，并抽取使用费。公元 822 年科尔比修道院的档案给了我们关于封建制下教会磨坊的一个直观概念：为了生产修道院僧侣需要的 450 条长面包，需要磨坊处理用 1 130 辆马车从修道院所辖各村庄运来的 13 560 目（muid，一种谷物度量单位，1 目相当于 53 蒲式耳或 1 800 升）斯佩尔特小麦，并使用 12 个平民雇工——他们的报酬是一部分粮食。[20] 但磨坊有时会被城市资产阶级或市政府接管，像在 13 世纪的鲁昂发生的情况一样。[21] 职业面包师在磨坊使用上也有特权，包括按特殊价格支付费用和在需要处理大量谷物时延长使用时间。

14 世纪，波尔多地区的法令规定面包师只能用软小麦面粉做面包，不许用黑麦或其他麦子的混合物。然而，这只是针对在城市制作和消费的面包。农村地区或不那么富裕的人很可能使用了黑麦或粟粉做面包，或者是粥和无酵饼。乌布力（Oublies，名字来自拉丁语中表示圣餐的 oblata）是用两块热铁烤制的小威化饼，由不发酵的细面粉烘焙而成，从严格意义上来说并不是面包。这种圆饼既可以做成觐献给国王的珍馐，也可以做成献给教会的祭品或者公共节庆日在教堂外卖给大众的节日美食。[22] 1270 年，巴黎任命了一批乌布力制作师，将其区别于其他烘焙师——这两者直到 1556 年才被查理九世（Charles Ⅸ）合并统称为糕点师。在中世纪，糕点师做的是填充肉馅、鱼和奶酪的面点，不是我们现在常见的甜点；面包师同样拥有制作和售卖填馅面点的权力。实际上，巴黎关于烘焙业的法令最早先划分出面包师，然后才是糕点师。但是，这两个职业肯定同期存在过，并有所交叉。糕点师的明确定义直到 1440 年才出现；规则其实也很简单：糕点师不得使用坏的或臭的肉类、鱼或奶酪作为原材料，否则将被罚款，产品也将被焚销。[23]

15 世纪的农业劳工

现存种类繁多的烘焙品和行业发展不可或缺的规章制度使法国在烘焙方面独树一帜。这片土地的自然地理条件更适宜谷物生产，其人口也采取了一种偏重各种谷物面包的饮食结构，再加上从“笃信基督教的国王”开始就对面包附加的宗教情感、规章制度和构架完备的烘焙师训练系统、一个货真价实的首都城市人口体量催生的各种细化领域的烘焙师……所有这些都为法国主宰面包和糕点业打下了基础。法国成为面包之国可以通过其所处地理环境来解释，但是其多样又统一的面包文化则是其他因素共同作用的产物。在面包的形制方面，法国大城市的中央集权并没有限制地方在面包制作和起名上花样繁多的创新。法国人创造的关于面包的术语像关于其他食品行业以及烹饪技术的术语一样，使法国人在这个行业脱颖而出，更为其后来占据美食领域的霸主地位奠定了基础。法国人从中世纪开始对品类分级的孜孜不倦、对时尚潮流的追逐和对质量始终如一的要求造就了独树一帜的法国面包。

西奥多·约瑟夫·休伯特·豪夫鲍尔（Theodor Josef Hubert Hoffbauer）：《磨坊桥》版画，巴黎，1885 年

在面团的等级分类中，块状的面包更受穷人欢迎，被认为是“财富的象征”[24]。但在 13 至 15 世纪波尔多乡下教区的公证簿上却找不到关于职业面包师的记录，这表明面包师这个职业只有城市才有，农村人吃的面包都是自己用公共烤炉烤的（前提是他们吃得上）。[25] 15 世纪，波尔多乡村地区粟的产量远远超过黑麦，黑麦面粉直到 16 世纪下半叶才获得被面包师合法使用的地位。

与此相对，从 13 世纪波尔多大主教（其位高权重，所以对面包要求也高）对谷物征收什一税的记录可以看出，软小麦对他来说是再平常不过的了。[26] 法国加斯科涅地区的人们曾以种植、食用粟和黍类（panis）闻名，这两种谷物被认为是粗糙和落后的象征（正如加斯科涅人一样）。随着时间推移，中世纪多种曾经被用来制作面包的谷物（如大麦、燕麦、斯佩尔特小麦、黑麦等）逐渐都被一种法国小麦取代——法国人越来越倾向吃白面包（即使在困难时仍然坚持），除了在一些偏远的山区以外。在北方，次一

特鲁歇（Truschet）和霍约（Hoyau）：巴黎地图上的西岱岛和不同的桥，包括磨坊桥上的磨坊细节（图中左侧下端），1550 年

等的谷物被当作牲口口粮或用于酿造啤酒。到16世纪，谷物成为农民和大部分城市穷人的主要主食，被做成面包或粥，面包坏掉后还可以泡水当作稀粥喝。

随着14世纪的发展，得益于面包师职业的正规化和工资上涨，城市居民越来越倾向于通过购买来获取每日所需的面包。在中世纪，从事面包这一行业的关键是拥有烤炉的掌握权：教堂附属机构和医院有自己的烤炉，但城市中产阶级家庭通常没有。在封建制度下，农民和修道院之间的关系意味着农民不得不使用修道院的公共烤炉，除非每年支付一笔税款。在15、16世纪，只有5%的农民家庭拥有烤炉；但没有烤炉并不妨碍人们自给自足，因为在中世纪，乡村地区的面包师分成两种：一种被称为“烧炉者”（fournier），专门烘烤别人准备好的面团；一种被称为“全包者”（pancossier），从买进麦子到在商店或市场上卖出面包的每一步都由其独立完成。在巴黎，“全包者”又被称为“筛面者”（talemelier）——从“筛面粉”（tamiser）这个动词衍生而来。1268年，巴黎行政长官埃蒂安·布瓦洛（Etienne Boileau）在他的专著《职业目录》里正式记录了“筛面者”这个职业。或许因为工资上涨，许多城市居民放弃了自制面包而转向购买，“烧炉者”渐渐消失。巴黎的“筛面者”则开始在雷阿勒中央市场和粮食市场附近开设店面，并在烘焙房墙上的开口处售卖烤好的面包，顾客不需要进入商店。女性至少在中世纪前期是可以从事面包师这一职业的。14世纪50年代，波尔多大主教留存的记录里就分别提到了“烧炉者”（阳性形式）和“女面包师”（阴性形式）。[27]寡妇、单身女性和独立于丈夫之外工作的已婚妇女之所以得以获准进入面包行业，或许是看在她们为家庭提供面包之外还有余力的份上。到了15世纪，法律开始将妇女排挤出这个行业，规定单身女子不得成为面包师；继承面包房的寡妇必须雇佣一名男性学徒——这也是其他行业的做法。农村家庭则继续使用公共烤炉制作自己的面包。修道院由于集齐了烤炉、磨坊和谷物三大要素，成为中世纪有能力源源不断地制作现烤新鲜面包的唯一实体。城市中产阶级有时候的确会去修道院购买面包，并将其称为“司铎面包”（pain de chanoine，根据教会高级神职称谓命名）。[28]

中世纪面包师和他的学徒

面包除了城乡差异，还存在等级差异。1388年，查理六世（Charles Ⅵ）允许诺曼底地区阿尔弗勒尔市的面包师在保证所有顾客都能买到对应其等级的面包的前提下，多做一些白面包，少做一些粗面包。[29] 在波尔多，小麦面包有三种形式：品质最高的是皮薄色浅的白面包或者叫司铎面包，然后是“阿玛萨面包”（amassa），最后是棕面包（pain brun）或者叫大面包（gros pain）。第二种和第三种面包的差别我们不太清楚，但其品质肯定次于司铎面包（根据教会中司铎一职命名，供富人享用）。1525 年的法令规定阿玛萨面包只能给工人吃，波尔多大主教从其属民处收上来的棕面包或大面包则由他再分给其领地上的临时工吃。[30] 同时期的诺曼底，城市市场里的面包售卖者必须提供白面包、“克洛斯图尔面包”（closture，城市中产阶级最喜爱的面包，颜色更深、皮更厚）、节日面包（一种更重的全麦面包）和供工人阶级食用的厚重致密的大面包。[31] 虽然在小镇市场可以买到软面包，但穷人仍从赶集的流动商贩处购买粗粮做的粗面包，小酒馆老板和大户人家的总管也买来当作餐盘使用。这种烤过两次的大面包在宴会桌上被用来盛放带酱汁的肉类或鱼类菜肴，有时由两人共享。菜吃完后，浸湿的面包则通常被施舍给穷人。当锡制或陶瓷材质的可重复利用的餐盘在 16 世纪后期出现后，这种慈善行为逐渐消失，使得已经习惯这种施舍的穷人惶惶不知所措。

中世纪的面包都是圆形的，克吕尼修道院关于面包的手语表达方式就是用大拇指和食指摆成的圆圈。有一种说法认为，面包师（boulanger）这个词的词根是表示“圆球”（boule）或“圆面包”的词。面包在很长一段时间内保持着固定形状：无论是修道院用磨细的软小麦面粉做的白面包，还是农民做的超过 3 千克的粗面包，都是圆形的。但白面包的地位显然更高，在有些地区还被称为“零嘴面包”，因为能干吃下肚；而那些厚重的粗面包则一看就知质量平平。[32]不管怎么说，大部分人，尤其是那些通常将谷物煮粥吃的人，能吃上成块的面包已经是那个时代进步的标志。现代法国面包的代表——“法棍面包”是细长的条状，形状与过去“象征财富”的厚实圆形相去甚远。

和其他食品行业一样，中世纪关于面包的法令层出不穷，详细到关于面包成品的形状、使用小麦的种类、每种面包的重量和价格及成为职业面包师的条件都有规定。热内·德·雷比纳斯（René de Lespinasse）的名言证实了面包在法国人心目中的地位：“人民的主食永远是公众撒气的对象和夺取权力的凭借手段”[33]。君主们定期斟酌修订关于面包的法令——有时是应职业面包师的要求，有时纯粹是自己想要控制面包产量。1305 年，法国国王腓力四世（Philippe le Bel）就下令：巴黎一周七天都要供应面包和谷物，任何人都可以制作和售卖面包，只要产品“达到一定数量、价格合理、符合重量标准”[34]。想成为职业面包师的人必须先在资深面包师手下当三到四年学徒，然后烤一批市面上能找到的所有种类的面包，并通过专家评审团的测评。正式的面包师还可以充当质检员，其任务是维护法律规定的面包标准。1351 年，国王约翰二世（Jean Ⅱ，“好人约翰”）命令巴黎行政长官每年选出四位质检员，赋予他们以上帝的名义将不合规的面包没收后分发给穷人，并对违规者处以罚款的权力。[35]流动的面包质检员一般去往面包店、旅馆和小酒馆检查，有时甚至在大街上通过接触买家来确认面包的大小、重量和质量是否合规，或者面包上面是否打上面包师的标记。这种设立便衣质检员的做法与法国对高品质面包的追求以及“确保人人有面包”的平等主义情感是一脉相承的。中世纪时期，城外的流动面包贩子也获准进城卖货，但必须将当天没卖完的面包带回家，且不能将不同种类大小的面包混放在一个篮子内或小车上；违者，面包将被没收并处以罚款。[36] 16世纪，鲁昂的面包师一度擅自决定为了睡个好觉而不早起烤面包，结果招致政府颁布法令规定：他们必须每天早上四点起来干活。[37]

外省面包行业的通行法则显然不及巴黎。在巴黎，皇家专门设立面包大总管（grand panetier）一职，负责执行1305年面包法令：烤面包必须一周七天供应，职业面包师必须符合一系列明确要求。然而，在14世纪的诺曼底，市政府禁止在星期日和节日烤面包。从14世纪开始，面包价格开始与面粉的市价挂钩。有关面包店是应该给不同重量的面包设定同样的价格还是应该给不同价格的面包定同样的重量的辩论持续了一个世纪。在14世纪和15世纪早期，巴黎为面包确定了固定价格，并为不同种类的面包定下不同的重量标准。在诺曼底，市政府也规定不同种类的面包须价格一致且不能过高，面包师可以根据面粉价格来确定面包重量。通常情况下，人们每日摄取的面包量与其家庭收入成反比，这解释了为何同样价格下更轻的面包也有人买。同样的价格对应不同重量面包的做法能确保所有人都买得起某种面包，那些经济条件差一点的人可以花同样的钱买到质量更差但量更多的面包。不过，乡村面包师在面包重量和定价标准上与城市面包店不同，其产品也更少受到政府约束。另外，由于乡村面包师烤面包的频率相对要低一些，因此他们的面包通常更大。12 世纪，克吕尼修道院从主管教区收上来作为租金的面包的单个重量从 7 千克到 15 千克不等。[38] 当然，不用指望能从下面收上新鲜的面包，尤其是从下层阶级手中。他们在烤下一次的面包前只能依靠现有的一块大面包度日，因此穷人们也习惯了吃又硬又干、必须泡在液体里才能咽下的面包。

布瓦洛颁布的法令赋予了巴黎面包师行业协会几项权利，包括每两年组织一次“面包大考”（essais de pain）：通过由职业面包师委员会组织并严格监督的烤面包大赛来决定当年面包的产量和合理定价。这种“大考”会根据市场上的小麦价格来确定每一种面包的精确重量。皇室在给巴黎行政长官的函件中也会根据市场小麦价格大致规定每一种巴黎面包在烤之前和出炉后的确切重量。1372 年，巴黎的面包师发起强烈抗议，威胁称如果面包价格不浮动，他们将离开巴黎。查理五世（Charles Ⅴ）于是下令规定：如果 8 索尔小麦售价为 12 个旧银币，那么品质最好的“夏伊面包”（pain de Chailly）重量必须为 25.5 盎司，中产阶级面包（pain bourgeois）重量为 37.5 盎司，粗面包则为 36 盎司。此外，还有 7 种面包重量与小麦价格对应的机制。

或许是为了解决面包重量与价格来回校准带来的问题，1439 年，查理七世（Charles Ⅶ）规定巴黎的面包必须保持固定重量，而价格可随小麦价格的涨跌而浮动。巴黎的行政长官每周三确定各种面包的价格，并在巴黎主要的广场集市通过“公共唱价”的方式告知所有面包卖家。新规之下，由于不同种类面包的标准重量不同，顾客有可能以同样的价格买到一块 12 盎司的白面包和一块 1 磅重的粗面包。雷比纳斯从 19 世纪回望，称这个体系是“最公正和理性”的，“对人民来说是切实和有益的进步”[39]。现代观察者在对法国面包分析时也基本上持这种共和主义论调，似乎要将法国人长久以来“面包平等”的承诺进行到底——这种观念从何而来尚不清楚，但似乎是法国大革命后的社会理想中不可或缺的一部分。事实上，大部分法国人直到 16 世纪才接受面包重量固定化的规则。随着法国文艺复兴的萌芽，食用优良小麦制作的合规面包（价格和重量有可靠保证）成为大部分法国公民的一种特权和习惯。奥利维耶·德·塞尔（Olivier de Serres）在其 1600 年关于农业和贵族家政管理的专著中，把对合规面包的信仰带进了豪门大户，富有的老爷在确保每人吃到恰当的面包上具有君王般的权威：从主人吃的白面包到工人和仆人吃的粗面包，再到狗吃的用边角料谷物做的面包，都有规定。[40]这些规定其实说起来也简单，就是“仆人吃得好，主子吃得更好”。进入 17 世纪，面包的等级继续与食用者的社会等级挂钩。塞尔认为，这种区分是必要且合乎逻辑的，称不同人吃不同的面包是理性要求使然，以此强化主仆之间的差异，切实维护“命令与服从的神圣规则”。只供应一种面包太过无礼和荒谬，在任何情况下主人吃仆人的面包或者倒过来都是违反理性原则的。[41]面包的地位如此重要，难怪成为后来革命分子的战斗口号。

在农业领域，封建制度下的农奴在领主指挥下种植特定农作物，在事实上使法国农民成为一支帮助塑造国家粮食产业结构的统一力量。在修道院或富裕领主领地周围清理森林开辟农田的行为，使村庄和城市如雨后春笋般拔地而起。到了加洛林王朝时期，大部分农奴成为佃农，拥有领主所给予土地的自主权并向领主进贡部分收获。与同时期的英国和德国不同的是，在 10 至 13 世纪的法国，富裕的领主放弃了使用奴隶和雇工耕种大片土地的模式，转向使用佃农经营小片土地并收取租金的模式，当遇到战争或暴动时再要求其向自己效忠。[42] 与完成主人指派的任务并获得“报酬”的奴隶不同，佃农有一定的独立自主权，并以现金或农产品的方式支付租金。通过划分土地，封建领主将售卖和储存粮食的任务转移给了自己的农奴，无须依赖农作物来确保稳定的现金收入。当然，他也让渡了一部分经济和象征性的权力给其佃农。就像马克・布洛赫（Marc Bloch）所说的那样：“他不再从事生产，而是靠投资收益过活。”[43] 在封建制度下，农民上交一部分农作物给领主后，可以将盈余在当地市场出售或进行交换。市场的使用标志着法国开始从中世纪向现代过渡，对农业和农民阶层来说更是如此。从 13 世纪到 14 世纪中期，随着佃农逐渐有能力“赎身”，农奴制在法国开始慢慢消失。农奴可以通过市场买卖存下钱来（或者借贷）一次性赎回自由身，这对能接触到城市市场的人是重大利好。13 世纪的巴黎是法国当时最大的市场，因此其域内的农奴制迅速消失；而在香槟、勃艮第和弗朗什孔泰地区，农奴制仍然延续到 16 世纪，有的地方还存续到了法国大革命前。[44] 尽管从 8 世纪到 16 世纪，贵族们拥有的耕地从占全国的

领主及其侍从在狩猎后用餐，加斯顿·菲布斯（Gaston Phébus）《狩猎之书》手稿插图，1387—1389 年

一半下降到三分之一，但他们仍牢牢占据着森林的所有权；农民和资产阶级则各平分其余耕地的一半。[45]

农奴解放后，地主们改用土地收益分成制来经营土地，签订的合同有时候从父辈延续到下一代，这一方面使地主和佃农都更有保障，另一方面又重现了农奴制的一些不平等。对分成制佃农来说，这项制度保障了其工作一定的独立性；对地主来说，签订的合同能带来收入和稳定的鲜蛋、禽肉、小麦、猪肉或土地上其他农产品供应。领主们通过分成制的经营方式可以维持与土地的联系，享用他们占据的法国富饶大田园一隅的丰饶。法国人在身体上和精神上对土地的紧密依赖就始于中世纪晚期的农业革命。布洛赫认为，土地收益分成制度与法国人和其农业遗产持久的象征性关系直接相关，这项制度使得“城市的一部分人口通过对土地经营者切切实实的个人依赖与土地保持了直接联系。实际上，这段历史并没过去多久”[46]。

法国人口在1450—1570年间翻了一番。随着人口的增长，人们有余力开辟森林、翻耕土地和修建葡萄园，使粮食和葡萄种植从贵族和修道院的领地扩展到农民和乡村的土地。葡萄园部分所有制赋予农民部分自主权，使葡萄园在欧洲遍地开花。至少在葡萄酒行业发达的地方，种葡萄带来的每公顷收入要高于种粮食，但是单一作物种植也使这些地区在荒年更易受打击。有实力的领主在远离城市市场的地区买下葡萄园，因为他们负担得起卖出这些酒所需的更高运费，并推动这些地区走高端路线来弥补远距离贸易的成本。[47]高端的勃艮第葡萄酒实际上就是在经济因素的驱动下诞生的。然而，从中世纪起，巴黎的酒商实际上就在葡萄酒行业占据了主导地位。1192年的一项法令赋予他们在巴黎卖酒的特许经营权，外来者不得不将酒卖给这些中间商，还要支付将酒通过塞纳河运往巴黎以外市场的相关费用。巴黎酒商的影响力远远超出了首都的范围，在13世纪还促使下勃艮第地区的欧塞尔从粮食种植转向葡萄种植，使勃艮第成为“法国国内殖民的最佳例证”，表明首都强大的力量可以支配国家腹地的农业活动。[48]

狩猎后的大餐，15 世纪阿尔萨斯地区挂毯

1549 年雅克·高奥利（Jacques Gohory）的著作《葡萄树、葡萄酒和葡萄收获季闲谈》（*Devis sur la vigne, vin et vendages*）是第一本用法文写作的关于葡萄酒酿造技术的书，提供了理解葡萄种植和酿酒工艺所需的专业词汇，证明了“法语不需要拉丁术语的帮助就能够将葡萄种植的科学讲清楚”[49]。重要的是，高奥利先期的努力显示出法国“地域独特、物产丰富”，这向法国食品神话的构建又迈出了一步。[50] 罗马人从前就对法兰克人领土上出产的奶酪、猪肉和谷物赞赏有加，中世纪的法国则在此基础上将法国打造成丰饶之地的形象。法国蜚声国内外的田园牧歌式国家的殊荣，既有先天加成，也有赖于后天构建。14 世纪，将法国比作一座大花园的提法第一次出现，这随后在 1450 年后的宫廷文学和

影像中成为常态，尤其是在挂毯和带插图的手稿中。1400 年，科尔比修道院一名叫埃蒂安·德·孔第（Etienne de Conty）的高级神职人员在关于罗马基督教国家地理和经济的概述中称：法国的谷物、种子、葡萄树和油，还有鱼和野味品质卓越，比英国的要好。[51] 科尔比修道院的黑皮诺葡萄和葡萄树在当时就特别有名。[52] 在 15 世纪，君主的角色形象也从尚武转向事农，通过政治和科学文献将法国宣传成书中和挂毯上“天赐花园”的形象——“在绝佳气候的滋养下土地肥沃、植物繁茂”[53]。进入 17 世纪时，塞尔继

苹果丰收，15 世纪书稿插图

承了法国作为天选之地的信念，相当骄傲地宣称，得益于“神的意旨……整个王国上下各个省份吃的面包无不是相当精致的”[54]。

实际上，在这个广阔的花园式国家生活的农民仍然主要以面包、葡萄酒和少量的肉为食——在偏远的山区将奶酪作为肉的替代或补充。封建领主系统和庄园在向个体农场转变的过程中对肉类生产影响巨大并强化了贫富差异。贵族可以在他们的领地上打猎获取肉食，农民们则主要（但不仅仅）在地里刨食。肉食是贵族权力的象征，但在封建时期下层阶级也可以去森林打猎获取野味，农民们还可以饲养牛羊获取奶和肉。森林里未开发的土地、沼泽和荒野成为养猪和获取柴火及野生浆果的场所。在中世纪晚期，这些场地被私有化，农民们不得进入打猎，这引发了诺曼底地区的一场农民暴动，并深刻改变了农民们吃肉的习惯。对于曾经习惯了打猎和采摘野果的人们来说，转向以面包为主、远离肉类的饮食结构是一个重大变化。当粮食收成不好的时候，没有了肉类作补充，以谷物为主的单调的饮食结构对剩余选项寥寥的穷人来说非常不利。

最终，所有下层阶级被完全排除在森林区域之外，有些森林还被开垦成种粮食的农田。农民们也开始用谷物和蔬菜代替肉类，这使得贵族阶层和穷人之间的差距进一步扩大。不仅如此，城乡人口之间的差异也在不断扩大。例如在 1558 年的尼姆，63% 的土地用于粮食和栗子种植，剩下的土地一半用来种葡萄、一半用来放牧。[55] 与之形成鲜明对比的是，这个时期的巴黎和整个法兰西岛的牧羊业和养殖业十分发达。在当时，几乎每一个农民家庭都有自家的菜园，这一点十分重要，因为“与其他可耕地不同，私家菜园相当于‘免税区’，其产品不用向领主交税”[56]。在中世纪末期，有两类人在吃方面享受着特权：一类是贵族，他们吃得起肉并且瞧不上蔬菜；另一类是城市居民，他们可以从市场上购买所需食材。在 14 世纪晚期的欧洲，城市和农村的饮食差异体现在食材供应（购买的还是自给自足的）、主食（用细小麦粉做面包还是用粗粮直接做粥或粗面包）、肉的品种（羊肉等鲜肉还是盐腌的猪肉或其他肉类）以及调味方式（用香料、糖类还是盐）上。[57]不过，在 15 世纪的普罗旺斯，肉类虽然不是每日供

卖蔬菜和粮食的人，15 世纪书稿插图

应，多数人也只在星期日或节日才吃，但其并未被完全排除在农民的饮食之外。一般来说，一年之中，人们每周可以吃到一块羊肉，在复活节可以吃羔羊肉，自家养的猪宰了腌制后可以吃一个冬天，在圣诞节可以买上一块牛肉吃好几次。[58]牛肉在当时被认为肉质太粗且营养价值较低，因而在食谱上并不常见。但考古证据表明，牛肉在中世纪是第一大肉类来源。

中世纪城市屠宰师的数量表明当时存在一个相当大的肉类市场。12 世纪，国王菲利普·奥古斯都（Philippe Auguste）授予巴黎的屠宰师以皇家保护特权，但是巴黎圣母院附近的大屠宰场已经发展得相当完备，并形成了一个屠宰师社区。和面包业一样，肉类行业的术语也分得很细：在 12 和 13 世纪的文献中，卖新鲜肉类和熟食的人被称为“macellier”（或“carnifice”）；14 世纪，“boucher”①这个词用来指按最便宜价格卖次品肉的人。此外，卖羔羊、山羊、野兔和松鸡肉的人叫“agnelier”；卖带肉馅面点的人叫“pâtissier”②；卖禽肉的人叫“galinier”；卖内脏的人叫“tripier”[59]。关于 14 世纪法国图卢兹屠宰师的研究表明，当时屠宰师的人数大大超过其他饮食行业的从业人员，尽管其地位不怎么高。巴黎的屠宰师在工作的地点和方式上必须遵守皇家定下的规则。当时，只有屠宰师的职业是世袭的，且传男不传女。在屠宰师维持了对巴黎大屠宰场的垄断控制近一个世纪后，屠宰

① 现在的意思是屠夫。

② 现在的意思是糕点师。

大厅在 1416 年被查理六世下令拆除，理由是它威胁到了公共健康；屠宰师职业世袭的法定特权也被撤销；四个皇家屠宰场被新建起来供出租使用。但新的变化并未持续多久，随着政治风向的转变，1418 年查理六世又恢复了大屠宰场，同时保留下了四个新建屠宰场中的三个。1416 年公告中有一项法令特别引人注目，体现了当时国王对该行业改善卫生条件的关切：屠宰和剥皮必须在卢浮宫后的杜伊勒花园等"城市之外的地方"进行，这样就不会"污染和毒化城市里的空气……塞纳河的河水也能免受污染"[60]。这项主张在当时具有进步意义。然而，16 世纪的法令却规定那些老、病或染疫动物的肉必须扔到上述同一条河里。

捕鱼，14 世纪书稿插图

贵族和城里人在吃肉方面的特权还扩展到其他种类的蛋白质上。尽管鱼类让富贵人家的餐桌锦上添花，但并非由他们专享，因为法国的河流和海域盛产鱼类。鳗鱼在当时很受欢迎，这在中世纪的政府法令中有迹可循。布瓦洛颁布的巴黎法令承认了两家独立的行业协会：一家是海鱼商人协会，另一家是淡水鱼商人协会。鲱鱼的消费量在 14 和 15 世纪位居榜首，用盐和干草包裹的鲜鲱鱼很受巴黎富人追捧，盐腌和烟熏的鲱鱼由于保质期更长而更受普通老百姓欢迎。总的来说，中世纪对鲱鱼的需求促进了横跨欧洲大陆的规模巨大的鱼类加工业以及布列塔尼和卢瓦河谷地区制盐业的发展。[61] 14 世纪，巴黎议会成立了一个“海鲜委员会”，专门处理首都鱼类的供应事宜。政府设立的庞杂机构表明鱼类在当时是一种备受瞩目的重要食材，尤其在斋戒期间。政府通过颁布法令来“避免垄断和由此引发的巴黎（鱼类）供应中断的风险”[62]。这种直截了当的管理方式与对面包的严格管控方式遥相呼应，巩固了巴黎作为首都的地位，也表明“食物面前人人平等”的理念已深入人心。首都的鱼商肩负起为雷阿勒中央市场的鱼类确定“最公道的价格”的义务——确保国内鱼类运输从业者获得应得的报酬，同时反映水产的质量。[63] 巴黎对供应中断的担心不无道理，不仅因为这个城市对外部鱼类供应的依赖如此之深，还因为在海洋和巴黎的餐盘中间隔着好几层中间商：渔夫首先将鱼卖给流动收购贩子，然后卖给运输商，其后卖给巴黎的批发商，再卖给零售鱼店，最后才能到达消费者手中。

整条的鱼在富人的餐桌上很常见，而牡蛎和扇贝通常是留给穷人的，采食贝类更是贫穷的标志。许多中世纪和文艺复兴时期的饮食指南强调营养学和某些食物的身份象征价值，人们普遍相信城里人、知识分子和富人的肠胃比乡下人、工人和穷人的要更娇贵。比如，人们认为用某些种类的谷物做的面包对精英阶层来说难以消化，但与下层阶级完美契合。16世纪，蒙彼利埃的一位医生雅克·杜布瓦（Jacques Dubois）在一系列饮食手册中建议穷人吃蔬菜、香草、内脏和脂肪熬制的浓汤，“虽然这是一道难以消化、油腻且浓稠的菜肴，但是很有营养”[64]。杜布瓦也赞成消化能力强的工人阶层用动物的内脏、肠子、脑子和牡蛎等来代替肉类食用，而贫穷的知识分子（你可以想象这是一个现代的大学生）则无力消化这些“穷人的食物”，建议他们食用蛋、蔬菜汤和黑麦（相对来说更合适的“高级”谷物）面包做的粥等。然而，有时某些食材能跨越阶级鸿沟，比如栗子，农民可以拿来磨粉烤成面包，富人可以拿来整个烤熟后食用。在中世纪及之后的几个世纪里的佩里戈尔，栗子都是重要的主食和面粉来源。捉蜗牛（最具法国特色的食材）在中世纪是一种贵族活动。在14世纪一本名为《巴黎管家》（*Le Ménagier de Paris*）的美好生活指南中还记载了水煮和油煎蜗牛的食谱。在16世纪，一度流行从意大利传过来的用狗帮助找蜗牛的方法。教会也将蜗牛列为鱼的同类，可以在斋戒期间代替肉来食用。[65]但蜗牛在16世纪末期失宠并从烹饪书和高档餐桌上消失，这一直持续到19世纪。1544年，杜布瓦在记载中称蛙腿对下层阶级来说是可以接受的食物，且相当常见（他称“烹饪的方法广为人知”），可以用黄油或橄榄油煎一下（现在还是这样）来吃。[66]

中世纪在法国出现的第一批印制烹饪书手稿和15世纪晚期

栗子，从中世纪到 20 世纪都是佩里戈尔的主要产品

加大蒜和香草烹饪的蛙腿，自 17 世纪以来就是一道法国特色菜

的印制报纸使在小圈子里流传的烹饪技术得以走向大众（尽管这里的“大众”实际上指的是识字和有经济条件的人）。关于高级料理的烹饪书最早也出现在法国并定义了这个时代，书名为《食肉者》（*Le Viandier*，可能成书于 1380 年左右），据考证作者可能是塔伊旺（Taillevent），真名为纪尧姆·蒂黑尔（Guillaume Tirel），它为后来更加正式的烹饪书问世打下了基础；该书中首次出现了“餐间小吃”（entremets）这一术语。[67] 另一本著名的烹饪手册《巴黎管家》整章地再现了《食肉者》和其中许多独立菜

谱，也是以手抄本的形式出现。杰克·古迪（Jack Goody）发现，在 12 世纪英国早期的烹饪书中，烹饪术语都是用拉丁语和诺曼底地区法语来表达的，“法国料理在当时作为统治阶级的料理而一家独大”[68]。此前，《食肉者》都是以手抄本的形式存在，15 世纪晚期欧洲印刷技术的普及使食谱从“少数富人精英才负担得起的奢侈品变成了用钱能买得起的商品”[69]。随着新闻出版业发展带来的技术进步，《食肉者》在 1490—1520 年间重印了 15 次，堪称法国现代早期最具影响力的食谱。除此之外，还有《全料理精华》（*La Fleur de toute cuisine*，成书于 1543 年）、《全品类料理大师》（*Le Grand Cuisinier de toute cuisine*，成书于 1543—1566 年）和《卓越厨艺之书》（*Livre fort excellent de cuisine*，成书于 1542 年）等烹饪书宣告了法国在烹饪领域的权威地位。

作为可能是当时唯一的烹饪书，《食肉者》的影响巨大，在将高级料理和法国人相联系方面发挥了重要作用。塔伊旺在查理五世时期的 1373 年担任宫廷厨师总管，一直服务到查理六世时期的 1388 年，在许多方面都堪称先锋。他从 1390 年左右英国编纂的烹饪巨著《烹饪的形式》（*Forme of Cury*）中的一个英语术语 maister coke（源自拉丁语 coquus）获得灵感，将自己称为查理五世的“厨师长”（maître-queux）。这个词当时在法国还不存在，因此其诞生可以看作法国宫廷厨房专业化的开端。[70] 贵族式的饮食服务对今天熟悉高级料理的食客来说可能比较熟悉：专业化人员组成厨房团队，由专人负责烧烤、制作点心等，还专门有人负责收拾桌布、餐巾和“权贵之舟”（nef des puissants）——供一家之主专门用来盛放餐具和调料的一种托盘。从加洛林王朝时期到 18 世纪的路易十五（Louis XV），皇家餐桌上都有华丽的托盘，大部分都做成船形，仅弗朗索瓦一世（Francois Ⅰ）将用来取盐的托盘做成了海神的模型。[71] 餐桌上琳琅满目的容器在当时是权贵的专享品，他们通过船形托盘的华丽程度和所盛物品来展示自己的财富。有时候，在船形托盘上还会做一个鲸鱼或独角鲸的角（被当作独角兽的角），用来检测酒里是否有毒。[72] 从 1664 年开始，路易十四（Louis XIV）每天都公开进餐，伴着由专人守护的船形托盘，接受参加观礼活动的绅士淑女们的顶礼膜拜。在平常（非盛宴）的日子里，他还将自己的食物放到置于边桌上的船形托盘上，赏赐给官员。王后也有自己的船形托盘。1686 年，国王设立了“小食”制度，即在国王的房间和朝臣们私下用餐，不设船形托盘。1691 年，以船形托盘和路易十四宫廷总管的指挥棒为标志的“大餐典礼”回归[73]，参加者若非王室成员还需自备餐刀——在 17 世纪之前，法国人很少用到叉子。

香料

和高卢－罗马时期一味地用胡椒调味截然不同，中世纪的菜肴里各种香料都得到广泛使用。布鲁诺·洛里奥（Bruno Laurioux）认为，胡椒因被下层阶级用得过多而在贵族饮食中失去地位。上流社会香料的使用量和种类更多，每年人均消费超过 1 千克香料。[74]《食肉者》中的肉类菜谱刻意划清与胡椒的距离，翻来倒去地使用生姜、肉桂、丁香和番红花。在中世纪的欧洲，香料首先用于医药用途，其次才当作菜肴佐料。香料被认为具有加热和干燥人体体液的性能，可以对冲肉类等食物带来的寒凉，因此这二者常常搭配起来食用。像牛肉、鹿肉和野猪肉等"粗肉"需要大量使用热性最强的香料，而像禽肉等细嫩肉类只需加盐。胡椒的热性最强，其次是丁香和小豆蔻，再次是肉桂和小茴香。尽管糖在其他欧洲料理中得到广泛使用，但法国人一直偏好《食肉者》中的酸味酱料，直到15世纪才接受用糖。法国人认为热性香料会使病人发烧加重，因此在很多给病人的食谱中使用比较"温和"的糖来调味。[75]有一味名叫"天堂种子"（天堂椒或几内亚胡椒）的独特香料在法国的命运经历了大起大落：当时，法国商人以为它产自东方，《食肉者》中好几种秘方都要使用它[76]，尤其是用生姜、肉桂、天堂椒、豆蔻皮、长胡椒和醋泡面包制成的著名的卡门莱酱汁（sauce caméline）；在它的非洲身份大白于天下后，它迅速遭到冷落，失去了所有的"神秘和赞美"[77]。由于它曾经在法国广受欢迎，所以它在英语中被称为"巴黎种子"，并和生姜一样短暂地在英国流行过。

《巴黎管家》的写作目的与《食肉者》不同，其旨在为年轻主妇管理中产阶级家庭提供道德规范和实际操作的指引。书中关

16 世纪镀金的船形托盘

于食谱的篇幅只有四分之一，全书更多强调的是中产阶级节俭和实用主义的价值观。贵族和中产阶级（或者低一层阶级）在厨房设备上出现明显差异。专用烹饪器具的出现意味着某些烹饪方式成为可能，这也成为构成精英饮食的元素。烹饪向精细化发展并不一定出于对口味的追求，而是基于技术和购买力。比如说，只有贵族和中产阶级才拥有用来烤鱼或烘烤面包干的烤架。烤肉流出的油脂是许多酱料的重要原料，但只有富贵人家才拥有可以架在火上的旋转烤肉叉，或者说只有买得起烤肉叉的人才买得起能烤出汁的大块肉类。滴油盘（起初是烤肉时承接油滴的陶盆，可以在里面加入调料并在火上煨炖）在家常器皿中并不常见，或许因为它易碎，或许因为它只属于富人家的厨房。在当时，同时拥有烤肉叉、滴油盘和研钵等厨具肯定是富裕人家的标志。[78] 当时，平民的厨房主要靠微火用锅熬汤或粥，即使是最普通的家庭都有一个铁锅、一个用来煎炒的平底锅和其他用陶器做的厨具。烹饪的方法和食物种类一样也分三六九等：最好的是用明火烧烤，其次是用炉子烘，再次是煮；而在古代，煮比烤的烹饪方式更高级。

摆放金色船形托盘的盛宴场景（图片下方偏左），1月份日历页（水瓶座月，配图为享用盛宴），约1440至1450年，贝德佛德绘画大师，蛋彩画颜料、金箔、金漆、墨水、羊皮纸

《巴黎管家》中一份烤野味的食谱向我们展示了贵族饮食（或者说自我标榜的贵族饮食）的技术要求：首先将野猪肉和野兔肉架在烧烤叉上，下置滴油盘，往里面加入葡萄酒和醋；然后将生姜、天堂椒和其他香料与面包干捣碎后加入更多的酒，混合成酱汁；最后将酱汁和滴油盘里的肉汁倒入金属盘中，再放上烤好的肉即可上菜。[79] 为了保证酱汁原料的供应，巴黎在1394年给予卖醋和芥末的流动小贩以正式地位，反映出这些调料的重要性和普及性。

根据法国的高级料理和烹饪书记载，法国从中世纪开始使用酱汁，但那时的酱汁并不是现代法餐中的常见酱汁，而是按医学原理加胡椒或其他香料用来中和“湿冷”肉类的热性佐料。根据中世纪的医学研究，食物按自身特性被分成冷、湿、热、干四大类，每种食物也有不同的阶级象征意义，人们根据这些原则小心翼翼地选择食物搭配，确保身体和饮食获得平衡。16世纪之前，人们认为健康的人要选择跟体质（多血质、黏液质、胆汁质、抑郁质）相一致的食物，只有病人才吃跟体质相反的食物来获取平衡。然而，当普拉提纳（Platina）的著作《诚实的放纵与健康》[*De honesta voluptate*，该书也是马尔蒂诺（Martino）更早的著作《烹饪艺术之书》（*Libro de arte coquinaria*）的翻版]在1474年出版并在1505年被翻译成法文后，“相反原则”（比如热、干的肉类要和冷、湿的酱汁搭配）在16世纪大行其道。[80] 法国厨师（和他们的欧洲同行）将糖和肉搭配，用胡椒和醋搭配制作有益健康的酱汁，并在烹饪和文学作品中全面接纳了芥末。弗朗索瓦·拉伯雷（Francois Rabelais）在1534年出版的《巨人传》

（*Gargantua et Pantagruel*）中写道：高康大坐下来享用好几打火腿、烟熏牛舌和香肠，他的四个仆人连忙将芥末塞进他口中来抵消肉类的不良影响，因为高康大是黏液质体质。他最后还吞下“惊人”分量的白葡萄酒作为这顿大餐的结尾。[81] 当时的饮食学并不排斥口腹之乐，至少对法国人和早期的烹饪书及其他与饮食相关的记载来说是这样的。当其他国家还是清一色的大块烤肉时，法国人就发明了独树一帜的炖肉；用来搭配烤肉的棕色卡门莱酱汁也被称为“法国厨房之星”，在《食肉者》中被多次提及。[82]

一般来说，豆子汤、绿叶菜汤和简单水煮的蔬菜在法国料理

约斯・古马尔（Jos Goemaer）：《基督在玛莎和玛丽的家》，1600 年，布面油画。该作品展示了文艺复兴时期的厨房场景，包括挂锅铁钩、烤肉铁扦和左边远端挂在墙上的洗手台

中属于低端菜，烤制的肉类（要搭配酱料）和谷物等级更高，然而15世纪版本的《食肉者》中提供了六种关于青蒜、洋葱汤和西葫芦的蔬菜烹饪食谱。《巴黎管家》除了一众关于肉类和鱼类的食谱外，也提供了烹调卷心菜、西葫芦、蔓菁和青蒜的详细做法；其名为“家常汤”(Potages Communs）的章节实际上是《食肉者》“蔬菜汤”章节的扩充版，包括三种蔬菜炖汤（porée）的菜谱和五种烹调卷心菜的做法。法式浓汤（potage）诞生于17世纪，是一道滋味丰富的菜肴，一般为流质，装在浅盘里供人们餐前享用。但其14和15世纪的前身，要么做成清汤（和肉汤截然不同）形式，再往里加一片面包干增稠；要么直接做成黏稠的炖菜。在《巴黎管家》中，肉汤（bouillon）一般是指肉类清汤；而法式浓汤里的内含物更加丰富，可以在烤肉之前上，同肉类一起上，在餐间小吃（entremets，两道菜之间的小食）之后上，或者和最后一道坚果蜜饯做的甜点一起上。[83] 几个世纪以来，汤都是下层阶级获取营养的主要方式，在现代社会反而成了怀旧的符号。一位现代作家语带钦佩地描述中世纪节俭的农民是如何依靠汤和粥维持生活的：农民的饭食既不需要复杂的炊具，也不需要额外的精力，连本该扔掉的残羹剩菜和坏掉的肉类都物尽其用。[84] 这种后世的赞赏实际上忽略了中世纪的农民对烤肉和新鲜面包的渴望，法国人一厢情愿地打造并维护着扎根泥土且贴近自然的“乡下人”身份标签。粗糙的农民饮食不仅演化成今天充满温馨色彩的中产阶级家常饮食，还对法国人看待自身的方式和保持法国食物生产的“田园”属性具有重要作用。

在中世纪关于食物的等级排序中，越靠近天空的食物等级越高，越接近泥土的等级越低。土地里出产的食物是最低贱的，受到权贵嫌弃。中世纪的僧侣食用修道院菜园里种植的多种根茎类蔬菜和香草以示谦卑。蔬菜身上附加的身份象征意义既关乎饮食学，同时也具备区分阶级的功能。蔬菜被富人认为只配给穷人吃，等级最低的是球茎类的（如大蒜、洋葱、青蒜），其次是根茎类的（如蔓菁、防风根、胡萝卜），然后是绿叶类的（如莴苣、菠菜），但植物茎干上生发出的部分（如豆子、西葫芦）可以被接受。文艺复兴给蔬菜的食用方法带来了改变，这包括在象征意义和饮食学应用上的调整。医生们认为，蔬菜带有寒凉和泥土的特性，生食的风险尤其高。但是，大部分水果是可接受的，前提是要长在树上，这样就属于“空气”的一部分而更容易被消化。比如，生长在地面上的甜瓜就被认为是寒湿的，多血质和黏液质的人食用了会有危险；除非用葡萄酒和咸肉加以调和，并在餐前吃以利于消化。

文艺复兴时期人们对生蔬菜和沙拉的新看法通过杰出诗人皮埃尔·德·龙萨（Pierre de Ronsard）1569年的著名诗歌《沙拉》得到淋漓尽致的表现。他认为春天的绿叶菜是治愈发烧和诗人忧郁气质的良药，在诗中肯定了饮食学具有充足的医学根据，提供了一份特定品种的莴苣和香草对应营养价值的列表（比如“地榆，对血液有好处”）。他的诗歌“同时兼具食谱和药方的功能，既提供了莴苣这个食疗方子，也提供了写作这个精神疗愈法来驱散诗人的忧郁，或者至少使其得到缓解”[85]。16世纪，农民阶层由于种种原因大幅减少了肉类消费而转向蔬菜和谷物，富裕阶层也因为吃蔬菜风潮的兴起而慢慢将更多蔬菜纳入饮食当中。当封建制度下家庭经营的小块菜地逐渐被市场导向的、大片土地集约式的生产方式取代后，蔬菜的供应变得更加丰富。但产量增加仅仅是一方面，富人们要等到彻底破除“食用蔬菜会带来健康风险”和“蔬菜是低端食物”的迷思后才开始主动追捧绿叶蔬菜和其他新鲜农产品。当然，穷人们因为经济原因从未改变过以蔬菜和面包为主的饮食结构。

与本章开篇提到的修道院饮食相对，亨利二世［Henri Ⅱ，凯瑟琳·德·美第奇（Catherine de Médici）的丈夫］和他儿子亨利三世所处的宫廷在1547—1589年间拓展了“传统大餐”的领域，将里面的汤、烤肉和果干换成了各种肉类、香料丰富的酱汁以及新发现的水果和蔬菜。[86]“料理艺术”终于在法国宫廷初露端倪。亨利二世时期的宫廷厨师纪尧姆·威尔杰（Guillaume Verger）凭借其标志性（和创新性）的菜肴调味法赢得了“香料大厨”的绰号；皇家餐桌上出现了芦笋和洋蓟等进口蔬菜，它们作为单独配菜上桌而不是像数百年来一样被一锅炖。洋蓟在16世纪大受欢迎，塞尔鼓励人们将它们种在自家园子里，并用糖浆腌渍做成美味的甜品享用。[87]庆祝性的宫廷宴会一般会上禽肉、小山羊肉或猪肉，而不上牛羊肉等其他日常食用的肉类。饮料则一般采用安茹地区的白葡萄酒和奥尔良地区的红葡萄酒这两种够得上档次的酒。1553年皇家的采购清单上出现了橘子，橘树装饰也被摆放在皇家宴会的入口处，它们和宴会桌上的糖制雕塑一样都是为了炫耀宫廷专享的稀缺产品。[88]虽然说精致餐饮完全凭凯瑟

15 世纪的盛宴

琳·德·美第奇一己之力从意大利带到法国的说法不成立，但她的确通过在亨利二世去世后主办的多场盛大宫廷宴会影响了法国的贵族饮食文化。[89]

弗朗索瓦一世（1515—1547 年在位）时期的宫廷贵族和富人习惯将葡萄酒加热（或者至少放至室温）后饮用，因为当时人们认为喝比自身血液温度低的酒会破坏身体平衡。喝凉葡萄酒的习惯到 16 世纪的后 30 年才确立下来，这要归功于洛朗·茹贝尔（Laurent Joubert）在其 1580 年医学专著中的建议。[90] 人们开始直接喝从酒窖取出的酒，先用泉水或者按照意大利流行的迷人方法——使用刚落下的新雪——冷却。现代人将要喝的酒先窖藏的习惯就有早期文艺复兴时期传统的影子。出人意料的是，法国葡萄酒和南部地中海葡萄酒之间的早期差异主要就在于是否使用洞穴或地窖储藏。法国葡萄酒的这种创新为构成其身份特性的重要产品——起泡葡萄酒的诞生奠定了基础。普林尼在《自然史》中指出另一个差异：温暖的南方使用陶罐来陈化葡萄酒，更寒冷的地区则使用木桶。[91] 从塞尔对一般富裕家庭的描述中可以看出什么人喝什么酒也是有规矩的：白葡萄酒和淡红葡萄酒是给主人喝的，用人只能喝掺了水的深红葡萄酒，掺水量取决于饮者的地位和性别。[92]

路易十六（Louis XVI）在 1783 年为凡尔赛宫定制的赛佛尔瓷凉酒器。这种类型的凉酒器里面一般加水和冰，置于餐边柜上。该模型由老让 – 克劳德 · 杜普雷斯（Jean-Claude Duplessis the Elder）创制从中世纪开始，法国人就与食物结下了不解之缘。证据有：查理五世时期皇家制定“合理面包”的标准，腓力四世时期规定面包供应量要保证“足够、合理和公平”；还有，14世纪巴黎议会规定雷阿勒市场鱼类的定价要“公道”。法国人通过法律文件和官方法令确保食物价格公平、供应充足。也许将“合理”这个词用在面包或鱼身上有点奇怪，因为影响我们对食物的选择有许多个人因素，如个人偏好、地域风俗和口味等，这些都无法标准化。但在法国饮食史上，将“正确的”“公正的”等形容词用于描述食物跟使用“美味的”“健康的”之类的词一样正常。中世纪和文艺复兴时期的法令显示，虽然客观的标准体系（规定具体重量、规则和罚金等）具有重要作用，但是无法标准化的主观因素、哲学和信念同样影响了人们对食物及其供给的看法。比如，法兰克人的猪肉从野蛮的象征变得可被接受；天堂椒在出身被揭穿前风光无限；法国之所以拥有最适宜农业的气候，是因为法国人有这样的信念；等等。以同严苛的圣伯努瓦之规分道扬镳为标志，法国开始进入现代早期，人们从对饮食仔细思量以获得精神救赎、严格遵守与个人体质相符的饮食学原则，转向对食物滋味和香料所带来的乐趣的全情享受，将法国作为“善吃者”国度的天赋发挥得淋漓尽致。古典时期的罗马贵族最早用“善吃者”这个概念将文明人（克制和精致）和野蛮人（贪吃和粗糙）区分开来，尤其是和罗马帝国以外的人，这其中也包括野蛮的法兰克人。初生的法国也继承了这个分类法，将他们认领的高卢祖先和法兰克人及西哥特人区分开来。但这个词很快又有了新含义。在刚刚基督教化的法兰克－高卢人王国，人们开始用“善吃者”指称遵守宗教法规的虔诚进食者，他们通过避免过度进食和克制欲望来取悦上帝；或者一言以蔽之，“善吃者”指那些戒荤吃素的人。与此同时，普罗大众眼中的“善吃者”则是理性的进食者，懂得享用优质面包和蔬菜，还有公共领地上打来的野味。即使是罗马的贵族也会用带有社交功能的宴会来调剂补充忏悔性的宗教饮食。更别提法国宫廷里有权有势的“善吃者”了，他们的桌上满是品种繁多的肉类、奢侈的香料、来自异域的新鲜蔬菜水果，还有新兴酿酒业带来的最优质的白葡萄酒和浅红葡萄酒。这些“善吃者”有幸生活在这片丰饶之地，懂得吃的人与优良的“风土”珠联璧合。

精英们可以从文艺复兴时期对新鲜蔬菜的精心烹饪方式上，甚至从早期烹饪书记载的食谱中看到精致法国料理的曙光。法国通过封建王朝早早实现的中央集权和对巴黎消费与潮流中枢定位的确立，使其早于其他欧洲国家发展出自己的国民料理。最早的烹饪书之一——《食肉者》的流通使法国料理在欧洲成为高级料理的最主要模式，也为法国料理未来主导世界埋下伏笔。与此同时，封建时期的下层阶级养成了吃合规面包和喝蔬菜汤的习惯并在后世延续下去。政府的保护措施促进了肉类和面包产量的提高，新发明的精确术语成为这些行业的“通用语”，为它们在法国境内的发展提供了普适性框架。在文学虚构领域，关于中世纪和文艺复兴时期的叙事充斥着对法国这片丰饶之地的赞美，法国人开始向自己和其他人灌输如下观念：他们的土地是天选之地，拥有无可比拟的“风土”（这个术语将在之后被频繁提及）。在这个基础上，法国人从 17 世纪开始对他们饮食领域的诸多禀赋进行系统性的品类分级。

弗朗索瓦·拉伯雷：《巨人传》，第 25 章（1534 年）[1]

“莱尔内的烧饼师[2]和高康大王国的人是怎么起冲突和争吵，并因此酿成大战的”[3]

当时正值葡萄收获季。在采摘开始的时候，村里的牧羊人被安排看守葡萄藤[4]，防止葡萄被欧椋鸟吃掉。此时，一些莱尔内的烧饼师正好驾着 10 或 12 匹马拉着烧饼经过旁边的大路去往城里。牧羊人有礼貌地向他们提出按照市场价格[5]购买一些烧饼。在这里需要插一句，早餐用新鲜热烧饼搭配葡萄简直是天上的食物，尤其当葡萄的品种是“小粒种”“大红皮”“赛麝香”“牛奶青”和“一粒通”时。便秘的[6]人吃了通起便来，一下能喷出一长条，跟打开了橡木桶开关似的；而且在他们常常以为是放屁[7]的时候，就已经溅出一大摊，把自己弄得污秽不堪[8]。因此，葡萄也有通便丸之称。但这些卖烧饼的，或者说是做烧饼的，对牧羊人的要求毫不理睬，更糟糕的是还鲁莽地伤害了后者，说他们嘴碎、口齿不清（后面还有一大堆粗俗的骂人的话），给他们安上歧视性的绰号。说得直白一点，他们就是想说牧羊人不配吃这种优质烧饼，能吃上带糠的面包或黑面包就不错了。[9]

听到这些挑衅性的话语，有一个名叫傅尔热[10]的特别正直的小伙子[11]平心静气地回道：你们什么时候头上长角了，变得如此狂妄？从前，你们不是白给过我们一些么，现在为何不能用钱买？这可不是好邻居的样子，你们当初来向我们买上好粮食[12]的时候也不曾受到如此待遇，没有粮食你们哪做得出烧饼和圆饼？[13]而且我们原本还准备按优惠价格卖给你们一些葡萄。他哼了一声说：你们这样做将来是要后悔的，有一天你们也可能会用得着我们，我们也会用同样的方式对待你们，给我记住了。

这时，烧饼师兄弟会[14]的一位重要人物马尔凯发话了，对他说道：哎哟，你今早看起来精神不错，昨天吃了不少粟米[15]和杂面吧。老兄过来吧，过来，我给你一些烧饼。于是，傅尔热毫无提防地向他走去，并从他的小皮囊里掏出一块硬币，以为马尔凯真的打算卖给他烧饼。谁想马尔凯对着他的大腿狠狠抽了一鞭，打完就跑。鞭痕在傅尔热身上一下子显现出来，傅尔热大声呼叫：杀人啦，杀人啦，救命，救命，救命！同时把夹在腋下的短棍猛地朝马尔凯扔了过去，打中他太阳穴头盖骨合缝的地方，马尔凯被打得半死并从马背上跌落下来。同时，附近正在烤[16]核桃的农民和小伙子们也闻讯赶到，拿着棍棒像捣青黑麦一样将这些做烧饼的狠狠地打了一顿。

其他的男女牧羊人听到傅尔热的惨叫后，带着投石器

高康大的儿子庞大固埃，弗朗索瓦·拉伯雷《庞大固埃》中的插图，古斯塔夫·多雷画作

和弹弓赶了过来，像下雹子似的朝那些人扔大石头。最后，他们将那些烧饼师制服，拿走了他们四五打烧饼，但也按市场价[17]付了钱，还给了他们超过一百个鸡蛋和满满三篮子桑葚。烧饼师将假装受伤很重的马尔凯扶上马，掉头返回莱尔内，不去巴莱邑了，并向这些塞维亚和西内的牧牛人、牧羊人和农民们撂下狠话。烧饼师走了后，男女牧羊人开始欢快地享用烧饼和上好的葡萄，一边吹着小风笛助兴，一边笑着骂那些谄媚虚荣的烧饼师，说他们早上画十字祈祷时用错了手。然后用一些有药效的大红葡萄皮[18]小心地给傅尔热敷了大腿，并包扎好。傅尔热很快就好了。

注释

[1] 弗朗索瓦·拉伯雷的小说《巨人传》分为五部分，讲述了两个巨人——高康大和他的儿子庞大固埃滑稽荒诞的奇遇。本章摘自第二卷《庞大固埃的父亲——大高康大特别吓人的生活》。整本小说是拉伯雷对包括教会、贵族和教育系统在内的16世纪法国体制讽刺评论的载体。书中的高康大和庞大固埃完全凭生理冲动行事。该书充满了对饕餮盛宴和简单日常饮食中的食物细节描写。

[2] 译者将法语中的“fouacier”翻译成“烧饼师”，或者烤制黄油鸡蛋面包的人。这个词语与拉丁语中的“focacia”有关，指用余烬烤的面包（现在有一种面包叫 focaccia）；根据1200年左右的相关记载，这是一种烧饼或扁平的面包。在中世纪后期和文艺复兴时期，“fouace”这个词有时指面包；而表示面包和饼的词在大众语言中可以互换使用。德波特（Desportes）认为，拉伯雷用“fouace”这个词同时指代普通面包和黄油鸡蛋面饼。

[3] 英文译者为托马斯·乌尔哈特（Thomas Urquhart）(伦敦，1633)。

[4] 农村地区的小块葡萄园通常需要当地居民临时帮忙，尤其在收获季节。

[5] 政府官员在面包行业协会压力下制定的面包正式市场价格。

[6] 这暗示了拉伯雷粗俗的语言风格，后面更加明显。

[7] 排气。

[8] 弄脏自己（我之前已经提醒读者了）。

[9] 当时的面包就具备阶级属性了。称这些劳工们只配吃粗重的圆面包（不耐放的乡村大面包）等同于骂他们是野蛮人和最低贱的人。在这个语境中，跟面包相关的咒骂可能是终极的法国国骂了。

[10] 原文中是 Frogier。“Frog”（青蛙）在法语中是一个贬义的绰号，直到18世纪才进入大众用语。

[11] 年轻的学者或学徒。

[12] 来自拉丁语中的“frumentum”，指小麦；英语中的“corn”可以指任何谷物。

[13] 原文中是“gasteaux（gâteaux）”（面饼）和“fouaces”，注意本章节的标题中将“fouace”翻译成“烧饼”。“gâteaux”也可能指烧饼或面包，但“fouace”通常指扁平的面包，而不是小圆面包。

[14] 面包师兄弟会或正式行业协会的分支。埃蒂安·布瓦洛在他的《职业目录》中关于13世纪巴黎的部分没有收录“fouaciers”的词条，也许是被点心师或筛面者的词条涵盖了，又或许是因为“fouaciers”仅存在于巴黎之外的产酒区。“fouace”始终是一种地方产品，销声匿迹于20世纪。2005年，有五个人在卢瓦河谷地区创建了“南特产酒区烧饼兄弟会”，致力于“研究、保存、推广、清点、宣传和创造地道的烧饼食谱，促进烧饼行业发展”。

[15] 用来做另一种劣等面包的低端谷物，可以做成无酵的“粗面包”或粥。译者还增加了“bolymong”（混合的谷物和草饲料），原文中则只有“mil”（粟）。

[16] 原文中动词为“challoient”，可能是“chaler”或“chauffer”（加热）的一种写法，属于农民用语。此处指农民在加热或烤他们的核桃。

[17] 这些都是遵守面包定价的诚实农民。

[18] 原文中为“舍南大葡萄”。

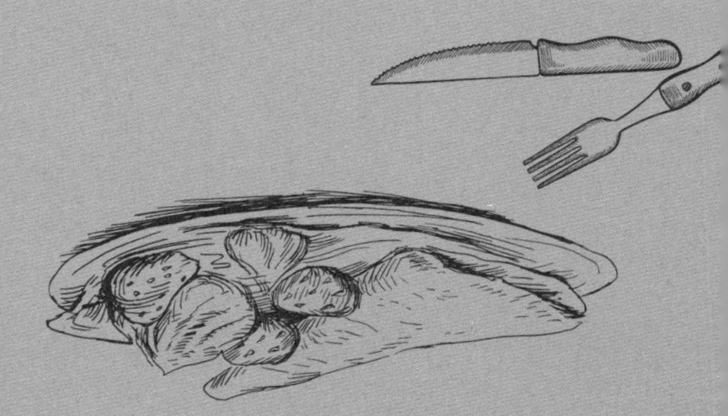

Savoir-Faire

A History of Food in France

第三章

法式创新：烹饪书、香槟、罐装食品和奶酪

在从路易十三（Louis XIII）到路易十八（Louis XVIII）之间的封建王朝时期，法国文化风卷残云般地席卷了欧洲大陆，在时尚、艺术还有（最重要的）美食领域独领风骚。创新、领先的技术和对叙事技巧的熟练运用是法国料理主导高端餐饮的关键因素。法国人不仅擅长制作精致菜肴，而且在讲述他们无可比拟（和妙手天成）的美食传奇故事方面也要比别人技高一筹。法国料理在17世纪大放异彩得益于这些领域的突破性创新：印制出版的烹饪书（揭开了烹饪艺术的神秘面纱）、香槟酒（一个成为时髦的意外）和奶酪（适合国王食用的凝乳）等。虽然使法国食品得以占领全球的重大进步——罐头加工技术不属于具有奠基意义的技术创新，但同样也是法国食品行业的骄傲。这些创新在巩固法国美食的名声上发挥了重要作用，有意思的是它们都起源于法国古典时期，这个时期也塑造了法国的政治敏感度。该时期从文艺复兴开始吃蔬菜和舍弃饮食学原则的新变化开始算起，一直到法国大革命前夕，在法国饮食史上具有重要地位。

文艺复兴和中世纪留下的遗产是上层阶级饮食向精细化（尽管“精细化”从高卢时期起就被当作法国饮食的特质）和美食主

义的转变——这里的美食主义是指不顾饮食学原则，纯粹为了满足口腹之欲和个人喜好进食。正如前一章所说的，从吃蔬菜的风潮在亨利二世时期兴起并持续到17世纪这一现象可以看出，人们与饮食学渐行渐远。在17世纪早期前的食谱中，文艺复兴时期关于烹饪和饮食的观念仍是主流，这是一种“高度个性化、封建式和以肉为主的饮食模式”[1]。这些食谱最终淡出大众视野。而烹饪出版行业在经过短暂沉寂后，于1650年代又刮起了一股厨艺创新和书籍出版的新风。（体质与饮食之间限制关系的放松带来的）烹饪技术创新和对食物乐趣的探索双管齐下，为法国人打开了新领域；“中世纪关于食物和健康的观念影响力的下降促成了一种新式料理的诞生，即法式料理”[2]。然而，上层阶级仍然在接受美味和创新性的烹饪方式上发挥了引领作用。举一个虽小但有代表性的例子：巧克力之前一直被当作药来使用，甚至被认为有毒；而在德塞维涅夫人（Madame de Sévigné）和其他人对其赞不绝口，将其称为“令人堕落的饮料”后，整个宫廷社交界很快发现自己对巧克力饮品欲罢不能了。古典时期的烹饪书特别注重通过标题和食谱强调其烹饪方式的“法国性”。弗朗索瓦·皮埃尔·德·拉瓦莱纳（François Pierre de La Varenne）1651年出版的《法国大厨》（*Le Cuisinier françois*）标志着烹饪成为一项创造性艺术的开端，并且这项艺术前要冠上法国之名。

烹饪书

显然，将烹饪书作为某个时期饮食和烹饪做法的唯一凭证是值得商榷的，因为它们的代表性有限。可以想见，下层阶级的食客和厨师几乎都是文盲，只能通过口授传授他们的经验技巧。早期出版的烹饪书和食谱中的食材和调料也只有富裕家庭才负担得起。17 世纪法国出版烹饪书的高潮对法国在未来几个世纪主导高端料理和烹饪技术至关重要，不是因为它们记录下了所有法国人的饮食（尽管里面的确提供了一些关于潮流趋势的信息），而是因为它们第一次将构成法式烹饪艺术的元素固化下来，使这种艺术得以传播开来。当这些书中编纂收录的烹饪技术和做法得到承认后，法式高端料理不仅使欧洲内外的各国宫廷趋之若鹜，更使贵族阶层以下的人求之若渴。科学和艺术结合产生的化学反应使法式料理令人无法抗拒、广受传颂，也对烹饪学产生了深远的影响。

17 世纪的烹饪书市场基本被法国人垄断，这些出版物通过制定的规则和技术开始一点点搭建法国料理的精巧性和艺术性，为法国料理在 19 世纪独占鳌头发挥了重要作用。烹饪书出版的大繁荣期与路易十四统治初期恰巧重合：在 17 世纪，41% 的烹饪书出版于 1650—1665 年间，其中最具影响力的著作引领了国际餐饮业近半个世纪。[3] 后文艺复兴时期，法式技术的基础主要体现在专业术语上，尽管真正的烹饪术语要到 19 世纪才广泛流行。法国在高端烹饪领域的语言优势地位要从 17 世纪的拉瓦莱纳算起：他创造了第一份黄油面粉糊的酱料配方（尽管他将其称为佐料的黏合剂），人们现在熟知的“法国香料”（葱、刺山柑花蕾和新鲜香草）也是因他而流行起来的；他还是第一个在出版物中提到用蛋清来澄清肉汤的方法的人。皮埃尔·德·吕内（Pierre de Lune）在1656年出版的《厨师》（*Le Cuisinier*）中收录了一份做稀汁（coulis）的食谱。稀汁是指浓缩后的香料肉汤，一般作为其他酱料和炖菜的基底，是现代制酱技术中用到的高汤（fonds de cuisine）的前身。“炖菜”（ragoût）这个词首次出现于17世纪，指那些由浓郁酱汁包裹的、滋味丰富的肉菜或蔬菜的拼盘杂烩——常让人想起“法国人喜欢用酱汁将食物藏起来”这个“老梗”。拉瓦莱纳书中的第一份食谱是肉汤，这是做61道汤羹的基础；之后的整个章节是关于浓汤（potages）的，它演变成后来的“元气肉汤”（restaurants），从这个词衍生出今天餐厅（restaurant）的含义。

那些出版的食谱将这些烹饪技术固化下来，赋予其章法程序和表达词汇。拉瓦莱纳就是在烹饪的空白领域“凭树立规则和方法成名”的人——或者至少在法国人讲的故事里是这样的。[4]这个故事如此成功，以至于还渗透进了大众文化。莫里哀（Molière）在《〈太太学堂〉的批评》（*La Critique de l'école des femmes*，成书于1663年）中借一个贵族角色来讽刺按照亚里士多德的标准评判喜剧的做法，说：“这就好像一个人即使吃到一份好酱料，但如果发现它不符合《法国大厨》里的条条框框，也不算数一样。”[5]这些在16世纪的饮食实践基础上产生的创新并不是自动发生的。在 17 世纪，人们仍然小心地区分开荤日和斋戒日（比如封斋节和其他宗教节日）的食谱；拉瓦莱纳和他的前辈普拉提纳一样，也遵循了一些食物调和的原则，用佐料来对冲某些食物对健康的不良影响。但《法国大厨》将传统与创新衔接了起来：在“餐间小吃”（这个时期的配菜都和主菜一起上）的章节里包含了肉类、沙拉、蔬菜和甜点等五花八门的菜肴。这本书同时也强调滋味，比如“新潮牛肉”（boeuf à la mode）这道菜就是用肉汤、香草和“各种香料”[6]来烹调带肥肉的牛肉。拉瓦莱纳从不用厚重的香料泥来给肉类调味，而喜欢将肉切片后用文火煨，比如他的“小片煨牛肉”就是用肉汤来煨的。他实际上是这个时代后来出现的“轻烹饪”技法和 18 世纪“新派菜系”（nouvelle cuisine）的先驱。

事实上，上流社会与精致料理是密不可分的，他们对奢侈食材的使用毫不吝啬，庆幸自己具备品鉴极品美食的天生的敏感神经；这从另一方面也促进了食物精致化的潮流，在 17 世纪后期尤为明显。尽管拉瓦莱纳因为太过固守成规在后来成为被嘲笑的对象，但他的“瓶子鸡肉炖菜”（chicken in ragoût cooked in a bottle）在当时是高级菜肴的代表。这道菜的做法是将鸡去骨后填满松露、小牛肉和芦笋，然后将其放到瓶子里煨，同时再单独准备一份炖菜。上菜时，厨师要用金刚钻将瓶子切开，并保持瓶底完好无损。[7]一位名为罗伯特爵士（Le Sieur Robert）的厨师在《好好烹饪的艺术》（*L'Art de bien traiter*，成书于 1674 年）中称，他的精致作品是那些品味不俗之人的理想菜肴，而决不是像他的

亚历山大 – 弗朗索瓦・德波特（Alexandre-Francois Desportes）：静物画《处理好的野味、肉类与水果》，1734 年，布面油画。图中打来的野味（野鸡、鹌鹑等）上面被涂了一层油脂以备烧烤，这和拉瓦莱纳食谱中的做法一样

前辈一样用根茎类蔬菜和一些粗糙食材做的菜。他的编辑声称该书贡献了“真正的烹饪科学”，并“破除了此前一切的旧方法”[8]。该作者还单独将拉瓦莱纳拎出来，说他的烹饪方法已经过时了，尽管后者的书只比前者早了23年。罗伯特爵士在他书的前言中极力反对“扎堆上炖菜”和“将烤肉堆成小山一样”的老式做法，赞成对肉类精挑细选后精心烹饪，使其色味俱佳。[9]弗朗索瓦·马兰在其《酒神的赐予》(*Dons de Comus*，成书于1739年）一书的前言中写道，老式烹饪复杂烦琐，“现代烹饪”则意味着要用到科学或化学，将肉类分解成营养汁，并像画家配色一样将这些精华物质和谐地搭配起来。[10]马兰的书称赞“法国贵族的精致品味训练出了一批大厨”，将高端料理的问世直截了当地归功于法国贵族的细腻品味。烹饪书在发挥贵族生活指南方面的作用是显而易见的，因为食物从本质上说与阶级地位密切相连。

“精粹”[quintessence，前身为肉汤（bouillon）]是法国人为现代料理发明的另一个新术语（马兰书中前言如是说），指酱汁的精华（在这里被称为“酱汁之魂”），而酱汁又是法式料理的精华之所在。马兰通过借用这些带哲学意味的术语和烹饪领域之外的意象构建起他烹饪书的主题框架，展现了法国的杰出厨师是如何步步为营地巩固其“江湖地位”的。马兰的书引领了第一波“新派菜系”的风潮，以精致为主要特点，做法并不一定简单（按马兰的说法）。“新派菜系”的标志是出现了各种小分量的、简单调味的餐间小吃（entremets）、正餐之外的小菜（hors d'oeuvres）或者叫前菜（entrées）。为了进一步标新立异，马兰宣称正餐之外的小菜、餐间小吃和前菜之间不再有区分的必要。他通过对老式酱汁做减法，开发出口感更顺滑的新式酱汁，与之前用面包屑和蛋黄增稠的稀汁（拉瓦莱纳和其同辈人的做法）形成鲜明对比。马兰书中卷首语的观点风靡一时，也引发了别人的质疑，甚至有人出书讽刺这种将食物和哲学配对的概念——1739 年出版的《一位英国点心师的来信》（*Lettre d'un patissier anglois*）就对“新派菜系”的理论依据进行了嘲讽，加入到新派和传统派的长期论战之中。这一波（也是第一波）“新派菜系”致力于提纯食物的精华，将其作为原料来调制更加复杂的菜肴。第二波“新派菜系”的风潮兴起于 1970 年代，以摒弃“古典”法式料理为标志，提倡使用清淡的酱汁和品尝食物的原味。

为何印制的烹饪书在 17 世纪大量涌现并带来如此大的影响？因为当时人们刚从严苛的饮食学原则下解放出来，对美食的敏感度提高，开始强调食物的烹调（而不仅仅是做熟），于是出现了一系列适应这一新变化的操作手册。相比之下，关于印度为何未能形成一种占主导地位（或者说被记载下来的）的印度菜系，阿君·阿帕度莱（Arjun Appadurai）认为，“根据传统印度教教义，食物在原则上属于道德或者医药范畴”，始终与精神性紧密相关，所以“永远不会成为美食享乐主义的基础”[11]。而且，印度教教义还致力于保护地方传统特色，包括地方的饮食风俗。而同时期的法国人开始将体液平衡规则和饮食健康原则抛到了九霄云外，转向追逐口腹之乐，于是该时期的宫廷饮食被奉为圭臬并得到记录。这一时期法国印刷业的不断发展当然也是一个助力因素。这要归功于1640年黎塞留在巴黎设立皇家印刷厂，将印刷权收归国有并重振法国印刷术。总的来说，政治的稳定和路易十四时期宫廷的贵族活动为法国民族身份的演化提供了坚实基础，精英们得以在此之上构建他们主导的饮食文化模式。而且当时的宫廷贵族也拥有令人炫目的财富，有能力举办载入史册的奢华盛宴。最后，这些小小的烹饪书拥有如此大得不成比例的影响的原因还在于，这是法国人自己写的关于他们如何创造精致菜肴的故事，必然对他们大厨的天才和食客的卓越品味极尽赞赏之能事。早在1691年，弗朗索瓦·玛西亚洛（François Massialot）在他的《皇家和中产阶级大厨》（*Cuisinier royal et bourgeois*）中就自证了法国的优越性，断言“法国的食物、气候和风俗习惯要优于所有其他国家”[12]。

令人惊讶的是，贵族饮食在出版物中大获全胜的时刻与法国历史上最严重的饥荒几乎同期。因恶劣气候所致的谷物灾难性歉收导致粮食价格大涨，引发了1661年的“中世纪大饥荒”，这是继1630年、1649年和1652年系列毁灭性饥荒后最严重的一次。[13] 17世纪的投石党运动等一系列反抗封建统治的革命运动因为扰乱了粮食的收获和巴黎的供应而进一步加剧了粮食短缺。1693年和1694年春夏异于平常的寒冷和潮湿天气导致了另一场严重的饥荒，饥饿使得疾病横行、出生率降到极低，法国人口在此之后大减。事实上，17世纪粮食短缺造成的死亡比18世纪的革命还要多。贵族饮食和大饥荒并起的巧合进一步揭示了烹饪书和宫廷饮食“中看不中用”的一面：这些精美的书籍空为一种财富展示，正如贵族们即使濒临破产也会精心穿衣打扮一番再去赴皇家盛宴一样。从 17 世纪的烹饪书中还可以看出巴黎的精英和法国外省人民之间的不平等，在食物供给方面更像是一种主仆关系，这种不平等随着之后运输网络和中央集权的发展而不断加剧。为了满足巴黎人的无底胃口，农民的劳动果实几乎被强制征用，巴黎很快越来越具备一个首都应有的样子，并制造出与外省长久的鸿沟。

随着经济的发展和贵族权力基础的变化，富裕的平民家庭开始模仿贵族的生活方式。在此之前，只有贵族家庭能雇佣厨子和管家［其中最著名的叫瓦特尔（Vatel），他因皇家宴席上的鱼类菜肴没能上成而自尽］来管理饮食和日常开销。在路易十四的统治下，最高一级的贵族只能靠寄身宫廷来保住自己的权力，“佩剑贵族”（noblesse d’épée，他们通常通过战功获得带封地的庄园）的权力和其所有土地之间的联系也随着封建采邑权的消失而减弱。与此同时，大资产阶级家族开始被吸纳进贵族体系，富裕的平民可以通过“购买”国王赐封的法院或政府职位来取得贵族地位，他们也被称为“穿袍贵族”（noblesse de robe）。莫里哀的戏剧《伪君子》（*Le Bourgeois Gentilhomme*）讲的就是一个名叫努尔丹先生的滑稽人物，他学了贵族用的词汇，但始终学不会“混”上流社会的要领。这个故事刻画了宫廷贵族对上述社会现象的恐惧和厌恶，他们毫不掩饰对所谓“乡巴佬贵族”（noblesse campagnarde）的鄙夷。但随着时间由 17 世纪进入 18 世纪，富裕的平民不断蚕食着老贵族的领地，包括侵蚀其烹饪和享用食物的文化和方式。资产阶级家庭凭借名师和烹饪书培养出来的才华横溢的大厨的服务，可以吃得和贵族一样好。宫廷贵族只得变本加厉，通过虚浮、矫揉造作的行为和对食物品质不厌其烦的细究来拉开与一般人的距离。在 17 世纪，区分饮食上的社会等级不仅要看吃得起的菜肴数量，还要看菜肴的品质。

与此同时，从 17 世纪晚期到 18 世纪，中产阶级料理和贵族饮食一样在印制出版的烹饪书中占据一席之地。香料因得到广泛普及而失掉了曾经作为身份标志的地位——随着荷兰和葡萄牙商人供应的不断增加，这些曾经难以求得的舶来品对中产阶级来说变得触手可及。法国烹饪在拉瓦莱纳的引领下，从添加浓重的香料转向使用新鲜香草的风尚持续了整整一个世纪。[14] 在 1691—1751 年间不断再版的《皇家和中产阶级大厨》中，玛西亚洛不仅为贵族提供了菜单，也为更普通的家庭提供了单独的菜谱，使贵族和平民都能吃好。尽管 18 世纪晚期烹饪书创作者的服务对象是中产阶级，但“他们提供的食谱实际上是对宫廷传统的紧密传承”[15]。梅农（Menon）的《中产阶级女大厨》（*La Cuisinière bourgeoise*，成书于 1746 年）是流行时间最长和出版次数最多的法国烹饪书，也是在 1789 年法国大革命前出版的烹饪书中唯一一本在 1800 年后获得再版的。罗伯特爵士在《好好烹饪的艺术》里面收录了大量指导人们如何模仿皇家烹饪和摆盘装饰的说明，但因为太过矫揉造作而不受欢迎。玛西亚洛抓住了中产阶级向皇室品味看齐的需求，在书中为他们复制了历史上供宫廷享用的菜单。其他 18 世纪早期的烹饪书大都致力于通过高明的手艺和调味来提升家常菜肴的档次，由此产生的“中间菜系”（cuisine de compromis）也因为再现了前代饮食的优雅简洁而备受追捧，掩盖了其预算不足的窘迫。[16] 为了提升这些妥协产物的档次，厨师往往给它们冠以贵气的名字（比如“王妃式”或者“公爵式”）；有的菜也被冠上“中产式”的名头，或许因为菜式简单或食材廉价。

尽管有的厨师不识字，但烹饪书仍然大有市场。因为技术更新换代的速度很快，那些“通过口授训练出来的厨师不会做的菜的需求缺口很大”[17]。有文化的管家在这方面可以发挥关键作用——将食谱念给或者“翻译”给厨师听。过去，厨师是一个不对外开放的职业，但在流动厨师的促进下，曾经受行会严控的烹饪技术开始扩散流传开来。写出《皇家和中产阶级大厨》这本畅销书的玛西亚洛就并未投入任何贵族保护人门下，他应当是向不同的富裕雇主提供上门承包宴席服务。烹饪书出版业的大繁荣或许也部分因为当时控制食品行业的行会权力有所削弱，行会的衰微使厨师们可以放心公开“行业秘密”而不用担心受到惩罚。有一种观点认为，那些不附属于行会但是有天分的厨师由于没资格当学徒，只得通过学习书本知识来获取成为在富裕人家工作的独立厨师所需的技能，前提是他们识字。[18] 成为管家所需的知识也可以通过书本学到，比如皮埃尔·德·吕内在 1662 年出版的《理想的新式王家总管》（*Le Nouveau et Parfait Maître d'hôtel royal*）。尼古拉·德·帮丰（Nicolas de Bonnefons）在 1654 年《乡村美味》（*Délices de la campagne*）中专门有一章叫“致管家”，也介绍了这个行当的一些门道。那些有志于从事此职业的人（或者刚雇佣一位新管家的中产家庭）可以从中学到一些后天必备的技能。

帮丰在书中强调了管家的重要性，详细介绍其职责，包括监督厨师（他称好的厨师应该“得到像家里最重要的家具一样的欣赏”[19]）和确保一日三餐的多样性，这是主人家幸福生活的保障。

随着烹饪书的流行，厨师们在这一时期成为拥有行动自由的专业人士。在贵族家的厨师还可以像在军队里一样被称为“长官”；“厨师长”这个新词也是在这个时期进入法语当中的，从名字就可以看出其拥有指挥厨房的权威，这个头衔将职业厨师和早期的“厨子”或“长官”区分开来。梅农在《厨艺新论》（*Nouveau Traité de cuisine*，成书于1742年）第三卷的前言中用到了这个词。《厨艺便携词典》（*Dictionnaire portatif de cuisine*，成书于1767年）的首页也如此表述：“该书不管是对最具天分的‘长官’和‘厨师长’还是对为中产阶级家庭服务的‘厨子’都有参考价值”[20]。受雇为私人工作的季节性特点意味着，即使是厨师长也得定期变换工作内容，但也可能在工作中学到新技能——这一点对厨艺创新和进步至关重要。这个时期也出现了一些女性厨师，薪水为男性同行的近一半，她们通常受雇于不那么富裕的家庭，因此更多受到外省实力稍逊家庭的欢迎。[21] 梅农的《中产阶级女大厨》就是直接面向女性厨师的书，该书的成功表明烹饪技术的传播跨越了阶层，受众面不断扩大，其中也包括女性。

印制的烹饪书使法国烹饪技术的传播越过了地理和阶级障碍，在人们心目中将法国大厨和厨艺天才长期画上等号。文字描述为法国料理的传播插上了翅膀。芭芭拉·惠顿（Barbara Wheaton）称，“（玛西亚洛）通过扩大现代料理的受众面从而促进了现代料理的发展”[22]。史蒂芬·门内尔（Stephen Mennell）也认为，烹饪书中的菜谱鼓励了各种厨房实验，因为书面的做菜步骤可以成为测试和改进的样板。[23]旅英法国厨师文森特·拉夏贝尔（Vincent La Chapelle）在1733年用英文出版了《现代厨师》（*The Modern Cook*），并于1735年出版了该书的法文版。他的书虽然严重抄袭了玛西亚洛的著作，但也有创新，包括将褐酱当作基底酱，用面粉替代面包屑来给稀汁增稠。18世纪，科普作者们创作了第一本“烹饪技术大全”，每种重要技术都可以通过其索引查到简要介绍。该书的内容也被吸收进路易·索尼耶（Louis Saulnier）1914年出版的《料理目录》（*Le Répertoire de la cuisine*）中。《厨艺便携词典》里还收录了一些食疗的方子，列明了食材和操作步骤，将几个世纪积累的宝贵经验编写成易于传播的形式。

从巴黎中产阶级和工薪阶层厨房设备的普及可以看出烹饪技术开始自上而下扩散。越来越多的人家里有了专门的烹饪区，尽管壁炉和烤箱仍然是富人享受的特权象征。16世纪的大型厨房中会用到立式壁炉或方砖炉灶——一般是在烧木炭的砖炉上铺设金属烤架。[24]在《好好烹饪的艺术》中，罗伯特爵士描绘了“全套厨房”的模样：得有两个壁炉、两个四眼或五眼的砖炉，壁炉旁得有一个糕点烤箱、三个挂钩和琳琅满目的金属和陶瓷质地的锅碗瓢盆。[25]在路易十四统治时期（1661—1715年），炖锅进入了大部分中产阶级家庭，灶台挂钩则同时进入了中产阶级家庭和工人阶级家庭。到了路易十六在位期间（1775—1790年），炖锅进入了更多工人阶级家庭厨房，而中产阶级家庭厨房里的炖锅变少了，挂钩也几乎被工人阶级抛弃（从 60% 的比例降到 2%）。[26] 通过对 18 世纪厨房场景的重建可以看出，厨师喜欢在远离烟囱的独立区域工作，这样可以站着烹饪，而不用蹲坐在火前。随着用明火烤肉用具的减少，厨师更多用煮和煎炸的方式做肉菜，这意味着人们（包括贫穷的工人）能更常吃到肉，但肉的品质可能有所下降。厨具的进步将食物的烹饪方式从直接用明火烧烤变为在火上使用封闭的容器或移动烤箱，做出来的食物更偏向煨菜和烩菜而不是大块烤物，这为后来法国享誉世界的酱汁肉菜的诞生铺平了道路。

从印制的烹饪书还可以看出富人和中产阶级越来越多地消费家畜肉（包括牛肉）而开始逐渐冷落野味和新奇的肉类。在中世纪食谱中，牛肉位置的空缺可能不仅因为当时的体液理论认为它对人体有害，还可能因为它的身份象征价值较低。然而，17 世纪的烹饪书中关于牛肉内容比例的提升表明，上层社会也逐渐不再拘泥于飞禽走兽代表的身份等级。[27] 那些用来炫耀奢侈的肉类（天鹅、鸬鹚、苍鹭、鲸鱼等动物的肉）在 1660 年左右的家庭账本中已经不见踪影，取而代之的是一些寻常肉类。[28] 除了牛肉，17 世纪的人们开始食用鸡冠和肥鹅肝。拉瓦莱纳的书中只提供了一个以鸡冠为原料的菜谱（“盐腌鸡冠”，crêtes salées），梅农在 1755 年出版的《宫廷夜宵》（*Soupers de la cour*）中则提供了 10 个，外加 17 个做肥鹅肝的菜谱。总的来说，这个时期的大部分烹饪书介绍了许多用牛肉（包括小牛肉）、羊肉（包括羔羊肉）、野猪肉（包括乳猪肉）、野兔肉和各种禽肉做的菜。以蛋类为原料的菜谱也多得出人意料：从单面煎荷包蛋到简单和复杂做法的蛋卷都有。再往下，彼时的蜗牛被认为不够精致，尚无法进入贵族和中产阶层的食谱。直到 19 世纪卡莱姆带动地方特色菜和巴黎小酒馆的风潮后，蜗牛才再度翻身。[29] 尽管在烹饪书普及的时期，肉类不再是富人独享之物，但穷人一般只吃得起边角料，量也更少，而且一般用于给汤调味或者在节日等特殊日子享用。而拥有大量富人的巴黎大肆享用着各种肉类：人均年消费量从 17 世纪中期的 52 千克上升到 18 世纪末期的 62 千克，而同期诺曼底地区的卡昂人均消费量仅为 25 千克。[30] 城市消费者买肉可以去肉铺和市场，也可以去二道贩子——通常由妇女照料的小摊位那里。对

勃艮第烤蜗牛

于工人阶级来说，肉类只占其饮食结构中的一小部分。18 世纪家庭负债记录显示，他们的大部分开销都发生在面包店，其次是水果店、杂货店和糖果店（或者巧克力店）。[31]

17 世纪另一类受欢迎的指南类书籍（除了烹饪书）是关于家政或务农的。1600 年奥利维耶·德·塞尔出版的《农业舞台》（*Théâtre d'agriculture*）是一本与食物和吃有关的农业指南，也是一份记载了农业的“美妙科学”和“法国注定成为农业强国”这一观念的关键文献。塞尔的著作在众多关于法国食品生产和消费的历史文献中引用率很高，他对法国饮食的讲述方式也是独一无二的，即自下而上。他记录了法国农民种植的蔬菜种类和消费者食用的各种肉类，对古籍中的理论进行科学解释并予以实践，分享种庄稼、酿酒和家政管理的实际建议。他甚至还从食物中升华出与土地相关的哲理，称务农是“唯一经上帝之口钦定的职业”，种葡萄是因为“人们喝酒是为了更好地生活”[32]。但塞尔无法代表巴黎的上流社会，因为他的生活地和他观点形成的基础都在普罗旺斯，离里昂不远，靠近尼姆。尤其值得注意的是，塞尔近 90 次将“风土”这个术语用在土壤和相适宜的农作物上，这在后来成为法语饮食词汇中一个极其重要的术语，并在不同语境下被赋予不同的内涵。塞尔认为，土地的所有者应该顺应而不是违抗土壤和气候的基本特性，尽管国王、亲王和其他“大人物”用上足够的力气也能够“使大地屈服”[33]。为了使各种蔬菜适应法国的菜园和能搬上这个时期的法国餐桌，《农业舞台》用大段篇幅来教人们种植洋葱、卷心菜、莴苣、根茎类蔬菜和蜜瓜；还有其他构成厨房花园的基本植物，包括各种香草的种植方法。17 世纪初的塞尔虽然仍受到饮食学的局限，但他也提供了一些兼顾健康和口味的菜谱。比如吃茴香时，他告诉主人可以将盐和油这两种对抗“寒性”蔬菜的“热性”解药放在两个不同的壶里，这样“每个客人可以根据自己的喜好来进行选择”[34]。

尼古拉·德·帮丰（路易十四的首席侍从）在塞尔之后的 50 多年后出版了《法国园艺师》（*Le Jardinier français*，成书于 1651 年）和《乡村美味》。帮丰的《法国园艺师》主要面向巴黎女性和家庭主妇。他在书中首先向塞尔致敬，但也指出他的书虽然从头到尾讲的是乡村菜园，但里面提到的技巧却是为城市花园量身定制的；塞尔所生活的朗格多克与巴黎的气候截然不同，而帮丰对后者可以说了如指掌。《法国园艺师》并不局限于“高端”食材，里面还包括了种植菌类和制作果酱、果脯的方法。在《乡村美味》中，帮丰认为用适当方法制作的“健康浓汤”（potage de santé）有助于中产阶级家庭保持身体健康。他认为，如果是用卷心菜做的汤，就应该“吃起来完全像卷心菜”，不应加多余的碎肉和面包屑。帮丰提倡汤应该简简单单，不文过饰非；他还宣称，“我关于汤的原则也适用于所有入口的东西”[35]。《乡村美味》崇尚节俭，里面介绍了九种家庭版烤面包的方法，还教人们如何节省原料——从这里面也能看到 17 世纪中期投石党人起义期间巴黎因围困而受饥荒的遗留影响。《乡村美味》和塞尔的书一样，也有一章介绍如何酿造与储存葡萄酒和其他含酒精的饮料；有一章介绍如何制作和陈化奶酪；有一章介绍根茎类蔬菜，从甜菜讲到菊芋（又名耶路撒冷洋蓟）或土豆（显示出当时人们对这种“新世界”的蔬菜还不太熟悉）；有一章介绍松露，将其像甜菜一样平等看待。《法国园艺师》和《乡村美味》的调子和受众显示出17世纪的社会变迁：贵族不再是过去的贵族，中产阶级也不是过去的中产阶级了。帮丰称，《法国园艺师》的读者是两类富裕的“高净值”人群：一类可以与他们的园艺师讨论书中内容；另一类是“在巴黎附近拥有别院的中产阶级”，喜欢自己动手。[36]

作为17世纪下半叶新出版的园艺类书籍之一，帮丰的《法国园艺师》证实当时的法国贵族已经接纳了蔬菜。《法国园艺师》还鼓励巴黎的时髦女性在她们的花园里种植新潮水果，并将吃不完的卖掉来增加收入。这个世纪的出版物中满满都是对园艺产品的热爱，与上世纪惧怕和轻蔑的态度形成鲜明对比。托马斯·帕克（Thomas Parker）在园艺手册和烹饪书籍中附加了与社会阶层和社会奋斗相关的内涵，称中产阶级厨师“掌握的技术足以媲美园艺师通过改造自然来打造完美法国花园的技艺，再加上正确的步骤和调料，能够在餐盘这个微观层面达到凡尔赛花园般的完美程度”[37]。帮丰对园艺种植的水果带来的美感和乐趣赞不绝口，称其满足了人类所有感官，色彩之美是任何天才画家都调配不出来的，滋味之妙能使最挑剔的美食家吃完后对整顿饭都表示满意。[38]曾经令人避之不及的甜瓜成了法国上流社会、文明和精致的象征，变成献殷勤的佳品。学会欣赏和描绘“多汁的梨”和“清脆的芦笋”之妙处是贵族们的必修课。[39]柔软质地的蔬果在当时更受欢迎，酸硬的特性则被认为是粗劣的象征。水果的种植

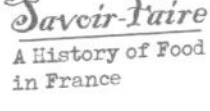

方式甚至还能影响其地位：苹果的地位更低，因为它直接长在树上，不需要像桃子、梨子和无花果一样搭建能够体现“园林技术”的棚子[40]；新鲜的豌豆因需要搭架，在路易十四时期的宫廷风靡一时。每个季节初收获的（最好是反季节的）柔嫩蔬果是上流社会餐桌的最佳点缀。

用糖保存的水果——果酱，在16世纪就有了。但关于甜食

亚伯拉罕·博斯（Abraham Bosse）：《味道》，版画，1635—1638年。注意摆在餐桌中央的洋蓟和仆人端上来的甜瓜，这意味着这些食物在当时的高端餐桌上受到欢迎

制作的书籍的出现要归功于古典时代食糖产量的提升。18 世纪前唯一一本介绍糕点和甜食的专著是让·盖亚（Jean Gaillard）的《法国甜点师》（*Le Pâtissier françois*，成书于 1653 年），但是在菜肴中加糖的做法在 17 世纪晚期就开始流行了。玛西亚洛在 1692 年出版的《果酱新指南》（*Nouvelle Instruction pour les confitures*）中手把手地教人怎么做果酱、饮料、糖果和加糖的沙拉。梅农在《管家学之糖果师卷》（*La Science du maître d'hôtel confiseur*，成书于 1750 年）中将从微沸的糖浆到焦糖之间的过程划分成 13 个阶段，并如伽利略般自信地宣称，他在玛西亚洛方法之上取得的进步之大相当于现代建筑和哥特建筑之间的差距。[41] 从 18 世纪开始，以艾米（Emy）的《做好冰激凌的艺术》（*L'Art de bien faire les glaces*，成书于 1768 年）和约瑟夫·吉列（Joseph Gilliers）的《法国制糖者》（*Cannaméliste françois*，成书于 1751 年）为标志，甜点在高端料理中开始成为一道单独的菜肴。18 世纪，上流社会的餐桌开始将用糕点做的画、用面团做的宫殿和用糖做的雕塑作品作为装饰。法国饮食从宫廷塑造的贵族饮食向中产阶级饮食过渡的自上而下的特点在甜点上表现得尤为明显。例如，今天法国婚礼上的松脆饼塔（croquembouches）的前身就是宫廷时期的"甜点塔"（pièces montées）。然而，在 18 世纪，尽管法国在大革命前凭借圣多明各（现在的海地）成为世界首屈一指的产糖大国，其人均食糖量（每年不到 1 千克）却低于欧洲其他国家。1670 年，路易十四的财政部长让－巴普蒂斯特·柯尔贝尔（Jean-Baptiste Colbert）命令法国在西印度群岛的经营者将其他外国势力赶走，并在圣多明各专注于蔗糖生产。[42]法国殖民者当时建造的蔗糖厂严重依赖奴隶劳动，这使法国在18

由奶油泡芙和拔丝焦糖做的松脆饼塔，这是法国婚礼上的一道传统甜点，也是18世纪受欢迎的“甜点塔”的一种表现形式

世纪成为奴隶三角贸易的主要玩家。到1715年，岛上的蔗糖产量翻了四番，几乎比肩整个英属西印度群岛的产量。但以残酷和压迫为基础的迅速扩张也为后来的覆灭埋下了种子。1804年圣多明各的奴隶起义宣告法兰西蔗糖帝国的终结，但这并没有给岛上的人民带来幸福结局：法国曾经的剥削对海地产生了巨大而又持续的负面影响，这个小岛始终未能从中恢复过来。

17和18世纪的上流社会鄙视胡吃海喝，鼓励精致饮食，看重优雅的餐桌礼仪。安托万·德·古尔丹（Antoine de Courtin）写的《教养新论》（*Nouveau Traité de la civilité*，成书于1671年）是众多介绍餐桌礼仪的指南之一。这本书面向的读者是那些一心想成为宫廷侍臣但没有条件近距离模仿学习的人。[43] 和这个时期的烹饪书一样，关于用餐礼仪的出版物惠及了更多普通人，尽管这些宫廷行为规范离普通人的生活很远。诺贝特·埃利亚斯（Norbert Elias）认为，文明社会规则的不断扩充使得古尔丹书中的礼节相比前人写的更加烦琐[44]，比如古尔丹写作参考的书籍——乔瓦尼·德拉·卡萨（Giovanni Della Casa）用意大利语写的、具有开创意义的《礼节》（*Galateo*，成书于1558年）。对现代读者来说，餐桌礼仪似乎是天经地义的；然而对17世纪的法国来说却是一个巨大变革。古尔丹和德拉·卡萨一样，教学生们用餐巾而不是面包来擦拭沾到酱汁的手指，他还倡导用刀叉进食的新规来避免诸如此类的“不体面行为”；但刀叉对德拉·卡萨来说就陌生了。[45] 虽然16世纪的欧洲已经有了叉子，但用的场合很少。米歇尔·德·蒙田（Michel de Montaigne）在1588

年的《随笔集》(*Les Essais*)中就称他几乎不用叉子或勺子。[46] 17 世纪，叉子在路易十四时期的宫廷已经普及，然而国王禁止人们在他面前使用。[47] 但这个规矩也并非一成不变。圣西蒙(Saint-Simon)在他的《回忆录》(*Mémoires*)中提到，在 1701 年的一次晚宴上，国王兴致高昂地用叉子和勺子敲打餐盘(并命令群臣效仿)来庆祝他的一个敌人的死亡。[48]

古尔丹的书标志着新式餐桌礼仪的确立，并且是法国宫廷的独有现象。古尔丹还要求他的学生学习一些烹饪知识，比如知晓如何恰当地分割肉块(以便将最好的部位献给上级)；熟悉参加贵族宴会时可能用到的分菜规则。《教养新论》中还提到，必须用勺子而绝对不能用叉子来进食橄榄。这一规则似乎有些令人捉摸不透，但某一位吕弗克侯爵(Marquis de Ruffec)正是因为在贵族宴请时使用叉子进食橄榄而遭到逮捕。经过调查发现，这位吕弗克是凭借假冒的侯爵身份而混进路易十五的摄政王奥尔良公爵的圈子的。虽然此前奥尔良公爵已经收到关于此人可疑品行的警告，但正是在看到此人如此糟糕的餐桌礼仪后才使他下决心行动的。[49] 当时，贵族圈子里流行的餐桌服务是法式服务程序，即同时上烤肉和餐间小吃(小盘的蔬菜、肉、沙拉、糕点和果酱)，客人们自助取食，并按照身份等级和性别差异为邻座客人服务。依照等级制度规定，最好的菜要放在地位最高的客人旁边，人们可以取菜的距离半径则是约定俗成的。法式餐桌服务的全盛展示是路易十四举办的一次次经典宴席，直到其在 19 世纪中期完全被俄式服务程序(一道一道地上菜)取代。潮流变换的脚步很快：大块全熟烤肉在路易十四时期风靡一时，在路易十五时期则被三分熟的小块烤肉取代。18 世纪的“新派菜系”对毫无章法、一股脑儿全上的上菜法嗤之以鼻，开始为各道菜肴之间留出间隔，并将咸味和甜味的菜分开，最终演变成法国大革命后常见的每道菜独立成盘的上菜法——这种做法到 1880 年成为餐馆的惯例。[50] 在 18 世纪，餐桌礼仪习惯也从上流社会流传到下层阶级，比如在每道菜后（或者对穷人来说在喝完汤后）换餐具，使用餐刀而不是折叠刀，使用叉子而不是手指。[51] 保罗·阿力耶斯认为法国前期对叉子持保留态度是因为，当时人们认为能否用手指优雅地取食是区分贵族和下层阶级的方法，如果大家都用叉子就看不出这一重要差别了。[52]

餐间小吃

在法式餐桌服务大行其道之时，餐间小吃（字面意思是“两道菜之间”）是主菜之后或者在几道肉菜之间上的补充性小吃，最常在烤肉和最后的果盘之间上。早期的餐间小吃除了需要衬托主菜外没有一定之规，可香可甜、可热可凉、可荤可素，全看时令和宴会主题。14 世纪的《巴黎管家》中关于餐间小吃的章节中有关于蜗牛、鱼冻、米粒布丁、猪头肉和填鸡的菜谱。17 世纪，任何油炸或烤的点心、奶油或水煮蔬菜、炖菜、鸡蛋做的菜或甜味菜

都可以当餐间小吃。安托万·菲赫蒂埃（Antoine Furetière）的《通用词典》（*Dictionnaire universel*，成书于1690年）将餐间小吃明确定义为一道带酱汁的菜。拉瓦莱纳的《法国大厨》（1651年）建议在斋戒期将奶油蘑菇、炸洋蓟、杏仁点心、盐烤松露、油炸蛙腿和好几种蛋类菜肴作为餐间小吃。有的宴席在上完餐间小吃和果盘后，可能还会上被称为“餐余”（yssue de table）的香料酒和果酱，再加上被称为“离席点心”（boute-hors，字面意思为“踢出去”）的香料坚果和糖衣杏仁。对于高端料理来说，上餐间小吃的时候必须更换餐桌布置和餐巾——这和主人使用昂贵肉类和炫耀性装饰的目的一样，是用来彰显自身能力的手段之一。在法式餐桌服务中，菜肴大都是一齐上的，但是某些餐间小吃（正如烤肉一样）是留给最重要的来宾的，专门由仆人端到其身旁。尽管18世纪菜肴的组织形式没有变，但关于宴会的术语开始发生变化。弗朗索瓦·马兰在《酒神的赐予》（1739年）中提供了近300道配菜的菜谱，将它们称为hors d’oeuvres（“正餐之外的小菜”，字面意思为“创作之余”）、entrements（餐间小吃）或者entrées（前菜，字面意思为“开端”）。他也注意到这些菜的命名不停变换：一会儿是hors d’oeuvres，一会儿是entremets，一会儿又是entrées；按照这个体系，菜的命名是根据上菜的顺序而不一定是根据食材或烹饪方法。为了便于内容组织，他书中关于餐间小吃的章节介绍的是平常的鸡蛋卷、松露和糕点，还有30种奶油（冷热皆可，并用咖啡、龙蒿、巧克力、欧芹、菠菜等来调味）。从1762年的《法兰西学院词典》可以看出，餐间小吃一词当时仍然指烤肉和果盘之间上的菜。到1835年，餐间小吃和当时已经深入人心的果盘同属于“甜点前食品”。1878年的词典收录了一个新词，叫“甜味餐间小吃”（entremets de douceur）。在1932年的词典里，餐间小吃的含义已经变成“通常为甜味的菜肴”，因此在宴会和非宴会上都可以上。虽然有些法式甜点还保留了餐间小吃的叫法，但现在餐间小吃被普遍理解为餐后的甜蜜句号。

除了宫廷规范之外，教会也塑造了天主教法国的饮食习惯，将其和欧洲邻国区分开来。天主教明确谴责贪食，但在解释可接受的饮食规范时（从中世纪斋戒日的规则开始），并不完全排斥口腹之乐。虽然长期以来，法国的修道院以靠可怜的菜园收获过活而闻名，但他们同样出名的还有奶酪、啤酒、葡萄酒、糖果和烘焙品。可见天主教信仰和美食的乐趣是可以并行不悖的，今天还出现了用于推广法国修道院生产的精致食品的“修道院网店”。18世纪，英国人因为法国料理大量使用酱汁和复杂的调味方法，将其斥为“造假的艺术和对自然的扭曲”[53]，体现出注重健康、信奉清教的北欧和信奉天主教的南欧之间的理念差异。弗洛朗·格列认为，天主教会正是因为提倡适度原则但并不谴责口腹之乐，才将西方精英引向“禁止暴食但支持美食”的“食欲文化”[54]。

对于天主教的法国，在遵守规则的前提下追求美食带来的乐趣是允许的。法国禁止过量进食（包括在两餐之间进食），并不妖魔化食物，鼓励在餐桌上分享食物和发展促进宴会之乐的良好礼仪，并由此产生了餐桌艺术这一法式生活方式的标志之一。饮食规矩，包括即使是看起来随意的法式餐桌服务，从法国诞生之初就塑造着法国餐桌的样貌。这些规矩保存了法国饮食和烹饪方式，并将其传到国外，同时也塑造了法国人以吃为乐的态度，尽管乐趣有时与规矩是矛盾对立的。人们尽可以选择自己的道路，但是遵守法国的餐桌规则能带来更大的乐趣，并打开通往美食学的大门。

香槟

在 17 世纪这一创新的时代，还诞生了现在被我们称作香槟酒的起泡葡萄酒；这小部分可以归因于中世纪就有的修道院食物生产系统，大部分要归功于更加时髦和有悟性的大众。尽管一名叫佩里侬修士的僧侣发明了将气泡注入香槟酒中的说法并不被法国官方认可，但是这个传说对于法国人把控高端食品和精致饮食具有重要意义。根据记载，香槟的确是法国的创新，因为这一法国国粹的诞生和发展都离不开法国人高超的技艺和对优雅食品的追求。佩里侬修士作为 1668 年到 1715 年奥维耶修道院的管事，确实以酿造纯净透亮的白葡萄酒闻名，其中 1694 年批次的酒在市场上的交易价格破了纪录。[55] 在 1680 年代，法国人就已经会生产一些带气泡的葡萄酒了，但当时香槟地区的浅红葡萄酒比白葡萄酒更出名。从 1650 年代到 17 世纪末，法国三大产酒区——香槟、波尔多和勃艮第的产品价格与普通酒不断拉开距离，达到其市场平均价格的三到四倍。[56] 虽然奥维耶修道院也生产和售卖少量的瓶装酒，但并没有书面记录证明佩里侬修士生产过一瓶起泡葡萄酒。在佩里侬修士之前的 16 世纪，香槟地区的艾村所产的优质白葡萄酒曾经专供宫廷贵族。香槟地区的土壤为白垩质，种葡萄

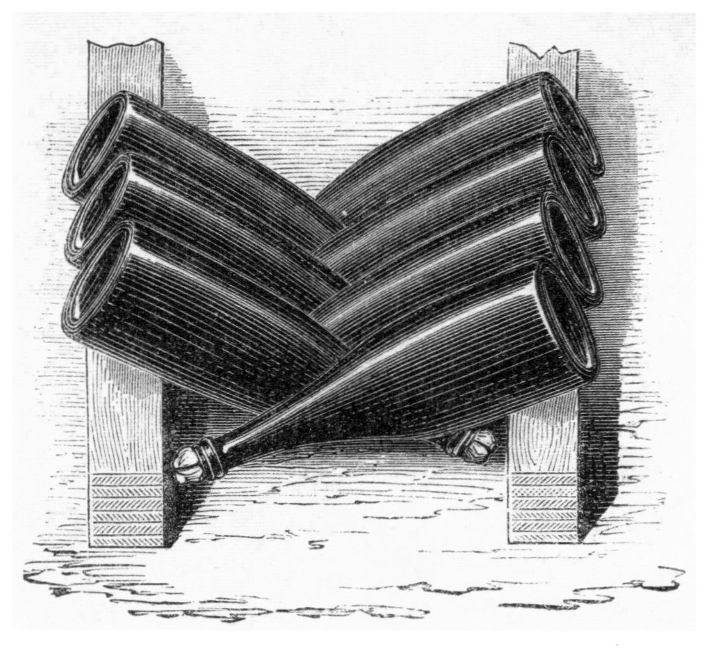

置于架上的香槟酒瓶进行最后发酵

的风险更大且酿酒成本更高，因此当地酒庄通常为实力雄厚的贵族拥有。该地酿出的葡萄酒还因太过“娇柔”，没法像更“皮实”的红葡萄酒一样往里面掺水，而在单价上要高出不少。[57]但它们也有建立口碑的有利条件：这些酒庄靠近巴黎；加上当时医学界认为，白葡萄酒比红葡萄酒更有利于健康，从而更适合皇家饮用。1600 年，一份献给亨利四世（Henry Ⅳ）的专著对艾村的酒

白垩岩洞改造成的香槟酒陈化地窖。注意右边架子上的葡萄酒

给予了关键支持，称“它娇柔敏感，在香槟地区的酒中是最有营养价值和最完美的，理应得到‘大老爷’们的公正赏识”[58]。来自香槟地区的葡萄酒通过贵族们的口口相传而声名鹊起，以至于成为财富和优雅的代名词。很快，和艾村相邻的佩里依修士所在的奥维耶修道院也开始生产面向富裕阶层的高端葡萄酒。罗伯特爵士毫不留情地将那些要求在香槟地区葡萄酒里加冰块的人称为“麻烦的享乐者”。罗伯特认为，根据饮食学观点，冰会破坏酒的味道和颜色，并可能给身体带来极大的潜在危害；冰只有“在明亮厨房的火中融化”，才不会威胁到主人的健康。[59]

虽然13世纪就出现了在葡萄酒或苹果酒中加糖发酵的技术[60]，但是起泡酒的诞生还需要两种在18世纪前尚未普及的技术辅助：澄清（fining，通过加入另一种物质来去除酒的杂质或沉淀）和抽取（racking，将发酵完成的酒抽至新的容器中来去除渣滓）。17世纪晚期，为了满足市场对清澈葡萄酒的需求，香槟地区的酿酒者，包括佩里依修士开始使用澄清技术。抽取技术则出现在1730年代的酿酒专著的记载中。[61]这两种技术都是既耗时又费钱的，因此通常只用于最好的酒。香槟地区在地理上还幸运地坐拥制造起泡酒所需长时静置发酵的天然洞穴。1718年出版的《香槟地区葡萄种植之法》（*Manière de cultiver la vigne en Champagne*）断言：“世界上没有其他任何地区有比香槟地区更好的洞穴了”[62]。这一论断像16世纪贵族大老爷对艾村葡萄酒的肯定一样，似乎也是法国人自香槟酒诞生起就为其打造的宣传攻势的一部分。

路易·陶赞（Louis Tauzin）为汝纳特香槟酒画的宣传画，1914 年。画上是该地区的天然白垩岩洞

香槟酒面世晚还有第三个实际原因：18 世纪前的大部分酒都是先用木桶储存和运输，卖到酒馆后再由酒馆老板用罐子舀出倒入玻璃杯中或供消费者装瓶，他们通常能在酒变质前卖完一整桶酒。但上流社会有钱主顾的耗酒量一般比酒馆老板小，因此他们要求将葡萄酒装瓶卖，尤其是针对更容易变质的白葡萄酒。[63] 终于，在爱尝鲜（和有钱）的精英阶层的最后助推下，在第二次发酵完成前就装瓶的起泡葡萄酒（mousseux）诞生了。由此可见，起泡的香槟酒并非酿酒者的刻意设计，而是消费者对酒更加便捷地分配和消费需求的副产品。1728 年，香槟酒生产者终于获得皇家许可，使用瓶子来运输酒——此前属违法行为。这一历史性的变革为酒运输到附近的港口城市，再运往英吉利海峡和大洋之外创造了条件，为香槟酒打开了国际贸易的大门，香槟酒酿造者的“资产价值也得以获得巨大增长”[64]。1730 年代，佩里侬修士所在的修道院和邻近一座修道院储藏了数千瓶酒，成为“瓶装酒的生产核心”[65]。酒瓶的破损率（或者说对酒瓶破损带来损失的担忧，因为反对瓶装酒的经销商倾向于夸大他们的损失）限制了起泡酒的发展壮大；但事实上，发酵和酒瓶破损之间并没有必然联系，而且发生率比预想的要小。从一份 1765—1789 年的酒窖记录可以看出，其间只有五年出现过破损现象。[66] 从 1770 年代开始，酒商直接从酒庄购买酒浆来自己装瓶。到了 19 世纪，香槟地区的酒商开始占据装瓶和出售方面的主动权。

《商业报》（*Journal du commerce*）是当时一份提供购买和运输葡萄酒指南的刊物，在 1750 年代主要关注的是勃艮第葡萄酒，但香槟酒也有涉及。从有些报道能看出，当时的女性和年轻人偏爱香槟酒，而勃艮第葡萄酒是年长顾客的选择。[67] 18世纪，香槟地区产的普通红葡萄酒在法国境内大量流通的普通佐餐酒面前一败涂地；而带气泡的白葡萄酒在精英阶层开始流行，成为他们的新传统。香槟酒在18世纪的“新派菜系”中得到广泛应用——梅农1755年的《宫廷夜宵》中有五份菜谱指定用“香槟地区的酒”——并在19世纪成为节庆的一部分。香槟酒取得的神圣地位与香槟酒生产者的努力密不可分：他们通过法律将香槟地区使用二次发酵获得天然产品的这一技术标签固定下来。佩里依修士作为香槟酒发明人的说法源自1821年奥维耶修道院一位前修士发起的宣传运动。香槟酒生产者也将这个故事配上插图印在1889年巴黎万国博览会的宣传小册子上，并将佩里依称为“香槟酒之父”。在香槟酒生产者协会的努力下，香槟地区的葡萄酒统一使用“香槟”的标注，而不是各个酒庄的名字。这一策略使香槟酒成为整个地区的标志性特产，那些混用不同酒庄酒浆的生产者得以免受产品不纯正的指控。佩里依修士的故事在帮助香槟酒获得政府保护上也发挥了重要作用，赋予香槟酒“宗教色彩的神圣起源”，使得原本是为无聊堕落的贵族享乐而发明的一款饮料获得合法地位。[68]佩里依修士成为将香槟酒和修道院禁欲主义联系在一起的纽带。时过境迁，到了19世纪，这些泛着气泡的葡萄酒开始成为身份地位的象征，受到巴黎餐馆中尊贵客人的追捧。在1891年，巴黎还创立了有着“香槟的圣殿”之称的马克西姆餐厅。[69]

罐装食品

之后，一项防止食物发酵的技术创新再次令法国举世瞩目，并贡献了一个新的专业术语："罐藏法"（Appertizing）①。用这项技术安全封存在容器中的食物最远被法国探险者带到了北极。糖果商尼古拉·阿佩尔是这项技术的发明者，他将清洗过的玻璃罐通过隔水加热产生真空（当然，这需要仔细测定加热罐子产生真空的精确时间）。1802年，阿佩尔用这项技术在他巴黎附近的工坊生产罐装食品并在城里的店铺出售，并从1807年开始向法国海军供货。经过多年的测试、改良和销售，阿佩尔的罐装食品终于在国家工业发展促进协会（Society for the Encouragement of National Industry）的推荐下得到法国内政部的承认，并获得一笔12 000法郎的奖金。作为回报，内政部要求他公开制作工艺来造福大众。阿佩尔在1810年向政府提供了200份工艺说明书后[70]，随即投身于与英国对手的长期竞争中。

在他七个版本的《保存的艺术》（*L'Art de conserver*）的第一版中，阿佩尔阐述了以低成本方式保存食物的动人目标，称"此举可以给社会带来多重好处"[71]。这项他引以为傲的法国技术掀起了食品保存技术的革命；用"罐藏法"保鲜的豌豆还获得了美食家格里莫·德·拉雷尼埃尔的赞誉，称与新鲜豆子的柔嫩度和滋味不相上下。尽管阿佩尔的获奖产品中已经包括罐装的炖菜、

① 源自发明者 Nicolas Appert 的姓氏。

蔬菜牛肉汤和著名的新鲜豌豆（能凑成一顿完美的中产阶级午餐了），但他的目标是为军用和民用医院供货、帮助预防或治疗海军士兵的疾病、便利法国和“具有不同食品资源禀赋的国家”之间相互进出口食品。[72]英国科学家很快根据阿佩尔的方法设计出金属罐头的制作技术——成品要比玻璃罐头更轻、更坚固，并在1812年申请专利并创立第一家罐装食品公司。[73]作为回应，阿佩尔则继续对他的方法进行改进，并订了一批镀锡铁罐用来完成法国海军的订单。1824年，在阿佩尔的授权下，约瑟夫·柯林（Joseph Colin）采用他的技术开设了一家沙丁鱼罐头厂，1836年的年产量达10万个。[74] 1880年，法国大西洋沿岸的工厂每年可以生产5 000万个沙丁鱼罐头。[75]阿佩尔还从发明稀汁的拉瓦莱纳和发明肉汁精华的罗伯特爵士处获得启发，发明了一种将肉和蔬菜浓缩成片剂的技术，即浓缩肉汤冻的前身，显示出法国人对羹、汤和酱汁孜孜不倦的追求。

阿佩尔还试验过保存葡萄酒、啤酒和牛奶的方法，为乳品巴氏消毒法的诞生打下了基础；1864年，路易·巴斯德（Louis Pasteur）通过精确控温改良其技术后在奶酪界引起巨大反响。另一种新创的奶制品则不那么成功了。1866年，拿破仑三世（Napoleon Ⅲ）下令开展竞赛，目的是制造出一种新油脂：其价格要更便宜，适合工人阶级购买；性状要更稳定，符合军需品要求。1869年，希波莱特·梅热·穆列斯（Hippolyte Mège-Mouriés）在法国创造出用牛油、水和酪蛋白制成的人造黄油。但在养牛户和黄油制造商的压力下，政府很快颁布歧视性规定，使人造黄油的发展一蹶不振。

法国人一向喜欢玻璃罐头多过金属罐头，要让他们接受金属罐头里的食物味道得通过一场专门的宣传运动。1871 年，拿破仑在被德军大败后才看到金属食品罐头的好处——便于携带，在野外冷食和热食都很方便。[76]但这些实际好处必须在士兵们接受金属罐头的前提下才能发挥作用。在各方配合、宣传罐头食品的营养价值和改善味道的努力下，法国士兵终于妥协了。在罐装的炖牛肉里加入胡萝卜可以掩盖罐头的味道，使其更像一道家庭烹饪。

法国士兵在一战前和一战期间经受的“品味改造”为实业家们的产品创造了消费群体，法国男性开始接受（如果不是享受）“工业化改造的食品”[77]。在习惯了吃罐头食品的士兵退役返乡后，那些节俭的主妇也被灌输罐头食品更省钱的观念，越来越多的普通家庭开始常备罐头食品。然而，法国实际上并不太需要罐头食品，因为有发达的农业和完备的运输网络，南方的物产可以很容易地运到北方。格里莫·德·拉雷尼埃尔是阿佩尔最狂热的崇拜者之一，在《美食家年鉴》（*Almanach des gourmands*）中不断表示：“阿佩尔的天才从未在法国得到应得的欣赏”[78]。“现代法国料理之父”马里－安托万·卡莱姆也认为，阿佩尔对料理艺术的贡献应该得到国家承认，因为他让人们能在冬天吃到和应季生产的一样新鲜的蔬菜水果。[79]在现实中，阿佩尔的产品却遭到其大多数同胞的拒绝，只能流向军需供应和法国海外殖民地。阿佩尔的纪念价值，除了 1955 年的邮戳，还在于他成为一项“皇家技术”的创造者，直接促进了欧洲殖民地的物资供应。[80] 19世纪那些思乡情重的海外殖民地开拓者对他们习惯吃的法国食物可称得上魂牵梦绕。

奶酪

或许没有比奶酪更持久的法国美食的象征了，这一说法的依据很充分。法国在中世纪以前就以优质奶酪闻名，从那时候起就孜孜不倦地对奶酪进行改良和宣传推广。罗马－高卢时期，老普林尼和其他人的书中记录下了法国奶酪的成功；中世纪的法国农民（通常是女性）通过技术改进，创造出与法国密不可分的奶酪品种。吉尔·勒布维耶（Gilles le Bouvier）在1400年代前期完成的地理学汇编——《地方风物志》（*Livre de la description des pays*）中列举了法国的各省特产，尤其是各种奶酪；法国自此被视为盛产各种奶酪的国度。法国对奶酪制作工艺、奶酪品鉴门道和最终成品的尊重都是独一无二的。法国拥有近1 500种获承认的奶酪品种，其中45种受原产地命名保护（居各国之首），在奶酪的品种数量和技术多样性方面都是首屈一指的。[81] 虽然地区主义在这方面也做出了贡献，但奶酪在法国的成功集合了技术、科学和传统之大成。

古籍中提到的尼姆、图卢兹和自古以来牛羊成群的中央高原地区等法国南部奶酪产区过去所产的可能都是硬质牛奶奶酪，是

关于奶酪制作的早期木刻画

中央高原地区拉吉奥尔奶酪（Laguiole）或康塔尔奶酪（Cantal）的前身。[82]在气候更加湿冷的北方，奶酪生产者发现通过改变储存温度、通风条件和翻转、摩擦等手工操作方法可以生产出几款湿度更高的软质成熟奶酪，比如配合适宜的湿度可以生产出带灰色或白色霉菌的花皮奶酪。在养羊业发达的卢瓦河谷可以通过添加凝乳酵素得到山羊奶酪。带橘红色菌苔的洗浸奶酪诞生于中世纪早期的修道院，因为当时修道院拥有的牛羊可以提供大量鲜奶，院里的石窖可以用于奶酪陈化，僧侣和世俗雇工可以提供大量劳

法国都兰产的带灰皮的圣摩尔（山羊奶）奶酪

动力。[83] 修道院周围的农民也会用自己家畜的奶来制作奶酪，作为付给修道院的什一税。此外，奶酪还不受僧侣和信守本尼迪克特派规则的访客忌食肉类的饮食原则的限制。中世纪晚期，医学界还认为奶酪可以加快肉类穿过消化系统的速度，从而减少其副作用。14 世纪的普拉提纳也在《花天酒地促进身体健康》中建议人们在餐后吃奶酪，这成为一道传统甜点“奶酪拼盘”的由来。

中世纪主要的奶酪品种包括公元 855 年阿尔萨斯地区修道院发明的芒斯特奶酪（Munster）和公元 960 年左右法国北部偏僻的马罗瓦勒修道院发明的马罗瓦勒奶酪（Maroilles），这两种都被称为“修道院”洗浸奶酪。[84] 在此之后，僧侣们开始将奶酪作为收入来源，除了改进工艺生产出鲜奶酪，还使用煮和压的工艺生产出湿度更低、便于运输的奶酪品种。[85] 马罗瓦勒奶酪（一种未经蒸煮压制的奶酪）一度闻名遐迩，曾获得菲利普·奥古斯都、查理六世、弗朗索瓦一世和路易十四等的欣赏；但在1789年马罗瓦勒修道院被毁后，其在产地之外的受欢迎程度大大降低。到了18世纪，这曾经的“国王的奶酪”因为其辛辣刺激的风味沦为工人阶级的伴侣，并从此一蹶不振。[86]随着法国农业的主角从封建庄园和修道院转向农民并以此定型，奶酪的生产也不断得到扩大；诸如法国北方生产的农家软质成熟奶酪开始流行起来，并成为一项法国特产。

17世纪之初，塞尔认为法国尚未主导整个奶酪界，尽管当时的奥弗涅奶酪（Auvergne）已经享誉全法，布列塔尼和朗格多克也以“盛产奶和奶酪”闻名，但是从米兰、土耳其、瑞士和荷兰进口的奶酪大行其道，磨盘石大小的奶酪也源源不断地从意大利伦巴第地区运过来。[87]法国中南部奥弗涅地区生产的康塔尔奶酪是一种更紧实、易保存的奶酪，一方面是因为使用了切割凝乳技术，另一方面是因为当地的奶酪生产者有条件往里添加大量的盐——这归功于罗马时期建造的连接地中海沿岸和中央高原的运输网络。[88]塞尔当时推崇的是适合运输的山区奶酪或者叫压制奶酪，而不是后来成为法国名片的鲜奶酪品种。像孔泰奶酪（Comté）和康塔尔奶酪等山区奶酪一般用大型滚筒就可以运到市场上；这种方法不适合那些形状和尺寸多种多样的软质奶酪，其形状有金字塔形、鼓形、圆棍形甚至心形。出于实际原因，山区的奶酪生产者一般会用来自不同奶源和分批次收购的奶来制作大型奶酪，这些“大轮子”（康塔尔奶酪每个平均为35至45千克，孔泰奶酪可达55千克，艾曼塔奶酪超过90千克）在新鲜食物来源尚不那么稳定可靠的环境中能为人们提供长期支撑。孔泰奶酪［当时被称为格吕耶尔奶酪（gruyère）］诞生于 13 世纪阿尔萨斯和勃艮第之间的地区，宣传者称“它毫无疑问是那些被荷兰人和英国人带向全球的各种熟凝乳奶酪的前身”[89]。这个故事有一定的可信度，因为孔泰地区有法国最古老的奶酪生产合作社——成立于 1273 年，并在 2006 年被私有化。[90]但是，这个故事也再次印证了法国饮食史中传说和自我宣传的重要性：法国的奶酪生产者自信地自封为世界奶酪的奠基者，不管这是不是事实。就像香槟酒一样，如果故事重复的次数足够多，便能披上真理的光辉。

受原产地命名保护的马罗瓦勒（牛奶）奶酪

软质成熟奶酪来自法国的平原和山谷地区，通常由独立的生产者制作——他们通晓同样的技术，同时也受同样的地域条件限制（比如奶的种类或气候）。在法国，软质奶酪从 9 世纪起就开始生产了，但经济的变化使 17 世纪成为它们发展的关键时期。在让·弗洛克（Jean Froc）称之为“社会游戏”（jeu social）的你追我赶的竞争中，该世纪的奶酪生产者们争相赋予自己的奶酪新奇的外形和名字，以压过别人的风头。[91] 心形的纽沙特奶酪（Neufchâtel）就是一例，这种诺曼底地区产的软质牛奶奶酪是许多类似奶酪品种的基底，很可能是 12 世纪诺曼底殖民者通过对英

库斯泰莱市（普罗旺斯地区）露天奶酪市场，这里卖的主要是合作社生产的、经长时间陈化的大块普通形状的奶酪

国奶酪的模仿得来的，在1700年因为其心形外形而闻名。[92]“太子奶酪”（Dauphin）是马罗瓦勒地区一种海豚[①]形状的奶酪，据称是为了纪念路易十四的赏识而以其继承人命名的。路易十四时期，在王室的支持下，软质奶酪成交量和知名度上升。一般来说，软质成熟奶酪都在本地和周边地区生产和消费，这样不用考虑上架保存的时间和运输条件，奶酪生产者们也可以天马行空地设计奶酪外形。18世纪中期，巴黎奶酪市场的课税记录只记录了四种奶酪，价格从高到低分别为：布里奶酪（Brie）、庞利维奶酪（Pont de l'Eveque）、海豚形和心形奶酪、马罗瓦勒奶酪。

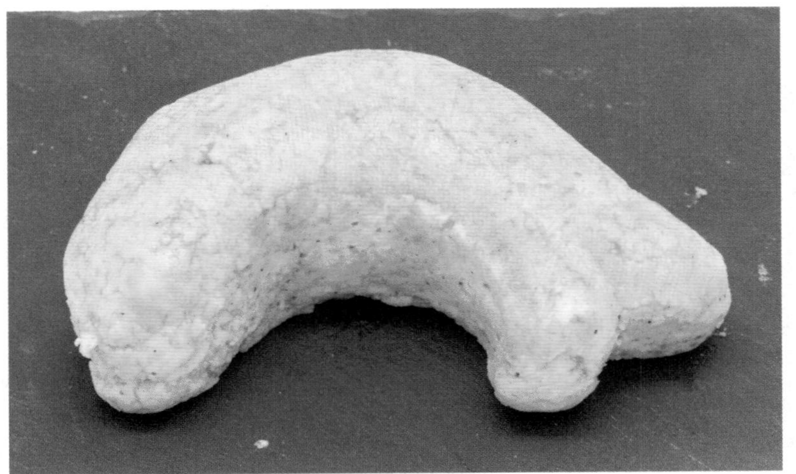

法国北部皮卡第地区的“太子（牛奶）奶酪”，这是一种用欧芹、龙蒿、胡椒和丁香调味，带洗浸皮的马罗瓦勒奶酪，据称是根据路易十四的继承人命名

① 法语中dauphin有“王太子”和“海豚”两个意思。

技术创新和先天的地理条件共同促成了法国一些特有奶酪的成功。在罗克福地区天然通风的洞穴之中恰好生长着一种后来被命名为娄地青霉（Penicillium roqueforti）的真菌，存放在此的含盐量高的绵羊奶奶酪又恰好是生长罗克福奶酪标志性蓝绿色霉菌的完美宿主。关于罗克福奶酪（Roquefort cheese）的记载最早可以追溯到 1070 年，当时一位封建领主将其拥有的庄园和洞穴捐给了孔克修道院，僧侣们后来引进佃农扩大奶酪生产。该地奶酪生产者的垄断权力自 1411 年查理六世为他们颁发特许证书以来一直延续到今天。后来，罗克福奶酪凭借铁路运输的扩张在全法国乃至全世界站稳脚跟，其年产量从 1840 年的 75 万千克增长到 1900 年的 650 万千克。[93] 1925 年，罗克福奶酪也是第一种获得原产地命名法令保护的奶酪，并通过 1979 年的政令得到进一步确认。[94] 对于那些没有地理条件和传统工艺眷顾的奶酪，法国人则用技术创新加以弥补。阿基坦地区就只有一种有名的传统绵羊奶奶酪，叫比利牛斯奶酪（Pyrénées）。1980 年代，当地的大型工业奶酪加工厂将地域特色和季节性影响抛诸脑后，开始全面拥抱工业化来努力生产新品种奶酪、扩大市场份额。保健然集团（现更名为 Savencia 集团）于 1984 年在其旗下并驾齐驱的两款奶酪——布尔桑奶酪（Boursin）和塔塔奶酪（Tartare，在美国的牌子叫 Alouette）之外，引入三款新奶酪：用绵羊奶调味的 Cevrinol 牌奶酪，用山羊奶调味的 Chicotin 牌奶酪，还有一种名为 Chavroux 牌的新型山羊奶酪。生产者充分利用技术创新，使用“裂化”（cracking）技术将奶中的蛋白质和脂肪分开，以更好地控制成品奶酪的形状[95]——尽管这些

受原产地命名保护的罗克福（绵羊奶）奶酪

奶酪的名字有点像药品命名。Chavroux 牌奶酪质地油滑，不同于一般传统山羊奶酪松散易碎，而且可以在架上保存 56 天。虽然今天只有 Chavroux 牌奶酪硕果仅存，但保健然 /Savencia 集团生产的其他工业奶酪和黄油仍在国际上畅销。

法国人深谙社会心理、技术技巧和艺术品位对生产法国奶酪的同等重要性，但还有一个不可或缺的因素是懂鉴赏的法国大众。工业化的奶酪可能对有些人来说已经“足够好了”，但法国生产者之所以与现代化的浪潮苦苦斗争，就是为了保护那些用传统技术生产的小众奶酪——虽然从实用角度出发很难理解为何需要保留 1 500 种奶酪。除了法国之外，也很难想象还有别的国家会由政府创立并维持运转一个相关专业机构（起初被称为原产地名称管理委员会，从 2006 年起更名为国家原产地和品质研究所，简称 INAO），该机构 2015 年的预算为 2 300 万欧元，专门用来鉴别和保护农产品和食品的品质标准。（INAO 和 AOC 系统将在第八章详细讨论。）有关AOC的规则细致而精确，并被不断修订。1985 年，“山区” 成为一项受保护的门类标签，所有顶着这个标签的产品必须产自海拔 700 米以上的山区。INAO 还将触角延伸到了欧盟，欧盟其他国家也效仿采取了类似的分类系统，但法国在这方面仍然是做得最好和最上心的：全法 260 名专员兢兢业业地对传统技艺进行鉴别研究和保存，同时也维护着法国作为美食超级大国的名誉。讲故事和法国美食的关系在奶酪上也体现得淋漓尽致，因为它与国民认同的联系太紧密了。口口相传的奶酪历史（不管是不是编的）成为民族内部联系的纽带，并成为“法国产品遗产保护的一部分”[96]。卡芒贝尔奶酪（Camembert）也概莫能外，拥有一个大家都信的故事至关重要。

诺曼底地区的纽沙特奶酪和利瓦若奶酪（Livarot）等农家奶酪都来自卡芒贝尔奶酪家族，并且历史悠久。利瓦若奶酪早在 1610 年就见诸文字记载，纽沙特奶酪更早。卡芒贝尔奶酪最早见于 1708 年托马斯・高乃依（Thomas Corneille，著名剧作家皮埃尔・高乃依的兄弟）的记载。[97] 在 18 世纪初，卡芒贝尔奶酪可能和其他软质奶酪一样都被泛泛地归在同一门类下；然而，19 世纪铁路运输的发展、科学支持下的经济决策和诺曼底家庭主妇玛丽・哈瑞尔（Marie Harel）1791 年创造卡芒贝尔奶酪传说的再度流行，使其成为风靡全法的工业奶酪。历史事实告诉我们，玛丽・哈瑞尔实际上不大可能在 1791 年“发明” 卡芒贝尔奶酪，但她的确是当地一名奶酪生产者，当地关于她的故事也是在流传

多年后才形成一个统一版本。这样一个具有乡村气息的历史故事使这款当时尚名不见经传的奶酪在奶酪泛滥的国度大获成功。然而，在1926年一位美国游客提出在诺曼底竖立一座玛丽·哈瑞尔雕像的建议时，法国大众仍然对哈瑞尔本人和卡芒贝尔奶酪的起源感到陌生，现在销路广开的卡芒贝尔奶酪仍然寂寂无名。通过对玛丽·哈瑞尔故事的重新讲述，卡芒贝尔奶酪“被赋予一种独特个性”，但这并不是源于历史，而是来自“想象和虚构”[98]。卡芒贝尔奶酪占领全法的第一步始于1860年代巴黎-卡昂火车线路的开通，此类软质奶酪得以进入大城市的大市场，尤其是巴黎的雷阿勒市场。在奥格地区，由诺曼底农业合作社资助的科学家通过展示对比每公顷收益率来劝说当地农民放弃养牛卖肉而转向产奶。[99]当时的技术创新也对生产卡芒贝尔奶酪的大型专业化厂家更有利：为了确保质量，需要一次性注入大量牛奶，并配备通气扇来精确控制奶酪陈化空间的空气流通。玛丽·哈瑞尔的后人佩内尔家族（the Paynel family）一开始固守传统工艺，使用木质模具和手工搅拌来处理初始奶酪凝乳；他们还争取过卡芒贝尔奶酪命名的专属使用权。最终，在稳定产品质量要求的驱动下，佩内尔兄弟改用了金属模具、木质架子和由法国Boll公司1876年首次生产的商业乳凝酵素。[100]大部分无力参与竞争的卡芒贝尔奶酪手工生产者都消失了。1890年，卡芒贝尔奶酪开始用带标签的木质盒子包装，以便适应长途运输。

卡芒贝尔奶酪的外皮颜色也在流行过程中发生了变化。随着原材料需求量上升，从奶源更远地收购的牛奶在长途运输过程中变酸，使奶酪长出灰绿色或蓝色的霉菌（后来被命名为干酪青霉），因此带棕色斑点的蓝灰纹才是19世纪卡芒贝尔奶酪的标准外观。1897年，在路易·巴斯德研究所的指导下，科学家分离出使布里奶酪在陈化过程中保持洁白如雪的白地霉菌。1901年，奶酪生产者开始在卡芒贝尔奶酪外皮种上白地霉菌，创造出“现代”卡芒贝尔奶酪。[101] 卡芒贝尔奶酪生产者在保持产品利于营销、诱人的乡村特色和越来越相信科学的食品卫生原则的公众之

专门用于卡芒贝尔奶酪陈化的房间。请注意带挡板窗户上用来控制空气流通的遮光格栅

间，经过衡量选择了科学和巴斯德实验室的标准。卡芒贝尔奶酪的受欢迎程度也进一步推动了它的工业化生产，更不用说一战期间诺曼底地区的大厂与政府签订的为法国军队供货的合同了。为了满足需求，布列塔尼、洛林和卢瓦河谷地区的奶源也被加以利用，这进一步稀释了卡芒贝尔奶酪的地域特色，但也使其成为士兵心目中代表整个国家的产品，导致士兵在退役回乡后还会去找寻享用。

虽然技术创新使卡芒贝尔奶酪得以占领全国市场，但工业化的生产方式也抹除了这款奶酪的地区特色，使其失去在法国饮食故事中的地位。因此，诺曼底地区的奶酪生产大户决定利用玛丽·哈瑞尔来重写卡芒贝尔奶酪的故事，以创造“基础性的法国传说之一”[102]。在他们的故事中，玛丽·哈瑞尔是奥格一位传统奶酪制作者，从一位在她父亲的农场躲避法国大革命迫害的修士那里学到制作布里奶酪的方法；她使用制作利瓦若奶酪的霉菌和布里奶酪的技术创造了卡芒贝尔奶酪，并将方法传给后代。1863年，她的孙子维克多·佩内尔（Victor Paynel）还在火车站将一块卡芒贝尔奶酪献给了拿破仑三世。这个关于卡芒贝尔奶酪真假参半的故事十分讨巧，既联系了法兰西新共和国的诞生，又包含了修士和一位皇帝，还将旧世界的传统、“农妇的巧思”与铁路这一国家统一的象征融入其中。[103] 在早期，女性奶酪制作者在这个行业十分常见，因此一位能干的女奶酪制作师的形象还为这个故事添上一层怀旧情怀。为了将卡芒贝尔的标签夺回来，诺曼底地区的奶酪生产者联合会紧紧抓住这个复活的传说，竖起一尊玛丽·哈瑞尔的雕像，企图以此顺理成章地得出“地道的卡芒贝尔奶酪必须产自诺曼底地区”的结论。然而，他们失败了。直到1983年，诺曼底地区用牛奶制作的奶酪才获得“诺曼底卡芒贝尔奶酪”的AOC标签。目前，工业化生产、使用机器切割乳块的卡芒贝尔奶酪占据法国卡芒贝尔奶酪总产量的90%。而按照标

现代社会之初卡芒贝尔奶酪的生产过程。女奶酪制作师手工舀取乳块属传统工艺；使用金属工具则是19世纪的创新

准，AOC 卡芒贝尔奶酪必须使用生奶，用手工舀取乳块的传统方法制作——尽管这个步骤也可以用机械化代替。技术创新起初对卡芒贝尔奶酪是一个福音，但在后来带来的却是遗憾：法国怀旧者们通常哀叹他们年轻时吃到的卡芒贝尔奶酪（用未经巴氏消毒法处理的牛奶制成，有带斑点的外皮）已经消失了，取而代之的是雪白寡淡的工业化卡芒贝尔奶酪。奶酪是从 17 世纪开始被确定为法国主要产品的，但是对手工奶酪（还有其他类别的食品）的保护从 20 世纪才起步。

受原产地命名保护的诺曼底卡芒贝尔生牛奶奶酪

在路易十四的时代，法国饮食凭借技术创新和背后故事的底蕴凸显其优越性。法国料理同时拥抱土地的奉献和城市的提纯技术，并引入“风土”这一新概念。在路易十四时期，花园的风格要兼具宏伟和精致，培育的时髦水果也要生长在有艺术感的背景下，让自然屈服于君王面前。食用土里生长出来的蔬菜水果、直接或间接栽培它们的行为不再被上流社会瞧不起，只要他们能维持城市精英的时髦魅力。餐桌礼仪和社交礼仪书则是可以规避粗俗行为的良方，年轻男子能借此通过高雅的餐桌出入上流社会。印制的烹饪书扩大了法国在料理方面所具禀赋的影响，创造了一批烹饪领域的法语专业词汇，给贵族阶层之外的平民提供了学习上层社会用餐习惯的机会。1635 年法兰西学院成立后，知识分子力图以巴黎的通用语言为模板来净化法语，剔除外省方言和不受欢迎的农村影响。然而，塞尔正是在远离巴黎的乡下做出“‘风土’为农作物和土壤之间的和谐关系”的解读的。但在 1690 年菲赫蒂埃出版的《通用词典》中，将“风土”解释为土壤赋予作物的特性，虽然与塞尔的解释有点不同，但仍不失为对法国的进一步赞美。[104] 法国通过科学和技术取得的法式创新在美食领域如雷贯耳：奶酪、香槟和罐装食品与这片土地和那些人们耳熟能详的、能证明法国“制作之道”的故事有着千丝万缕的联系。“法国因为其特有温和的气候才产出品质优异的食物和酒”这一深入人心的观念，加上人们对法国在烹饪和餐桌服务方面优越禀赋的狂热信仰，将法国人的积极品质与法国土地牢牢绑定在一起。而“风土”这一新术语又将法国的丰饶与其土地和人民联系起来，使法国所向披靡。

莫里哀《贵人迷》，第四幕第一场（1670 年）[1]

杜里梅娜[2]：瞧瞧！多朗托，多么丰盛的饭菜！

茹尔丹先生：夫人说笑啦！我只希望这顿饭能配得上您。（全体入座）

多朗托：夫人，茹尔丹先生这么说的话，我必须替他尽一尽地主之谊了。我同意他说的，这顿饭确实配不上您。因为我这个主办人不像我们一些朋友那么高雅，没法让各类菜肴和谐共奏[3]，您可能会在这首“味觉奏鸣曲”中注意到一些不和谐、不通顺的地方。[4]要是有我的朋友达密斯在这里，他会保证一切合乎规矩。[5]他是一个优雅和博学兼备的人，他会在给您分享美食的时候牢牢抓住您的注意力，使您忍不住赞叹他对烹饪科学的了如指掌。[6]他会说这个（面包）是在炉边烤成的，色泽金黄，轻轻一咬，通体酥脆[7]；这葡萄酒散发着天鹅绒般的芬芳，有一点年轻俏皮，但不过分鲁莽[8]；这插着欧芹的羔羊（排）[9]，这一片取自吃诺曼底河边青草的小牛的牛排又白又嫩，吃到口里就像杏仁酥[10]；这用特制浓郁酱汁[11]搭配[12]的鹧鸪肉；锦上添花的还有乳鸽[13]拱卫[14]的又肥又嫩的火鸡，在上面摆上白洋葱和菊苣，盛在珍珠汤[15]中。但我得承认我什么都不懂，茹尔丹先生说得很对，我只希望这顿饭配得上您。[16]

杜里梅娜：那我只能以大快朵颐来表示我的感谢啦。

茹尔丹先生：呀！您的手多美啊！

杜里梅娜：茹尔丹先生，我的手稀松平常，但您看一下这颗钻石，它的确很漂亮。

茹尔丹先生：我？夫人——尽管我不应该这么说，而且这可不是上流社会男人所为[17]，但是这颗钻石也不过如此。

杜里梅娜：您真是太难取悦了。

茹尔丹先生：请您多包涵……

多朗托：来吧，给茹尔丹先生斟酒，还有我们的几位客人，请他们给我们唱一支祝酒歌。

杜里梅娜：对高档（宴席）来说没有比音乐更好的佐餐品了，我现在真是再享受不过了。

注释

[1] 该英语版本译者为莫里斯·毕夏普（Morris Bishop），并由本书作者在括号中加注。《贵人迷》是带音乐伴奏的芭蕾喜剧，音乐由让-巴蒂斯特·吕利（Jean-Baptiste Lully）创作，最初由路易十四1670年在香波堡表演。莫里哀的剧团曾享受到大亲王——国王兄弟的赞助。

[2] 杜里梅娜（Dorimène）是一位引起茹尔丹（Jourdain）注意的侯爵夫人。多朗托（Dorante）伯爵是茹尔丹的密友，将杜里梅娜带到茹尔丹家中赴宴，假意纵容茹尔丹勾引对方，实则计划对其羞辱，并借机赢得侯爵夫人芳心。

[3] 法语文本为“这顿饭并不十分‘讲究’”——这个词在宫廷时代的会话中用在人身上（尤其是女人）实际是骂人的话，指那些掉书袋子的谈话者，只会书本知识而不具备真正的智慧。译者显然想提醒读者这是一场音乐剧。

[4] 假意的谦虚。多朗托很自信筹备了一场不过度时髦且理性的盛宴。

[5] 承认现在有需更严格遵守的餐饮规则。

[6] 莫里哀将达密斯（Damis）的才能称为“科学地切出最好肉块的技术”，正如古尔丹的手册中教的一样。对科学的强调也与拉瓦莱纳和罗伯特爵士编写餐饮规则的大环境相关。而且，像达密斯一样的贵族不会表示他会亲自下厨。

[7] 法语为“pain de rive”，指单独在烤炉边缘或炉口烤熟的一条面包，因未接触其他面包而全体焦黄。

[8] 译者充分利用了 1980 年代关于葡萄酒的浮夸词汇来传达莫里哀夸张的描述。原文的用词借用了军事画面：“武装此酒的酸度并不太咄咄逼人”。这个时期的厨房用语也带点军事化色彩，正如厨师被称为“长官”一样。

[9] 有些译者将这个句子翻译为“用欧芹穿插”，将法语原文中的“gourmande”解读为“穿插”（pierced）——这是 17 世纪食谱的一项常见操作，尽管“pierced”在文本语境中的意思应专指将肥肉条穿过肉块。法语“gourmander”在 17 世纪的意思是责骂或训斥，在这里解释不通。然而，罗伯特爵士提到葡萄酒的时候用“gourmander”指“贪婪地喝”。在 17 世纪晚期的词典中已经有了“gourmand”（贪吃者）和“gourmandise”（贪食）。

[10] 法文为“小河牛肉”。拉瓦莱纳出过一些关于小牛腰肉和水禽的菜谱，但从没有过“小河牛肉”；有些译者翻译成“养在河边的小牛”。毕夏普在原文之外加入了“诺曼底”作为注解。我认为，莫里哀发明了“小河牛肉”的叫法来显示菜肴的珍贵。

[11] 鹧鸪肉的味道可以通过调料得到适当“突出”（法语为 relevées）。《法语语料库》（*Trésor de la langue française*）认为“relevé”最开始是用在莫里哀《贵人迷》跟烹饪有关的语境中，现在已经成为一般用语。

[12] 实际上是“令人惊讶的芬芳”。法文“fumet”在 17 世纪专指葡萄酒或烤肉散发的令人胃口大开的香气（《法兰西学院词典》，1694 年）。鹧鸪肉以其特别令人愉悦的“芬芳”著称，莫里哀此处也是这个意思。弗朗索瓦·马兰在其《酒神的赐予》中提到有一种酱汁需以“绝佳芬芳”的鹧鸪肉和香槟酒为原料。到 19 世纪，“fumet”这个词才有了用骨头和香料制成的酱汁的意思（与 17 世纪的浓汁相比），在 20 世纪形成其最终的意思——肉或鱼煮出的精华。

[13] 多余的禽肉当然是为了显示这是一顿高级宴请，或者说对高级宴请的模仿。这些是小型禽类，与从前人们对特别大型的天鹅或苍鹭的偏好相比是一个风尚转变。

[14] 这是另一个军事用语：法语用的是“cantonne”，意思是军队“驻扎”。菲赫蒂埃注意到这个词的使用与家族纹章有关，一般是指填补纹样空间的小图像，比如围绕在十字架或盾牌周围。

[15] 莫里哀的文本中，“珍珠汤”中的“汤”还是取其本意，指带面包片的肉汤。此处可能指带珍珠的汤（虽然奢侈但也危险），更可能是指一道精心调制的肉汤，上面漂浮着宛如颗颗珍珠的胶质。这个解释虽然比莫里哀的剧本出现时间要晚，但很可能在莫里哀的时代已经在使用了。

[16] 最后，这顿饭遵循的是17世纪的餐饮规则，包括法式餐桌服务（所有的菜一起上）。吃的是高级的肉（飞禽、羔羊和小牛肉，没有一般意义上的牛肉），并配上优雅恰当的装饰和香草。但缺少时髦的蔬菜（洋蓟、豌豆或芦笋）和炖肉——这在当时的高端餐桌上是必不可少的一道菜，直到“新派菜系”的出现使其跌落神坛。

[17] 茹尔丹宣称他研究过绅士行为规范，等于宣告他并不是贵族阶层的一分子。不过，这也在大家预料之中。

Savoir-Faire

A History of Food in France

第四章

大革命及其影响：屠宰师、面包师和酿酒师

1790 年，巴黎的国民议会颁布《关于保障四大生存必需品的公约》，这四类物品指小麦、家畜肉、木头和葡萄酒。法国大革命时期的饮食故事就是关于政府如何保障供应这些基本食品的。经过 17 世纪后期和 18 世纪早期对各类珍品佳肴进行完善，并冠以法国标签供全世界欣赏的阶段，到 18 世纪末，法国转向关注解决国内食品供应和公平分配的问题。于是，法国大革命成为我们脑海中的一个便捷的象征符号。但实际上，大革命时期的许多与食品有关的革命事件都有长期冲突背景或传统根源，或者在 1789 年革命爆发时仍在发展。挨饿的农民攻占凡尔赛宫索要面包的戏剧性场景在历史上并未真实上演，也没发生过嗜血的巴黎人要求亨利四世兑现“家家有鸡吃”这一承诺的故事。当时的骚乱实际上源于一系列糟糕的政治决策、旱涝过度造成的环境危机和无论实际情况如何都习惯于期待政府按照公正价格保障食物供应的法国人民。最终，理性占了上风，至少《百科全书》（*Encydopédie*）中的哲学家是这么认为的；但是，这里的理性不再聚焦于一道菜的逻辑（尽管启蒙运动哲学家认为炖菜就不合逻辑，“新派菜系”厨师则认为炖菜老掉牙），而聚焦于建立合理的人民食品供应系统。显然，法国食品的功效从此将转向激发人们的理性或情感，有时候还会同时激发这两者。

法国饮食受到了法国大革命的重大影响。在 1715 年以后，法国人口开始膨胀，城市人口增长达到前所未有的速度；非农业区的粮食需求急剧上升，这对以本地供应和本地消费为基础的法国食品供应系统产生压力。随着产酒区的农民纷纷弃粮从酒，谷物的净产量萎缩，引发周期性谷物短缺，于是其他地方的谷物歉收使得全国人民的生存都受到威胁。17 世纪的饥荒比我们想象的更加普遍和更具破坏性，带来了更大的人口损失。但是，人口和农业困境在法国引起的精神危机才是后来法国大革命爆发的助推器。巴黎在食品分配和消费方面拥有主导地位，将外省变成服务首都的粮仓和酒厂，并深远影响了法国农业的现代化。熟悉面包行业规则的法国官员被要求解决新出现的、同时保护消费者和生产者的两难问题，以努力维护从中世纪时起“法国人民有权以合理价格获得高品质面包”这一信条。但人民除了吃面包还不够。关于保护人民享有食物公平权利的争论塑造了肉类和酒类行业的规则，甚至还影响了公共餐馆（巴黎的发明）的创立。实际上，18 世纪晚期的法国公民无论贫富，需求无非是用小麦来做面包、用木头来烤面包、用酒来享受生活、用肉来做汤。但正是这些因素在法国从分裂的农业国向偏城市化的现代国家转变的过程中，塑造了每一个法国公民的工作和娱乐生活。

城市化改变了法国外省的农业形态，最终形成适合耕种的开阔土地。与英国相比，法国的农场现代化起步算是晚的；从木头围栏向旷场农业的转变使法国得以满足其持续增长的城市人口的需要。从法国东北部布列塔尼的圣马洛到日内瓦之间地带清理出来的土地便利了相关省份进行大规模单一谷物生产，并因此形成了法国主要的农业重镇。18 世纪的封建王朝支持对土地进行规整，并在旷场概念盛行的东北部建立密集的邮路网络，使北方的商业和经济优势进一步超越用篱笆栅栏将耕地分割得支离破碎的南方。[1]发展良好的葡萄酒产区抵住了大规模谷物生产行业的攻势，法国农业的发展形成了东北现代化的广阔谷物产区和南部、西部非工业化的葡萄酒产区长期对峙的局面。

在葡萄酒产区，种葡萄的收入比种粮食要高。在 18 世纪，更多农民将小块土地开垦出来种葡萄。葡萄园的过度发展促使政府在 1725 年和 1731 年颁布法令，禁止开垦新的葡萄园以防引起粮食短缺。直到最近一段时期，大部分香槟地区的葡萄园都为小生产者所有。这种极度碎片化的葡萄园管理模式要追溯到 18 世纪，当时“香槟地区的农民和法国其他地区的农民一样，将获取一块即使微不足道的土地当作一个家庭的头等大事”[2]。17 世纪晚期，为了应对城市发展和酒需求量的增长，法国全国的产酒量至少上升了 25%，之前节俭的下层工人阶级也转变为消费群体。南部产酒区的居民饮酒量仍然超过城市居民：朗格多克一位农民每天饮用一到两升酒（每年近 550 升），巴黎人则平均一年喝 155 升，昂热地区的贫穷居民一年才喝 40 升。[3]在不那么高产的产酒区，农民们可能更愿意将酒卖了挣钱而不是拿来自己享用。在路易十四时期，城市下层阶级会定期喝酒，但农民几乎不喝。这种习惯差异在 18 世纪逐渐变得模糊，到 19 世纪则被完全抹除。城市化的发展、大革命前城市生活水平的提高和在乡村地区种葡萄的便利化，使之前被排除在葡萄酒消费之外的人群也可以开始“海喝豪饮”[4]。新的顾客群和海外市场的需求甚至还对一些已经成名的品牌酒进行了再塑造：比如，勃艮第葡萄酒（“勃艮第之丘”）就从清澈的浅红色变得颜色更深、更适合陈化。[5]

随着城市饮酒文化向各个阶级敞开大门，开在城郊的露天小酒馆应运而生，并成为宝贵的公共场地：在这里，工人阶级可以花点小钱吃喝一顿，酒贩也可以来卖廉价酒。露天小酒馆也成为法国大革命叙事的一部分，被视为各个阶级共享公共利益的入口。1790年代，在被围困的巴黎的郊区，所谓经济适用的“酒农酒”（vin de vigneron）解了大家的燃眉之急；当食物和面包紧缺时，劳工们“以酒解忧、以酒当饭，从中寻求慰藉”[6]。食品供应公平的理念也影响了18世纪关于酒和面包的法规，但影响两者的方面略有不同。从中世纪开始，面包定价的理念基础就是：政府必须保障面包这一公共产品的供应，并打击商人和供应者的投机倒把行为。18世纪，法国政府为了避免缺粮导致的暴动，投入法律力量来保护城市消费者。自由派政客（或重农主义者）反对这种保护主义模式，宣称开放市场的商业活动必须透明，反对任何调控措施。虽然所谓的“适足食物权”不适用于酒，史书上也没记载过所谓的“缺酒暴动”，但是酿酒人也借用公平价格这套话术呼吁法律援助，因为酒商垄断了巴黎的供酒，并（根据酒农的说法）“损害了生产者在市场上的地位”[7]。具有公民、宗教和政治基础的“适足食物权”成为大革命时期的战斗口号，使法国公民对经济的理解普遍偏向干预主义和公平分配。

当政者紧随大革命的脚步，将法国全部修道院、王室和移居国外者的葡萄园作为“国有资产”拍卖给私人。罗杰·迪翁（Roger Dion）认为，19世纪中期对法国葡萄酒行业造成毁灭性打击的葡萄根瘤蚜灾就与大革命后一系列削弱法国葡萄酒行业的改变有关。葡萄园从教会易手至农民，使葡萄酒行业流失了一批高级技师，而他们是“葡萄酒文化和最完美制作工艺的忠诚守护者”[8]。与奥地利、英国和荷兰之间的战争也打击了法国的海外贸易，使之疏远了高端葡萄酒（其生产难度和成本即使在最好的年份都很高）买家。大革命后的君主立宪政府也没有恢复在高品质葡萄酒产区禁止种植劣质葡萄品种的禁令。当葡萄根瘤蚜灾到来的时候，高端法国葡萄酒已经经受了两个世纪的摧残，能幸存下来全凭“其悠久、闪耀的历史和社会‘道义力量’的保护”[9]。作为地理学者，罗杰·迪翁在讲述拯救法国葡萄酒的历史时提到“道义力量”可能稍显突兀，但关于法国饮食的玄学和事实一样重要。法国葡萄酒的悠久历史（以从阿维尼翁教皇到佩里侬修士的一系列故事为支撑）和关于高端法国酒质量的文字记载证明了其获得拯救的合理性。

对法国大革命稍有了解的人都知道，在诸多紧迫的食品供应问题中，面包问题是最主要的。由于面包在城市穷人饮食结构中的重要地位，面包问题理所当然地成为首都头等关心的政治问题，因为政治和民生可以说是一回事。对1789年巴黎的穷人来说，面包提供了每顿饭一半的热量来源，并要花费每个人六分之一的预算；肉和鱼贡献了20%的热量，几乎要花完剩下的六分之五的预算。[10]在法国四大生存必需品（小麦、家畜肉、木头和葡萄酒）中其实并没有面包，是谷物的缺乏才导致了恐惧和动乱。法国政府维护经济活动道德性的传统和供应平价粮食的承诺使民众将向供应方提要求视为理所当然。法国大革命时期的粮食冲突并不仅仅关乎“适足粮食权”，因为当人民认为政府无能时，人民就直接接管了这一最基本物品的分配。引发的动荡触及了这个体系的所有角色：从粮农到面包师再到因未能防止粮食短缺而受罚的政府官员。习惯了政府大包大揽的法国公民认为这都是政府的无能，于是他们自己亲自上阵，设立“人民税”（上交的谷物或面包通过平价出售，利润再返还给所有者）来维护“公平价格”的系统。17世纪晚期（1693—1694年和1698年），毁灭性的饥荒引发了缺粮暴动，这种循环在整个18世纪定期重演。因粮食而引发的起义一般有两种形式：城市里的市场骚乱（主要打击对象是囤积居奇的面包师或者未能很好地管理供应方的政府官员）和农村地区的“囤积”（农民接管谷仓，只供应当地）。[11] 1775年发生的起义多是前面这种形式，而“囤积”在之后也变得越来越常见。

1775年的面包暴动和“面粉战争”毫无疑问与该时期的政治动荡有关，但它们主要发生在城市。该世纪中期，人口的急剧增加和巴黎这一“消耗小麦的掠夺性怪物”对粮食供应造成巨大压力。[12]正如葡萄酒和肉类一样，粮食价格的紊乱也有着地理方面的原因：巴黎像无底洞一样抽取着全国其他地区的资源。雷纳德·阿巴德（Reynald Abad）在其关于“旧政权”时期市场研究的鸿篇巨制中断言：“当时整个王国内没有一个省不向巴黎提供补给”[13]。巴黎拥有粮食的定价权，并推动形成服务首都的国内市场。随着粮食从农村地区流向巴黎、地方经济让位于国家经济，人民的怨恨也在增长；同样增长的还有地方对面包的需求，因为农民将大部分粮食作物卖掉来交税，于是更多地开始购买面包（和其他产品）而不是自给自足。随着更多粮食流向巴黎，地方面包师（他们能买到的谷物和面粉也越来越少）面临的压力也越来越大，加上不可预测的坏收成，这个系统不可避免地走向崩溃。当局当时对面包定价和粮食售卖规则的修改进一步恶化了冲突。在粮价高企之时，巴黎破坏了经数代人精心建立和校准的面包固定重量系统——这一系统从中世纪发展起来，到 16 世纪已经推广到全国；而在 1693 年饥荒的时候，巴黎面包师通过减少面包的尺寸来掩盖成本的上涨。[14]之后，在巴黎面包师行会的压力下，面包定价权转移到他们自己手中，面包价格被允许在一定范围内浮动。在开放市场，消费者一周只有两天可以买到 6、8 或 12 磅重的大面包。而面包师开的店每天都卖面包，价格更高，但品种更多、质量更好。粮食供应和分配机制的相关政策也起源于中世纪的市场系统。在 18 世纪之前，根据法律规定，粮商只得在公共市场出售粮食，优先卖给本地居民，然后是面包师和中间商，最后才是外地中间商和磨粉厂。1723 年的皇家法令进一步确认了所有粮食交易必须在公共市场进行的政策。但这一政策在 1763 年被取消来解放市场（后面很快又被恢复），之后在 1775 年又因为一系列扰乱面包供应的政策变化而被弃如敝屣。

法国社会各阶层受面包问题影响的程度不尽相同。在封建土地制度向私人土地所有制转变的早期，农民们就开始在自己的土地上修建房屋、园子还有粮仓（比例比其他地主高得多）——这使农民在缺粮时意外地占优势，因为他们有屯粮的手段，而这又加剧了 18 世纪的粮食分配冲突。[15] 1789 年，法国农村人口超过总人口的 80%；到 19 世纪中期法兰西第三共和国时期还在增长，之后才发生严重影响农业生产的农村人口大流失。实际上，农村地区并非革命活动的天然温床，农民起义并不一定针对封建制度，有时候只是因为一些突发事件，比如加税、开战或粮食短缺，此外还有粮荒时期对什一税的普遍抵制。在发展程度较高的

1809 年某小麦仓内部，L. 希尔（L. Hill）根据 J.-C. 纳特（J.-C. Nattes）作品的临摹

法国东北和东部地区（诺曼底、布列塔尼和产粮地带），反抗贵族的暴动终于在1789—1790年到来。这些地区有便于发展国内贸易的发达交通网络，有便于耕种的开阔的土地，其粮食产量很高、多样性很强，诸如“金丘葡萄酒”、诺曼底牛肉和布里小麦等地区特产在法国也赫赫有名。然而，便捷的交通却使这些地区更早卷入粮食危机，因为巴黎的需求越来越大。

这一时期，政府当局有时仍然还会参与对面包而不是谷物的定价。一个多世纪以来，政府官员对粮食短缺进行直接干预，要么买进粮食以低于市场的价格出售，要么命令将囤积的粮食运到市场。习惯了政府干预来保持粮食稳定的人民在18世纪进行了暴力抗议，因为当时政府以自由贸易的名义拒绝插手粮食供应，尤其拒绝保护地方的需求。1715—1770年间，超过半数的粮食囤积事件都发生在布列塔尼和诺曼底等首都粮食供应重镇，小规模的类似事件则发生在里昂、香槟、阿尔萨斯和朗格多克等地区：这些地区人口密集、工业化程度高，海外出口和巴黎无止境的粮食需求使其不堪重负。[16]到1760年代，法国人独特的“面包之路”［用史蒂芬·卡普兰（Steven Kaplan）的话］使期待公平合理面包供应的公众与政府中强推自由经济政策的重农主义者之间产生了深深的裂痕。重农主义者（或者重农主义经济学家）反对一切市场收费行为和行业特权，相信自由竞争虽然会推高价格，但也能稳定粮价和粮食收成，因为粮商会将利润投放到土地中去。自1271年以来就受政府法令保护的职业面包师和行会成员属于夹心层，同时也是公众报复的对象，因为他们的商店和市场摊位（根

据法律）必须对外开放；而且从表面上看，确实是他们负责这种最重要的生存物资的公共供应。职业面包师既是经济特权的受益者，也是热衷革命的公民和自由主义经济学家们的攻击对象；实际上，他们的特权一点都不稳固。

面包师的利益持续遭受非行会成员和流动小贩的蚕食，他们也受到国家更严格、更明显的约束。他们既不拥有像磨粉厂一样明显的经济特权，也不像巴黎圣安托万郊区的面包师可以免受行会规则的约束。甚至在该世纪晚期自由主义改革前，面包师行会"在垄断方面败得很惨"：大部分新面包师都来自行会之外，非行会的商人卖到巴黎的面包比职业面包师做出来的还多。[17] 在巴黎，官方认可的面包师在中央市场上可以获得一个摊位，但同时也肩负起市场开放时为这个摊位供应足够面包的公共责任。晨钟一响，面包师就得按正常价格（只在危急时刻由警察定价）卖出面包，并与顾客讨价还价，在中午之后就不能提价，而且在下午四点之后必须按低于一天内的最低价格的标准打折。面包师不允许将面包带回家，这样一是可以避免其私藏面包，二是可以促使其打折按低价卖给穷人。实际上，这项禁令背后更大的原因在于面包被当作一项公共产品，一旦其抵达市场，"就不再是面包师百分百的财产"，而属于有权按平价购买的顾客。[18] 如果面包师想要放弃他的市场摊位，则必须提前两周通知政府，且一旦放弃不可收回。和中世纪一样，面包监察员仍然可以没收不合规的面包，但违反数量、重量和种类标准的面包师将面临更严苛的惩罚，包括被开除出行会、罚款甚至遭受肉刑。在供应紧张时，皇家军队常常驻扎在面包市场，与其说是保护面包师，不如说是保护面包。但在供应相对充裕时，警察会放松执法，给予面包师一定的定价权，前提是优质面包供应充足。在官员眼中，不管发生任何经济或个人问题，面包师都得供应面包。

在粮食供应紧张期，政府官员试图规定可以制作和售卖面包的种类，比如更重的半粗粮面包或黑面包，禁止白面包。他们在粮食短缺的1726年、1740年代和1760年代就是这么干的。一方面，政府致力于保护穷人，因为他们常常将面包当作唯一的营养来源，需要平价耐放的面包。另一方面，自由市场的拥护者认为面包师应该提供给消费者想要买的面包，那些花高价购买软面包的有钱人实际上补贴了不太需要昂贵面包的穷人。富有的顾客对软面包的需求使政府制定的规则经常遭到破坏，流动小贩更是对其视而不见。面包师声称黑面包没有市场，赚不了钱，因此不愿在上面花功夫；顾客则称市场上的黑面包做得很差，让人提不起购买欲。恶性循环就这么形成了。玛丽・安托瓦内特（Marie Antoinette）的（虚构的）名言——“那些没有面包吃的人可以吃蛋糕”，或许可以解释为巴黎的面包师不愿意做黑面包。玛丽・安托瓦内特肯定知道，如果穷人们在市场上找不到黑面包，那么他们一定能找到柔软洁白的“花式面包”（pains de fantaisie）——这对那些将又重又黑的面包拿来果腹的人来说就相当于蛋糕了。实际上，警察对于面包师行会来说并没有无限权力。大革命前的大部分时候，政府都在通过与各行业（面包、磨粉厂和粮食等）反复拉锯来试图管理这个无法管理的体系。

磨粉厂对面包行业同等重要，但受到的监管要少得多；他们接管了巴黎的面粉市场，基本上代理了18世纪的最大硬通货——面粉的交易。[19] 巴黎中央市场的面粉大厅于1762年开始建造，1766年完工，在1782年又加了一个圆屋顶。巴黎的面粉贸易要早于其周边城市和法国其他邻国。18世纪的磨坊基本上不再接受个人租赁，转向独家商业经营或投机性制粉，并直接与面包师打交道。所以，1775年的危机被称为“面粉战争”，而不是“谷物战争”或“面包战争”。[20] 法国大部分地区的人直到18世纪中期都是先买麦子（或黑麦、大麦），磨成粉后用公共烤炉做面包，或者交给“全包者”或“筛面者”。随着粮食贸易蓬勃兴起，城里人越来越倾向于购买面包而不是谷物。不满意的顾客会在价格飞涨时打劫面包店，他们还会盗窃或毁坏储备的谷物，公开谴责劣质面粉。重农主义者聚焦于原材料而不是成品的策略被证明存在漏洞，因为面包师在不守规矩的面粉商推动下将价格越定越高。他们理想中所谓的高粮价会带来稳定市场和优质面包的局面从未实现过。尽管面包师在动荡中首当其冲，但舆论同样谴责政府和其默许纵容的粮食投机倒把行为。实际上，政府曾在幕后尝试过通过扶持自由市场来平息众怒。比如1772年，诺曼底地区鲁昂的市政府中介机构就主导了一场粮食地下交易，将粮食以市场价格直接卖给面包师行会和粮商，希望能借此拉低面包价格。官员们考虑过将谷物直接卖给老百姓，但未付诸实践，因为他们认为更多的城市消费者会买面包而不是买谷物自己做，直接供应面包商能产生更大的经济收益。此类“模拟交易”试图填补在这

个不太自由的市场中因对粮食供应进行直接而不得人心的操纵和粮食供应商参与不足造成的空缺。[21]然而，即使这种秘密供应行为是为了老百姓好，但是通过囤积粮食来解决短缺问题的做法反而助长了公众对政府私藏粮食、故意推高粮价的怀疑。

1774 年路易十四死后，路易十五任命自由派改革家安－罗伯特·雅克·杜尔哥（Anne-Robert Jacques Turgot）为财政总监。尽管杜尔哥对此前因解除粮食贸易保护性法律，外围粮商囤积居奇带来的混乱记忆犹新，他仍主张恢复 1763 年的自由贸易政策，以应对粮食歉收问题。1774 年，杜尔哥的激进自由化政策使政府调控手段消停了一段时间。随着市场进入费和其他费用（有时候用粮食支付）的取消，政府失去调动应急物资的手段，同时也没法通过免税手段来诱导粮商行为，因此许多地方的粮食储备很快告急。1775 年春天，市场上粮少价高，引发的一系列抗议活动在 4 月巴黎郊区的瓦兹河畔的博蒙达到顶峰。当地民众反对一名粮商对混合小麦的定价，要求当地政府介入；在政府以自由贸易政策为由拒绝后，双方爆发激烈冲突，并在 22 天内引发了 300 场暴动。[22]“面粉战争”还包括对修道院的打劫，因为世人皆知修道院有囤积谷物和面粉的习惯。修道院还享受各种特权，受到法律保护，不过这一切在法国大革命后不复存在。

在一些粮食暴动中，参与者设立“人民税”，将面粉或谷物的价格定为每塞梯①12 里弗②（在巴黎达成的公道价）。有些暴民按

① setier，法国古时谷物容量单位，每塞梯约合 150 至 300 升。

② livre，法国古货币单位。

这个价格付了钱，有的付了市场价，有的不付钱就直接拿走了东西。到 5 月的时候，暴动蔓延到诺曼底和皮卡第地区，但持续时间不长。实际上，设立“人民税”的暴民定的农村粮食价格（高达 32 里弗）比巴黎城里的还要高，或许是因为这些地区的粮食市场价格更高、更加多变。[23] 在暴乱平息和获得大赦后，暴民们将很大一部分抢来的粮食退还给农民，以显示他们的行为并不是出于个人贪婪，而是为了让体制能公平地分配粮食。对在城市“面粉战争”中被捕者的研究发现，那些绝望的穷人几乎从未参加过这类活动，反而是那些平时“正常买食物的人”、那些对度过粮食危机准备不足的人占了暴民中的大多数，比如劳工和工匠——遑论有没有技术、是男是女，尤其还有那些需要养孩子的人。[24] 巴黎周边的一大群人抢劫了凡尔赛宫附近的一个面粉市场。尽管他们没有靠近宫殿，也没有像谣传的一样同路易十六直接对话，政府官员仍然下令降低面包价格。[25] 第二天（1775 年 5 月 3 日），杜尔哥签署了一项法令，允许面包师可以随心所欲地定价。巴黎的面包价格很快涨到每 6 磅 14 索尔，随之而来的还有四处的暴动，仅巴黎就有 1 200 多家面包店遭受冲击。在咨询杜尔哥后，巴黎警察总长约瑟夫・德・阿尔贝尔（Joseph d’Albert）为了平息暴乱，设定了面包的最高价格，并取消之前被允许存在的市场和面包店的面包差价。当行会拒绝遵守最高价格和使用政府储存的“差面粉”时，阿尔贝尔威胁绞死那些拒绝为市场提供面包的面包师。[26] 1776 年，杜尔哥被解除职务，自由主义也落下帷幕，但面包和粮食供应的混乱局面仍在持续。

在粮价带来的持续麻烦中，有些人试图诉诸科学来解决面包问题。从《百科全书》到面包科学家再到警局官员，主流和主导的观点都认为面包是法国人每餐必不可少的一部分，对于穷人来说有时是每餐的全部。（当然，乡村的穷人连面包都吃不上，但是“面粉战争”毫无疑问讲的是巴黎的故事。）因此，必须将法国科学使用到极致来为广大人民提供营养丰富、价格合理和供应充足的面包。化学家保罗－雅克·马洛因（Paul-Jacques Malouin）在1767年为法兰西皇家科学院写了一本关于面包制作艺术的专著，并在1779年进行修订；该书在从磨坊到面包成型的各阶段对完善面包制作和磨面粉工艺提出建议。

在1760年代，对技术的兴趣的确推动了新兴磨粉技术的应用，通过将谷糠和麦粒分离得到更加精细的面粉。巴黎面包师皮埃尔－西蒙·马里塞（Pierre-Simon Malisset）在1760年和1761年经过试验发明的“经济制粉法”能使面包降低成本、提升营养，并且“看起来和时髦人士吃的面包一样白”[27]。这项技术被《百科全书》作者称赞为民生保障技术的突破，但实际上最先在布列塔尼的博斯得到应用，其推广者希望推动巴黎的磨粉厂也改用这种有前途的技术。他们成功了，以至于这项技术还被冠上“巴黎”二字，与老式的“里昂磨粉法”（也叫“穷人磨粉法”）相区别；后者在第二阶段将谷糠和麦粒一同磨粉，得到颜色更深、只能用来做黑面包的面粉。[28]根据1765年版《百科全书》记载的确切方法，使用传统磨粉法，480里弗的小麦可以产出325里弗的面粉，其中大约一半（170里弗）为精白面粉，剩余的部分为

两种次一点的面粉、一种叫“灰谷”的产品和125里弗的麦麸。而使用传统磨粉法，只有第一批出的面粉才适合做高品质面包，剩下的面粉可以在混合后做成颜色更深的“灰白面包”，但是加了“灰谷”的面包由于颜色太深、品质太次而“不适合巴黎人食用”。经济磨粉法可以将同等重量的小麦制成更多可用的优质面粉：总共340磅，其中170里弗为精白面粉、155里弗为二等面粉，还有15里弗的三等面粉和120里弗的麦麸。将经济磨粉法生产的三种面粉混合可以制成更优质的面包——更白、口感更好，甚至比用传统磨粉法制造的精白面粉效果还要好。

土豆面包

药剂师安托万·奥古斯汀·帕尔芒捷（Antoine Augustine Parmentier）将面包称为“首要食物”，并在1773年发表论文建议用土豆解决食物短缺问题。他的研究后来获得法兰西皇家科学院认可，并被作为将土豆做成面包相关尝试的依据。根据帕尔芒捷有说服力的研究，法国国家医学科学院在1772年解除了其在1748年禁止人食用土豆的禁令，尽管土豆早已经是法国农村和其他一些地方饮食的一部分。其他在帕尔芒捷之前尝试用土豆解决食物危机的科学家中有一位叫M.费格（M.Faiguet），他在1761年更早将土豆做的面包提交给法兰西皇家科学院。帕尔芒捷在他1778年的专著《完美的面包师》（*Le Parfait Boulanger*）中无奈地承认，只用土豆做不出理想的面包，并推荐将熟的土豆作为其他面粉的补充。一家法国政府机构有所保留地将土豆定为“可做面包的”原材料。20 世纪获得同样待遇的还有米粉。帕尔芒捷一半面粉、一半土豆的配方复制了 M. 费格的尝试，尽管和他同时期的化学家保罗 – 雅克·马洛因认为其味道“相当不错”，帕尔芒捷最后的结论却是这种混合面包对穷人来说还是太贵了。[29] 从另一方面说，帕尔芒捷与土豆之故事的意义远远超出了他试验的实用性意义，他将土豆带给穷人来解决饥饿问题的传奇被铭记——巴黎一座地铁站以他的名字命名。具讽刺意味的是，19 世纪几道以土豆为基础的菜肴也带上了他的名字。总之，虽然帕尔芒捷将土豆作为安全甚至时髦食材来推广，使其地位从动物的口粮上升到优雅的贵族餐桌，但土豆永远不会动摇小麦被法国人当作面包唯一可能的原材料的地位。

在 18 世纪，随着时间的推移，面包师的人数减少了，但面包产量提高了。面包师使用资源的效率有所提高，但并没有在实质上改变他们应用的技术——除了引入经济磨粉法和得到普遍推广的酵母发面法。面包的重量一直在警察和公众的仔细审查之下，如果被发现短斤少两，面包师会遭受罚款和公开羞辱；但是，大家也同意，一些不可控因素使面包不可能每个都重量完全一致。尽管根据官方规定，面包师要在店里备一个磅秤，但在卖面包时不得使用。1778 年，帕尔芒捷力挺面包师提出的在卖面包时过

在巴黎地铁帕尔芒捷站的安托万·奥古斯汀·帕尔芒捷雕像

秤并对重量不够的面包打折的建议。他相信科学能解决这个争议问题，他的伙伴、面包科学家马洛因也持同样的观点。1781 年，在面包行会请愿申请使用磅秤后，巴黎警察总长指派专家进行烘焙试验，各方最终达成一致，认为使用磅秤符合消费者的最佳利益。然而，数十年的警察保护主义使这项改革并未马上落地，有关法令在 1840 年最终颁布，但并未得到很好的执行；直到 1867 年另一项法令出台，规定面包店里设磅秤成为一项制度：这样，在买卖面包时，买方和卖方都可以对重量进行核实。[30]

18 世纪巴黎的精英要求吃软白面包，拒绝用粗面做的又大又圆的“粗面包”：这种结实的面包对穷人来说是经济适用和必需的，但一点都不时髦。巴黎的面包师一次次违反了在缺粮时不得做软白面包、只做黑面包或中等面包以发挥有限谷物最大效用的规定。帕尔芒捷见证了 1770 年代人们抛弃自制面包的移风易俗现象，他对此表示支持，并从经济角度对为什么买面包比自己做面包好予以说明。帕尔芒捷认为：市场上的面包品质比较稳定、质量更高，卖出更多面包的面包师可以用同样的木柴和人工获得更多产出，因为他们本来就要整天烧炉子；磨粉者可以摆脱为个人磨粉的低效工作，专注于商铺客户的大宗订单；面包师可以买到更便宜的面粉且提高工作效率。他认为这些最终可以使面包价格降下来。他对工业化面包的系统性支持和巴黎其他的流行趋势一样，并不符合之前的健康学标准。医学家宣称软白面包营养更少，面包管理机构称软白面包不如扎实的“粗面包”保存的时间长，贫穷的工人则咒骂市场上充斥着他们买不起的昂贵白面包。但是，趋势是由城市精英说了算的，于是软白面包成了标准，而不是特例。

面包师对酵母发面法的再发现使更轻软的面包成为可能。这种方法其实在法国自古有之，曾被认为对人体有害而遭否定。1670 年议会的一项法案允许在面包烘焙中使用酵母，前提是必须和面起子混合使用，酵母也必须产自巴黎。1779 年，马洛因对法国制作面包的卓越历史进行了认证，宣称在罗马人到来前的高卢时期就有酵母面包了，而这一技艺在法国得到完善。他的逻辑令人无可辩驳：“法国人之所以吃面包多是因为我们做的面包比其他任何国家的都要好，也可以说因为我们吃得多所以做得才比别

马洛因关于面包的专著（1767 年）中的 18 世纪面包店的插图。注意远端左边和右边用来称面粉的磅秤，当时还没有被用于称面包重量

人好。”[31] 即使在启蒙运动时期，也是时尚而非逻辑或经济因素引领着巴黎的面包潮流。巴黎的面包比其他地方的要更白，甚至劳工们也要求吃精白面包，不管其营养和性价比如何。小麦在法国的首要地位使面包为社会所普遍接受；与此相比，农村地区的谷物粥在现代“被认为社会价值较低而处于地理上的边缘位置”[32]。就马洛因而言，他在其 1779 年的科学手册中似乎并未贬低谷物粥，称即使在盛产面包的国度，比如“像法国这样懂得制作面包最佳方法的国家”，谷物有时候仍然会做成麦片、粗粉或粥。[33] 城市中心之外的饮食习惯实际上基本上取决于原料的获取，而不管时髦与否。18 世纪法国中央山区奥弗涅地区的居民在收成好时能吃上黑麦面包，在收成差的时候只能吃黑麦、干豆子或大麦做的

混合面包。重达 23～27 千克的黑面包加上油和盐，就构成他们日常所喝的汤的基本原料，有时候每顿饭都吃这个；他们用栗子或荞麦做的粥或薄饼来充当他们的“面包”。[34] 这里的土豆和在其他地方一样被认为只适合给牲口或非常穷的人吃。类似地，在法国中部偏北的尼韦奈，白面包也很少见，普通面包由黑麦、大麦——有时候是燕麦——制成。村民仍然依靠乡村面包师来烘烤他们自己在家准备的面团和依靠乡村磨坊卖给他们面粉，有时还可能遭受这两者在质量或重量上的欺骗。[35] 直到 19 世纪后半叶，吃小麦面包（或者说面包）的习惯在农村地区几乎还没流行起来。因此，说法国大革命是法国所有食（面包）者获得普遍胜利的故事似乎有待商榷。

软面包的特性使法国面包从千篇一律的圆形变成了现在我们看到的细长条形。在 18 世纪，所有深色和中等深色的面包都是圆的，但是软面包和其他用酵母发面做成的“花式面包”大小形状多样。马洛因称软面包的面包皮在比例上要比面包心多，因为酵母面包滋味不如传统黑面包丰富，因此面包师必须在面包皮上下功夫。帕尔芒捷则认为加长的面包比圆面包烘烤效率更高，但是也吐槽称，新式笛形面包在追求面包皮上走得太远，以至于“整个都是面包皮，称不上是面包了”[36]。现代时期，关于面包轻和软的标准仍然是主导，因为从 18 世纪起，巴黎面包“朝软的方向发展的趋势是不可逆转的”[37]。之后，巴黎面包的新品种和时髦巴黎食品的特性可以分别用“不尽如人意”和“更花哨”来形容。但是，尽管围绕软面包有这么多争议，用来泡汤的面包也没被遗忘。马洛因和帕尔芒捷都在其著作中专门开辟章节讲“泡汤面包”（pain-à-soupe，指烤过两次、只能泡在汤里吃的面包皮）和“就汤面包”（pain-à-potage，指面包皮和面包心都有、蘸着汤吃的面包），这表明：即使在巴黎，人们也没有完全被软面包征服。

杜尔哥下台后，政府官员重掌干预面包和粮食价格与供应的

马洛因的著作中 18 世纪的面包品种图，上面有普通圆面包和加长的软面包。C 就是“泡汤面包”，D 是 12 磅的黑面包，K 和 R 是软白面包。

权力，包括组织只针对公共市场的销售和制定面包最高价格。国王的形象由最大的粮食供应者变成了最大的囤积者；那些打着国王的名义，通过征收“人民税”来逼迫商人制定粮食公平价格的人与“权利堡垒”起了冲突，包括取代封建领主向农民收取地租和什一税的大地主、宗教团体和皇室家族。[38]1789 年巴士底狱陷落带来的经济政策变化最终使大地主受益，并使劳动人民对大革命政府日益持反对态度。在 1789—1793 年间，政府试图通过将天主教会、王室和移居外逃者以及大革命敌人的财产收归国有并出售来度过经济危机，教堂和修道院一度被改成粮仓。在图卢兹，当地的市政官员对新政府推行的重量和度量衡体系以及 10 天为一星期的日历全盘接受，甚至还将市政厅的大钟改成十进制的。[39] 1793 年 5 月 4 日，巴黎的官员制定了全国统一的粮食最高价格，同年 9 月制定了“一般情况下最高”的固定工资和肉、黄油、酒、木头等基础物资的固定价格。但这一命令遭到地方政府的无视。随着粮食流通几近停滞，全国陷入进一步的混乱之中。1793 年 1 月 21 日，路易十六魂断断头台；10 月 16 日，轮到玛丽・安托瓦内特；1794 年 7 月 28 日，轮到的则是雅各宾派的领袖马克西米连・罗伯斯庇尔（Maximilien Robespierre）。国家名义和象征意义上的首脑没有了，而且没有任何人或机构取而代之。革命派扫除了旧体制，在理性、自然法则和对罗马、希腊模式的理想化解读基础上建立了新社会，但是人民在一定程度上对此持保留态度。法国中部和西南部经济停滞、尚未现代化的地区对左翼政治运动很感兴趣；但大革命在北部富裕和工业化的粮食地区失败了，而这里对土地控制的潜在威胁最大。

巴黎虽然主导了粮食贸易，但“没有成为全国政治的榜样，至少对持续的左翼政治运动来说是这样的”[40]。到1793年年中时，葡萄酒和粮食贸易发达的沿海和主要河流边上的城市已经纷纷退出了革命运动。左翼雅各宾派失败后，自由派曾短暂回归。由于此前关于食品的“一般情况下最高”价格在1794年12月24日被废除，食品价格的上涨速度超过工资的增速，引发了1795年5月口号为“要面包还是等死”的起义。至此，法国大革命已然全面溃败。1796年以后，小农户通过分配获得一部分属于“国有资产”的土地，农民们手头更加宽裕，农业产量也有所回升。即使饥荒仍会发生，比如1804年和1811—1812年，后果也没有那么严重。进入19世纪后，农民的生活水平普遍得到提高，这不仅仅发生在大地主身上，也不仅仅发生在生产粮食的地区。[41]只有等到19世纪中期真正的自由市场发展起来和下层阶级融入经济活动中后，才能彻底终结粮食骚乱和人民起义。

和大革命前一样，农村的下层阶级吃的和城里仍然不一样。一篇详细描写1789年比利牛斯地区居民生活的文字记载了当地人吃用沸水浇的面包“汤”、熏肉油脂浸玉米面（cruchade）或腌肉菜汤（garbure，将面包、卷心菜和肥肉一起炖煮）的习惯。[42]尼古拉·雷迪夫·德拉布雷顿（Nicolas Rétif de la Bretonne）在《我父亲的生活》（*La Vie de mon père*，成书于1779年）中详细描绘了勃艮第农村地区的每日食谱：在斋戒日通常是吃猪油卷心菜、咸猪肉汤或黄油汤、黑麦或大麦面包和少许肉类。肉是城里人才吃得起的，农村通常只用动物油脂来给汤调味，一年只杀一头猪吃。作为法兰克人的遗产，猪肉和猪油在农民饮食中占主要地位，牛肉则是城里人主要的肉食来源。18世纪末期，巴黎人均肉食消费量是诺曼底地区卡昂的两倍，尽管该地区农民生产的肉类源源不断地供应着巴黎。[43] 与产酒区一样，产肉区更倾向于将产品卖到首都的大市场而不是自己消费。政府关于肉价的规定保证巴黎人人都能吃得起肉，因为这种战略物资的短缺会引发政治动荡。和面包一样，吃什么样的肉也反映着社会等级：内脏是最低等的，精品牛肉和小牛肉是最高级的。随着城市化发展，法国也仿照英国的做法采取了肉排快速烹饪法。玛西亚洛1698年的《皇家大厨》(*Cuisinier royal*)中提到了“烤牛肉”(ros de bif)；拉夏贝尔1735年的《现代厨师》(*Le Cuisinier moderne*)中提到了牛腰肉（西冷牛排）和“英式牛排”(beeft steks àl Anglaise)；写于1805年的一份旅行回忆录中提到“英国牛排”(biffteck)。在这方面，我们再次发现贫富之间、巴黎和外省之间存在的差异。有点讽刺意味的是，巴黎一直靠外省肥沃的土地来获取其物产、粮食和肉类。

中世纪，政府首次介入面包和肉类定价，开了政府管制肉类价格的先河，奠定了其在食品保障方面的家长式风格。对食品供应的监管虽然体现在行业内部，但在公共市场得到更加淋漓尽致的展现。这也是自13世纪以来巴黎食品供应的一个特色。当时的国王圣路易开设了巴黎第一家棚厅市场，其中两个大厅用来卖海鲜，一个用来卖动物皮草和鞋。圣路易的鱼市远谈不上公共服

阿尔方斯·拉莫特（Alphonse Lamotte，生于 1878 年）画的 18 世纪的巴黎“纯真之泉市场”。1791 年，法国宪法在这个市场所在的广场被宣读

务，而是对王室特权的公然宣示，因为根据法令，巴黎卖的所有海鱼必须先运到这里供宫廷厨师首先挑选，剩下的才能卖给其他有资格买的人。到 14 世纪，国王的市场要求所有商家必须在每个星期三、五、六关闭店铺来这片棚厅市场（即雷阿勒市场）卖货。尽管商人们还要向王室交税，但是这种在中心地区的集中贸易也对他们有利，劳资调解委员和卫兵对非巴黎商贩的监管限制使首都地区的商家更具优势。出于这个原因，商家们大都愿意接受强制赶集日带来的不便——尽管每隔一段时间也会逆反一次，他们推动政府在 1400 年和 1408 年两次修改法令，将强制赶集日缩减为每周一到两天。[44] 1499 年一项议会颁布的法令规定，食品在市场必须按类别分区售卖：野味和肉类在两个特定区域，淡水鱼分三个区，蛋和奶制品在另外两个区域。在圣拉扎尔集市于 1413—1600 年间给食品商贩设立摊位后，雷阿勒市场才被允许从事食品交易。[45] 其他农产品市场在城市边缘首先发展起来，其中最著名的是“纯真之泉市场”。这片地以前是墓地，后来形成以“纯真之泉”为中心的市场。1785 年，人们开始对喷泉进行翻修。1789 年，新市场开张，设了五颜六色的遮阳伞给蔬菜和香草摊位遮阴。

对食品供应进行监管虽然是从中世纪开始的传统，但受到监管的对象却不怎么老实。虽然在首都可以买到鱼，但运费和进场税使其价格极高，以至于抱怨鱼价成了巴黎的一个传统。即使是大众餐桌上的鲱鱼，在路易十六时期也要被征收 53% 的税；杜尔哥 1775 年的政策将其税费减半，但大部分人仍吃不起新鲜的鲱鱼。[46] 和面包一样，支持对肉类这一公共产品进行价格管控的理论最终与非行会商人对加大开放市场的呼声短兵相接。一系列政令和公告显示，政府有意捍卫人民的健康和获取生存所需食物的权利，支持这一理论的信徒也在四处传播这套说辞。关于巴黎的供肉货源，尼古拉·德拉马尔（Nicolas Delamare）在 1722 年坚称，治安法官应该了解巴黎所有养牲畜的地方，如此这个城市的肉源才不会被屠宰师和外来贩子私占，警察才能“始终精准地掌握其真正总量，随时准备阻止任何垄断和其他不怀好意的囤积居奇哄抬价格的违规行为”[47]。从德拉马尔的话中可以明显看出，他对行业协会的贪婪和恶行心存戒备，对食物短缺常怀担忧，而这样想的不止他一人。莱昂·比奥莱（Léon Biollay）1877 年通过对 13 世纪雷阿勒市场指定赶集日的研究，认为当市场出现混乱时“需要政府介入来确保市场供应的稳定”。然而在同一篇文章中，他也承认经济因素而不是对食物供应的管控才是必需品市场的第一驱动力。“巴黎商贩是在强迫下才回到雷阿勒市场的，而且得一直强迫下去”[48]。这些论据都证明了法国人的一个基本信念，即：政府必须为公民提供食物，公民为了大多数人的利益必须接受国家干预的介入。这进一步解释和说明了巴黎作为首都为什么要消耗巨量各类资源，而且通常以牺牲法国其他地区为代价，因为这些干预行为是“为了保障巴黎这个过度发展之城所需物资而独有的现象”[49]。上述这个动听的故事讲得多了，都开始让人觉得其真实的部分超过了虚构的部分。但这里并不是说法国人对这个故事欣然地全盘接受，与家长式政府的抗争同样也是法国人一项悠久的传统。

让 - 弗朗索瓦 · 亚尼内（Jean-François Janinet，1752—1814 年），描绘“纯真之泉市场”上带棚蔬菜摊围绕着泉水的雕版画

四个世纪以来，政府布告、法令和临时命令使得对肉类的主导权在政府和屠宰师行会间来回易手，其间双方各有得失。法国的屠宰师扮演着多重角色。除了卖肉，他们还能屠宰动物，拥有一系列专属特权：能将动物皮草卖给制革工匠，将动物内脏卖给杂碎店和制绳者，将动物油脂卖给蜡烛作坊。因为屠宰师连接着这么多行业，拥有这么多创收来源，巴黎资深屠宰师协会对屠宰业和肉铺数量都有严格限制。此外，巴黎的市政管理者也试图对首都屠宰行会的权力加以约束。查理六世时对巴黎大屠宰场进行了直接和粗暴的干预，在 1416—1418 年间将其拆除重建。在 16 世纪，国王成为行业协会的“最高仲裁者”，拥有允许开设新肉铺的唯一权力。尽管历经各朝沉浮，巴黎的四大屠宰业家族仍获得财产的永久所有权并且免于缴税，并且凭借路易十三在 1637 年

授予的专营权获得将不动产租给其他资深屠宰师的权力。[50] 到了1577年，紧挨巴黎的普瓦西的一个活畜交易市场成为巴黎肉业的核心，因为巴黎屠宰师必须得处理活畜（不能直接用开膛去头的方法准备食用的畜体），而且不能从离巴黎超过7留（28公里）的地方购买。普瓦西恰巧离巴黎只有6留。1667年，索镇的牲畜市场获得官方认定，取得转卖从其他地方运来的牲畜的特许经营权；外地的商贩虽然进行了艰苦抗争，但在1673年败诉。巴黎“自古有之”的牲畜市场则凭借1694年颁布的法令得以重建，一

让－西梅翁·夏尔丹（Jean-Siméon Chardin）：《鱼、蔬菜、奶油酥饼、罐子和调味瓶在桌上的静物画》，1769年，布面油画

周可以在星期三和星期六分别开市两次，避免了公众无序开设肉类交易市场带来的“不便和危险”，因为随意开市可能影响肉类的稳定供应；而如果两次开市时间间隔过长，又可能给人们带来食用坏肉的风险。[51] 同样，普瓦西和索镇的牲畜市场也一周营业一天（在 1791 年分别为星期四和星期一）。在 18 世纪的城市改造运动中，巴黎的肉类加工业被迁出市中心，但保留了查理六世时的四个固定市场来约束和控制交易活动，因为这些市场“将交易活动集中在选定区域并划定界限”[52]。这四个市场建造于城市当时的外围，即在菲利普·奥古斯都城墙遗址之外。随后，城市扩张大潮不断跨过这条边界，最后又使得肉铺和屠宰场（尽管它们本身没动）移到了市中心，这常常令那些时髦高雅人士惶恐不已。

资深屠宰师在普瓦西和索镇市场收购和存放的每一头牲畜除了支付购买费外还要交税，这个税也是政府经过一番法律拉锯战后设立的，打的名号还是为了大众的利益。政府认为，巴黎活畜市场的强买行为能带来“公正合理”的价格，因为同一天同样产品的大量交易可以避免个人遇到价格波动。近三百年间，所有外地卖到巴黎的牲畜必须先运到这三个巴黎地区市场，直到铁路使集中化的牲畜市场在 1867 年显得老旧过时。由资深屠宰师向行会缴纳的会费设立起来的普瓦西银行可以向现金短缺的屠宰师提供信贷，确保来卖牲畜的牧民一定能拿到钱——这是另一项强化牲畜贩子忠诚度的保护主义措施；这三个市场因为拥有垄断地位，所以一定有能力偿还欠款。1741 年，路易十五确认了资深屠宰师屠宰、处理和贩卖肉类的专营权，并命令所有其他售卖肉

制品的商贩（酒馆、烤肉店和点心店）只能从获得许可的肉铺购买原材料。[53] 1776 年 2 月，杜尔哥一度取消了普瓦西银行和强制性市场，还有屠宰师的职业特权。到 1776 年 8 月，屠宰师的特权获得恢复，银行则在 1779 年再度回归。但 1791 年，在阿拉德（Allard）法令和夏普利埃（Le Chapelier）法令颁布后，屠

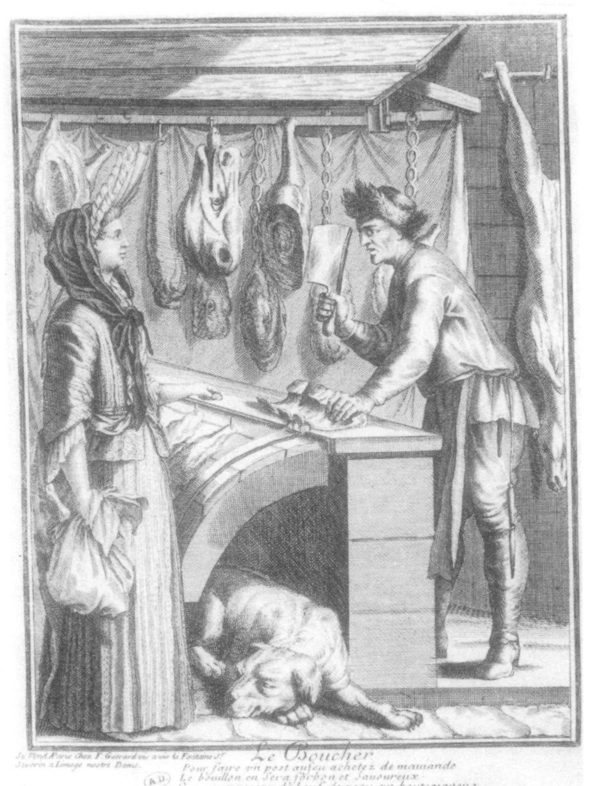

17 世纪的肉铺

宰师失去了购买和售卖肉类的专营权，屠宰师这个职业被短暂地对外开放。尽管 1791 年废除行业协会的法令催生了无证肉贩大军[54]，但肉类行业规范由于已历经数世纪考验，并未因此轻易陷入混乱。在大革命早期，诺曼底和勃艮第地区供给巴黎的肉类由于农村地区的暴动而日益稀少，外国的肉源也由于不断升级的冲突而切断供应。大革命政府天真地引入一种“非宗教性封斋”制度，鼓励人们自愿戒肉来应对危机。[55]这一尝试失败后，政府又在 1793 年发明了定量供应卡。1794 年，政府强制推行真正意义上的干预主义的肉类管理模式，即设立由让-巴布蒂斯特·索弗格兰（Jean-Baptiste Sauvegrain）主管的肉铺总店（Boucherie génerale），取缔一切肉类自由买卖，命令所有的肉类必须由市镇生活物资管理局通过军用物资管理所来分配。尽管人们认为大革命应当解放市场、扫除所有宫廷命令的干预，但其实际并未为肉类行业带来现时或长远的改变，部分原因在于法国的掌权者对国家管制的坚持和对行业本身的信心。

18 世纪屠宰师行会的权力很大，但也处于长期不稳定之中：一方面是由于不断涌入的自由屠宰师，另一方面是由于巴黎人民和军队对肉类不断上涨的需求。该行业协会对女性开了一道口子，允许屠宰师的遗孀经夫家同意后继续保持其亡夫的资深屠宰师头衔。18 世纪，巴黎不到 12% 的肉摊由女性经营，但行业协会对巴黎肉市漏洞百出的管理往往意味着妇女只能在市场边缘的肉摊上找到无证劳工的活计。在政府保证人人有肉吃的政策下，屠宰师可以将动物身上较差的部分（统称为内脏）卖给次级商

贩：熟食店用蹄子和心脏熬汤，将牛舌烟熏；杂碎店（男女经营者都有）买下其余部位，包括使它们得名的杂碎或牛肚，将其清洗烹制后卖给主要由女性经营的街边摊主，再卖给那些赤贫的人吃。[56]之后，拿破仑一世（Napoleon Ⅰ）又恢复了屠宰师从前的地位，在1802年通过法律恢复了屠宰师行会、普瓦西银行以及索镇和普瓦西的强制牲畜市场。1811年，普瓦西银行被政府官员接管，牲畜市场交易税也被用于充实巴黎金库，而不像此前用于促进公正价格的设立。屠宰师的垄断地位重新获得确立，甚至对该行业的卫生检查权也交由屠宰师自己掌握。

法国大革命之后屠宰业重归行会社团主义揭示了什么呢？也许是政府更倾向于“将监督执纪的权力委托给专业人士”，而不是交给未经训练的政府官员。[57]这个解读将对职业的尊重置于对自由主义的支持之上。从自由主义向开放贸易的转变被一些人视为一种理念变化、一种将商业置于“制作之道”之前的变化。评论界认为，在自由体制中的屠宰师不再负有向公众提供“社会必需品”和安全肉类的道德责任，仅仅承担经济功能。[58]但对专业职业的尊敬是贯穿法国饮食文化始终的（法国手工匠人大赛只是其中一个例子），其中屠宰师的地位似乎更加独特。比如，与面包师行会相比，屠宰师行会受到的严格约束更少，而且也更快地恢复了他们在大革命期间和之后丧失的势力范围。军队并不监管市场里的肉类买卖，屠宰师惜售也不会面临被绞死的威胁。面包师通常在市场和商店的前沿和中心工作，比起哄抢的顾客或手持砍刀的屠宰师更容易管理。屠宰行业黑暗血腥的艺术在外表上或许也使政府官员敬而远之，看起来比浑身面粉的面包师要阴森可怖。也许只要有人自愿承担屠宰活畜的可怕工作，将畜体按部位分割成巴黎人每日生活必不可少的肉块，政府就对此感到谢天谢地了。

屠宰师的权力与公众厌恶情绪的对立在关于是否将屠宰场迁出巴黎的大讨论中达到顶点。19 世纪之前，屠宰师的摊位除了切割区和售卖区外，还附带一个屠宰区。在一个人口不断增长的城市，不难理解人畜同居越来越成为一个问题，公众对此的抱怨也此起彼伏。屠宰师行会辩称，屠宰和分割两个过程都需要用到屠宰师的专业技术，不能分开；如果牲畜在别处宰杀，没有巴黎资深屠宰师的监督，可能在运往巴黎的途中增加掺假和被污染的风险。尽管如此，1810 年，拿破仑一世再次下令取缔屠宰区摊位，在巴黎郊区的五个地方开始建造集中屠宰场，其中鲁尔、蒙马特和梅尼蒙当位于塞纳河右岸，格勒内勒和犹太城位于塞纳河左岸。尽管因为资金短缺，建造工程暂停了一段时间，但屠宰场最终在 1818 年由路易十八揭幕。此前，有人预测国营屠宰场经营中会产生矛盾甚至引发暴力冲突，巴黎的市场将惨遭抛弃；而且一旦屠宰师拒绝将牲口送到公共屠宰场，巴黎只得从远处购进不可靠的肉类，当权者也将对此不闻不问。结果是，巴黎市场不但没有被架空，还产生了经营批发业务的屠宰师——尽管不被官方允许，但在民间得到认可。1849 年，经营批发业务的屠宰师在雷阿勒市场得到官方许可，零售屠宰师和其他餐饮从业者可以从那竞拍买肉。巴黎的屠宰场在后来兼并后留下了两个，一个在拉维莱特区，一个在沃吉哈赫区。1858 年后颁布的一项皇家法令取消

了行会屠宰师的特权，屠宰行业的业务也分成三类：零售、批发和流动赶集。尽管还带着旧政权的时代残余，这三类屠宰师的队伍却都在自由市场体制下不断壮大。检疫卫生和处理业内冲突问题仍由屠宰师们在巴黎屠宰师联合会的框架下解决，即使这种做法直到 1884 年才获官方批准。屠宰师行会体制到 19 世纪晚期才逐渐消亡。检疫卫生管理权作为屠宰师职业昔日荣光的见证和旧体制的纪念，直到 1878 年才交由兽医负责。[59]

政府家长式的管理作风和商贩对保护的需求共同塑造了巴黎的市场体系。市场反过来也塑造了消费者购买物资和城市供应物资的方式。市场体系决定了谁吃何种肉：卖价格合理的边角料的开放市场与卖昂贵特定部位的单独门店并存；商贩能接受按定价卖出边角料，因为城市里还有富裕的顾客群体能保证其收益。城市的精致饮食文化也影响着人们对肉类品种的偏好：用盐腌或烟熏等食用猪肉的方式长期以来与下层阶级和农村饮食习惯相联系，但如果是做成猪血肠、肉冻和猪肉馅饼的原料，其“社会污点”就被城市所擅长的高雅吃法抵消了。[60]承认任何肉类所带的“社会污点”实际上就是在参与法国人对食物的分级行为。食物的社会属性至关重要，其名声和分级既可以受个人选择控制，也可以因食物种类和制作方法而决定。对特定种类肉类的需求和时髦的城市生活方式共同创造了巴黎的餐厅，这是一种在 19 世纪中期前只属于首都的社会现象。

“restaurant”（所指物和这个词）先天具有法国属性，在后天更是与法国不可分割。在 18 世纪的巴黎，某些店铺经允许可

建成于 1867 年的拉维莱特牲畜市场和屠宰场

以向大众售卖用杯子装的温热肉汤（被称为“restaurant”或者说“恢复人体力或元气的肉汤”），这也是当时人们外出就餐为数不多的选择之一。从中世纪起，想吃热饭的赶路人就开始造访客栈或旅馆。当时出售食物成品和为宴会提供服务的人被统称为“宴席承包者”，从 1599 年起就受到皇家法律保护，后来其队伍又壮大到包括点心铺和外卖烤肉师。这种受欢迎的“恢复人体力或元气的肉汤”是 18 世纪“新派菜系”的产物，实际上是一种液体形态的肉，蕴含肉类全部精华和新派大厨的技艺，丝毫没有塞尔和帮丰推崇的乡村粗制浓汤的影子。从文艺复兴时期起，医学界和社会权威就赞成胃不同的人采用适合自己的不同食物：皮实的穷人通过边角肉和黑面包能获取更多营养，更富裕或更有教养的人需要更精细的食物。巴黎卖的这种“恢复人体力或元气的肉汤”就是这项原则的最佳体现，它取代了“炖肉”或“剩肉杂烩”，后者很快不再受烹饪书和狄德罗《百科全书》的待见。但是，“restaurant”离从汤变成一种社会现象还差一股东风——城市大众对轻食健康风潮的追捧和对巴黎城市大道边上社交生活的迷恋。

城市居民由于精神上、艺术上和身体上的纤细敏感往往容易得城市病。那时，脆弱的健康被认为是由复杂的脑力劳动引起的，需要同样复杂的解药，这也是法国药食同源悠久传统的另一例证。有一段时间，肉汤就被用来作为恢复健康、治疗营养不良的良药；或许这也是阿佩尔将其制成第一批罐装食品的原因。宗教人士运营的慈善医院提供免费肉汤给穷苦的病人；而巴黎的肉汤店老板将高度浓缩的肉汁精华卖给高端客户，同时提供一个公共场地供客人一边享用这灵丹妙药、一边社交。在坊间流传的故事中，早期的肉汤店老板是在同宴席承包者行会打赢官司后才获得餐饮经营权的。传说当时有个名叫布朗热（Boulanger）的肉汤店老板因兼卖白酱羊腿违反了只卖肉汤的规则，而被宴席承包者告上法庭（法官判其无罪）。[61] 丽贝卡・斯潘（Rebecca Spang）[①] 查阅了大量文献，并未找到布朗热故事的依据。她认为，早期公共餐厅的创造者实际上受益于旧政权系统下王室授予的特权。此人名为马蒂兰・罗兹・德・尚图瓦索（Mathurin Roze de Chantoiseau），1768 年通过花钱进了凡尔赛

① 印第安纳大学伯明顿分校研究 18、19 世纪欧洲历史的专家。

厨师行会，成为一名“宫廷厨师兼宴席承包者”，打通了从市场买肉的渠道，也为其肉汤开启了知名度。然后，他致力于自我宣传，在巴黎出版了一本名为《通用年鉴》（*Almanach général*）的实用性小册子，在其中自称为“肉汤第一人”[62]。后来，越来越多像罗兹·德·尚图瓦索这样的肉汤店主将外卖业务拓展成餐厅，他们鼓励娇弱的巴黎人像“在咖啡馆里一边享受社交活动、一边吃果冻蛋糕”一样在店里享用肉汤。[63]

和软白面包一样，高度浓缩的“元气肉汤”是巴黎的特色，数十年都不曾传到外省，但同时又与《百科全书》中“食物尚简”的观点相左。《百科全书》中的“元气食物”不是汤，而是鹰嘴豆、巧克力、香草和芝麻菜等滋补性食物。[64]不过，具有“新派菜系”风格的营养肉汤“代表的是创新性艺术，能使人恢复元气”，是富裕城市精英的专属。[65]巴黎的肉汤店主为了招徕这些客人，很快推出其他菜式和另一项创新：单人桌和私人包间。在此之前，外出吃饭意味着坐在一张公共大桌旁，周围是其他喧闹的顾客，菜式也是固定的。到1770年代，顾客可以从印制的菜单上选择个人喜欢的菜肴，获得个性化的用餐体验，甚至还可以在单独包间用餐。在肉汤店赢得作为一个时髦、合法用餐点的地位后，“restaurant”这个词便成了地点名词，没有了汤的含义。其他巴黎的用餐机构也开始将这个词用到招牌上。从1780年代开始，厨师兼宴席承包者和酒馆老板同时提供大锅饭菜和单独的餐桌，以餐厅自居，或自称为餐饮承包者兼餐厅老板（有时叫餐厅老板兼餐饮承包者）。[66]根据德国作家奥古斯特·冯·科策布（August von Kotzebue）在记录其 1804 年去巴黎旅行的回忆录中的描述，餐厅老板会将餐桌挨着摆放，这样顾客如果愿意的话可以加入邻桌的交谈；这也显示在公共场所进餐在当时还是新风尚，相关规则尚不明确。科策布还发现了“菜单”这个新事物，他勉强将其翻译为“当日食物和不同酒类的清单，附带每种相应价格”，显然他对此相当陌生。[67] 于是，前所未有地，人们可以在公共场所进餐而不用像在旅馆的客人桌席上一样分享食物，每个食客也可以“低配”的方式体验国王的“大餐典礼”——在别人注视下享用精美食物。[68] 同样值得一提的还有平等的服务：无论吃多吃少，点的是好酒还是次等酒，选的是最昂贵还是最便宜的菜肴，“每个人都得到餐厅老板同等待遇——上菜一样及时，礼节一样周到”[69]。然而，在遭受分裂和苦难的巴黎，有些人很难接受将模仿国王的进餐方式和大革命价值观联系起来，对餐厅老板叛国的指责开始满天飞。即便如此，大革命期间，巴黎作为首都的中心地位仍然将餐厅发展往前推进了一步：从外省来巴黎出差的大革命代表也去餐厅一起吃饭，他们甚至还要求餐厅做普罗旺斯奶油烙鳕鱼（brandade de morue）和马赛鱼汤（bouillabaisse）等家乡菜。

餐厅很快成为巴黎文化生活的标志，出现在旅行指南和当时非常流行的纪实性年鉴中，其中最有名的是亚历山大－巴尔萨泽－洛朗·格里莫·德·拉雷尼埃尔在 1803—1812 年间出版的《美食家年鉴》。作为美食文学之父，格里莫·德·拉雷尼埃尔夸张地描绘了各种菜肴、食品店和饮食场景中的人物，最后还发明了餐厅点评。在年鉴中，巴黎的食物是顶级的，尽管那里不生产任何原材料。早期的指南带领读者（在脑海中）步行游览一个在每个街角都充满美食体验的巴黎。经历过长期为温饱问题做斗争的阶段，在拿破仑政变后的短暂时期，共和国政府开始鼓励巴黎人开展关于审美乐趣和美食等琐事的讨论，防止他们再度挑起政治辩论和潜在的暴动。1805—1815 年间的战争和巴黎的被围困也助力了餐厅发展：进入巴黎的普鲁士、俄国、奥地利和英国的士兵们个个大吃特吃，并把巴黎的这些新鲜玩意儿推广到自己国家。战后到访巴黎的游客们也如释重负地发现法国已经不再聚焦政治剧变，转身重拾艺术、时尚和美食这些琐碎的消遣。[70] 在 19 世纪中期以前，外省可供进餐的公共或私人场所寥寥无几，巴黎初具现代模样的餐厅也是到 19 世纪初才完全建立起来的。

彼时刚刚兴起的美食主义恰好提高了餐厅的接受度，同时也平息了人民的怨气。大革命时期的节庆通常意味着斯巴达式的粗茶淡饭和公共餐桌或百乐宴上的大锅菜；实际上，这些宴席远没有达到囊括所有社会阶层的程度。共和国时期，当政者对美食文学和宴会享乐采取支持态度，法国人民也从维持温饱的道义经济转向模仿上流社会的餐饮模式——宫廷饮食彼时早已成为下层阶级崇拜的对象，大革命后期的第一批伟大厨师甚至发展出比宫廷饮食还要丰富的各种菜肴。[71] 在格里莫·德·拉雷尼埃尔之后，奢华的餐桌摆饰和优雅的餐具开始在餐厅里成为常态和一种追求；琳琅满目的菜单上故弄玄虚地写着一大堆地名和人名，让人看不出菜的原料或做法。搞出这些煞有介事的菜单的奥秘和原因不在于餐厅是否发明了新菜，而是“这个菜单是给食客而非厨师

看的”，因为巴黎爱去餐厅的人常企图从大厨那里偷师一二。[72] 大厨的技艺一开始是行会秘密，后来又锁闭在贵族府邸深处，外人无从窥探。虽然高级餐厅凭借昂贵的价格、着装的要求、难懂的术语和成套的礼仪吓退了大部分民众，但从平等角度来说，巴黎发达的经济也孵化了不同价位的吃饭场所：从城市的美食圣殿到工人阶级常光顾的小饭馆和酒馆都有。以前为了吃到美食餐厅级别的精致菜肴，需要配备昂贵的厨具设备和完整的餐饮团队，是只有最富裕的人家才能享受的奢侈。但是，不那么富裕的人完全没有必要自己养一个厨房班子，因为他们可以去餐厅。法国人对餐厅的全面接受到底是出于满足口腹之欲还是生活必需，这还有待商榷。史蒂芬·门内尔认为，法国餐饮业的发展是出于提高经济效率的需要，因为“不管是富裕阶层还是普通阶层都渴望品尝到比家里做的菜更精致一点的菜肴”[73]。斯潘记录的英国游客认为，法国人爱在外面吃饭是因为他们不够持家，英国人能在家吃得足够好，因此没有对餐厅的需求。[74]

除了餐厅，法国人还发明了美食主义，而美食主义使得巴黎的街道遍地是黄金。在 1808 年夏尔·路易·卡戴·德·迦西古尔（Charles Louis Cadet de Gassicourt）出版第一份带插画的法国特产地图后，美食主义被烙印在法国的国家地图上。不出所料，法国关于烹饪的具象表现主要是以巴黎为中心，围绕着时髦的餐厅和高级料理展开的。和大革命时期的分配政策一样（其负面影响持续而深远），高级料理在 19 世纪根本绕不开巴黎。路易–塞巴斯蒂安·梅西耶（Louis-Sébastien Mercier）1770 年一

夏尔·路易·卡戴·德·迦西古尔的《美食的历程》(1809 年) 中让·弗朗索瓦·杜尔卡迪 (Jean Francois Tourcaty) 所作的《法国美食地图》(1808 年)

本小说中的英国主人公称：法国人为了首都，牺牲了所有外省和其他城市，“巴黎像一颗钻石被粪坑拱卫着”。此后的作家也似乎完全把重心放在这颗钻石上。[75] 尽管餐厅出现于大革命之前，但巴黎餐厅全盛时期的荣光还要靠 19 世纪法国作家的作品来呈现，精致餐饮的故事被融入法式幻想和虚构之中。康卡尔悬岩餐厅（Rocher de Cancale）就属于 1804 年开起的第一批精心装修的美食餐厅，奥诺雷·德·巴尔扎克（Honoré de Balzac）对其赞不绝口，在其 1825—1850 年间写的不同作品中共提到过 18 次：第一次是在一部早期知名度较低的小说里，其余大部分则是在他的代表作《人间喜剧》（*La Comédie humaine*）中。关于餐厅的起源，人们所熟知的、打破规则的白酱羊脚汤也构成了这个美食神

话的一部分，因为法国人想听的故事必须以一道高级创新菜（至少得是配酱汁的菜）为基础。你可能会纳闷，难道“元气肉汤”的故事还不够吗？ 19 世纪早期法国的传奇大厨马里－安托万·卡莱姆是当时的行业翘楚，但他还不能算是餐厅厨师。法国大革命并未将他从行会或贵族家中解放（事实上，他也并不属于这两者）。当时餐厅的诞生转移了巴黎人的注意力，也俘获了兴致勃勃的游客，因为这是他们本国没有的新鲜事物，而在巴黎只需要点个餐就能参与这项时髦的活动。19 世纪 20 和 30 年代，参与餐

著名的康卡尔悬岩餐厅，位于巴黎蒙托尔格耶路，经常在巴尔扎克的作品中出现。餐厅于 1804 年创立，于 1846 年迁到现址

厅文化成为一项精英活动，而且这项活动既不需要专业知识也不需要家族背景，只需花钱。在餐厅的闲聊和现在的名流八卦一样分散了巴黎人关心其他宏大问题的精力，使他们泯然众人。令人好奇的是，在这个阶段人们关注的不再是食物本身，而是餐厅的装饰以及观赏他人和被观赏的体验。然而，卡莱姆和他的追随者主张烹饪的根基在私人府邸——卡莱姆的心之所向。在经历过18世纪晚期的动荡后，法国在19世纪早期进入了时髦高端餐饮的新时代，这称得上另一场大革命。

路易－塞巴斯蒂安·梅西耶，《2440年》[1]，
第23章（1770年）[2]“面包、酒和其他东西”[3]

【主人公入睡是在1768年，醒来后到了2440年。他雇了一名导游来帮助他在如今陌生的巴黎穿行。】

我对我的指路人太满意了，以至于我害怕他会随时将我抛下。吃晚饭的钟点声已经响过，我离住的地方还很远；由于我所有的熟人都已不在世，我得找个小酒馆[4]，这样可以礼貌地请他吃一顿，至少对他的殷勤表示感谢。但令人迷惑的是，我们已经路过好几条街，却没看到一处能找乐子的地方。[5]

“所有那些小酒馆、所有那些饮食场所[6]后来都怎么了？”我问道，“它们之前在同一个行业里分分合合、斗来斗去[7]，开满了每个街角，在城里到处都是。”

“那是在你们时代为了生存不得不忍受的虐待。你们时代的人默许用掺假的酒来蚕食公民的健康。占了城市总人口四分之三的穷人弄不到天然的酒，出于解渴和恢复劳动后体力的需要，只得喝那种相当于慢性毒药的劣质酒[8]；每天喝的话也就喝不出来了……我们的酒抵达公共市场[9]后都是原装的；巴黎的公民无论穷富，都能喝上有益健康的酒。他们为国王的健康干杯，为他们爱戴并且同样尊重和爱他们的国王干杯。”

“那面包呢？”

“一直都保持着同样的价格，因为我们明智地建立了公共粮仓[10]，里面始终储满了玉米，以备不时之需；这儿的东西不会随便卖给外人，我们可不想三个月后花双倍的价钱再买回来。种植者和消费者的利益经过平衡，双方都能得到好处。[11]出口并不受禁止[12]，因为其在明智利用的情况下能带来很大益处。一个兼具才智和贤德的人负责把控这种平衡，一旦发现失衡就立刻关闭港口……

“你会发现我们的市场充满了各种生活必需品：豆类、水果、禽类、鱼类等。[13]富人不因其奢侈而挤压穷人的生存空间。物资短缺的担忧已经远离我们。我们也从不贪得无厌地获取超过自己所需三倍的物资，我们对浪费[14]心存戒惧。

“如果大自然某一年对我们比较苛刻[15]，引起的物资缺乏也不会夺走上千人的生命[16]；我们会打开粮仓，人们的智慧和谨慎将削弱上天的无情和怒火。[17]。我们不会让做苦工的人吃干瘪寡淡的饭菜和喝不健康的果汁；富人也不会挑走最精细的面粉而把谷糠留给其他人[18]，这种过分的行为会被视为一种可耻的罪行。如果我们认识的任何一个人因缺乏物资而困顿，我们都会认为自己有罪。每个人都会用眼泪来刷洗自己的罪恶……”

“你还应该注意到其他事情。”我的导游说道，“注意看（正好你的眼睛盯着地面）街上并没有牲畜的血流，让你想起屠宰这件事[19]；空气中总算没有了那种滋生多种疾病的尸臭。干净的市容是公序良俗与和谐的最佳标志，它对各个方面都极端重要。从健康角度，甚至我敢说还有道德角度出发，我们将屠宰场搬出了城里。[20]如果大自然惩罚我们必须吃动物的肉的话，我们至少应该不看它们的死相。屠宰行业的从业者是被其他国家赶出来的人，他们在我们这里受到法律的保护，但我们不将他们当作公民对待。[21]我们中没人会操持这样血腥和残酷的技艺；我们担心这会使我们的兄弟们丧失天生的同情心，你知道，这是自然赋予我们的最仁慈和最宝贵的礼物。”

注释

[1] 英语版译自 W. 胡珀 · MD（W.Hooper.MD）《公元 2500 年的回忆录》（*Memoirs of the Year Two Thousand Five Hundred*，伦敦，1772），第 173～187 页。

[2] 作为狄德罗和卢梭的朋友，梅西耶全面接受了启蒙运动的哲学观，同时认为明君统治的君主制是可行的。这部乌托邦式的小说背景设置在 700 年后的未来：在一片和平的土地上生活着理性的公民。该书在 1770 年匿名出版，很快因畅销而被大肆盗版，在 1773 年因书中对贵族特权和专制主义的批判而被当局以亵渎罪为名封禁。1792 年，梅西耶作为国民公会的一员投票反对判处路易十六死刑。他还反对罗伯斯庇尔在 1793 年的叛乱。在重印 25 次和数次翻译后，第二版匿名的《2440 年》于 1786 年在巴黎出版。到 1799 年出第三版的时候才署上了梅西耶的名字。

[3] 为了与 18 世纪每个人心中的“必需品”清单保持一致，梅西耶的书中将讨论酒、面包和肉。

[4] 梅西耶用的是“traiteur”（宴席承包者），英语中没有相应词语。这个时期，巴黎已经有餐厅了，而伦敦还没有。

[5] 原文中为“bouchon”；1598 年以前，这个词是指一捆植物或者建筑物门上悬挂的表示“此处有酒售”的标志。后来，这个词开始指有歌舞表演或卖酒的小餐馆。里昂今天仍然用这个词指那些制作传统菜肴且提供丰富酒品的餐馆。

[6] 实际上是指“aubergistes”（旅店）和“marchands de vin”（酒铺）。注意作者在这两段中用了四个不同的词来指代就餐场所，分别有不同的外延。梅西耶在这里和其他作品，包括《巴黎的画卷》（*Tableau de Paris*）中提到“宴席承包者”时用的并不是“restaurant”这个词，而这一段的用词主要是强调酒。

[7] 16 世纪之后的司法档案佐证了餐饮从业者之间长期的地盘争夺战，与本章节选最相关的一条记录是：1708 年，应厨师行会要求，王室颁布法令允许酒铺在他们的酒窖里同时供应酒和烤肉，但禁止他们自称宴席承包者或厨师；该称呼只能属于宴席承包者。

[8] 巴黎的酒类经销商和代理人在 18 世纪中期饱受唾骂，被指责在酒里掺假和在生产者与消费者之间层层加价。托马斯·布伦南（Thomas Brennan）提到一份名为《商业报》的酒类贸易报刊，上面就推荐直接从产酒区酒商处买酒，因为“勃艮第的好酒商绝对没有诚信问题”[《从勃艮第到香槟：现代法国早期的葡萄酒行业》（*Burgundy to Champagne: The Wine Trade in Early Modern France*, Baltimore, MD, 1997, p.191）]。梅西耶指出，巴黎的酒商牢牢把控着巴黎各水

路运输的关口，向外省运往巴黎的酒收取天价的进场税。

[9] 认为公共市场是解决“人人有饭吃”问题办法的又一个体现。

[10] 这是梅西耶的良好愿望，本书写于杜尔哥1770年代系列改革之前，后者曾导致私人商贩大肆囤积粮食。早几年，即1662年发生粮食短缺危机时，路易十四曾下令让财政部长让－巴普蒂斯特·柯尔贝尔将没收的粮食储放在卢浮宫的过道，作为公共粮仓。1854年，面包师被要求必须在“市镇商店”预购至少90天量的面粉，这在某种意义上最终发挥了公共粮仓的作用，以备不时之需。

[11] 这个说法表明梅西耶认同“老派的”干预主义政策能带来公正的价格并使所有公民受益的观点。这也将他和其中世纪的前辈和保守派划到一个阵营，正是保守派最终撤销了法国大革命的改革计划。

[12] 1788年，雅克·内克（Jacques Necker，路易十六时期的财政总监）禁止所有粮食出口，命令所有粮食买卖必须在开放市场内进行。

[13] 梅西耶在其1781—1788年间写成的《巴黎的画卷》中用满怀深情的笔触描写了巴黎的市场，描绘了“六千农民”满载鱼、蛋、蔬菜、水果和鲜花抵达巴黎的场景。巴黎的雷阿勒市场是其他所有市场的“总仓库”。

[14] 原文是“gaspillage”，意为浪费。梅西耶憧憬地描绘了一幅丰饶的场景，与当时穷人面临粮食歉收和饥荒、富人贪得无厌造成的恶性循环形成对比。

[15] 原文将大自然形容为残酷的继母。

[16] 实际上，18世纪的饥荒和短缺造成的死亡比17世纪少。

[17] 说话方式像《百科全书》启蒙派的忠实信徒一样。

[18] 这段话显然是对新出现的经济磨粉法表示赞同。经济磨粉法能更精确地将谷壳分离出来，并且用同样的小麦磨出更多更优质、更健康的面粉，使人人都能吃上高品质面粉。这个方法在1765年的《百科全书》中得到描述，并在1770年代传遍法国。

[19] 梅西耶在这里与其他启蒙运动哲学家一样，认为吃肉是暴力行为的标志。

[20] 梅西耶在这里很超前，因为活畜屠宰直到1810年才搬到城外。

[21] 这是一种既能继续吃肉又避免宰杀牲畜带来个人精神负担的巧妙方法。梅西耶描绘的未来的屠夫实际上还不如二等公民，确切地说是难民，而根本不是公民。

第五章

19 世纪和卡莱姆：法国美食征服世界

如果说现在法国料理已经成为高级料理的代名词，那么这要归功于 19 世纪发生的一系列事件，因为“美食主义作为一种现代社会现象是在 19 世纪早期的法国最先成气候的”[1]。鼓吹法国料理优越性的最大声音来自金字塔顶端的“三巨头”：马里－安托万·卡莱姆、让·安泰尔姆·布里亚－萨瓦兰和亚历山大－巴尔萨泽－洛朗·格里莫·德·拉雷尼埃尔。按照他们的说法，美食主义属于法国，高级料理则使法国跨进现代。普通人对法国料理的了解大多是关于 19 世纪的美食和烹饪技术，因为这“三巨头”像传播福音一样广泛且持续地将美食学传播给有权有势的精英和识字的大众，创造出法国美食的不朽形象。不难理解，19 世纪对法国料理的意义可以说是一切中的一切，因为这个时期是大厨们和烹饪书作家马里－安托万·卡莱姆制定规则和建立等级分类体系的高产期。作为法国料理彻头彻尾的定义者，卡莱姆的追随者遍布各地，也使得法国料理成为欧洲王室甚至全世界国宴高级料理的唯一模范。今天米其林带星餐厅的“经典”法国料理也是在其 19 世纪基础上的忠实传承。法国料理取得的成功有点令人出人意料，因为卡莱姆和他的美食搭档大受欢迎的时代刚好连接着动

荡的 1789 年法国大革命，而在此后的岁月里又发生了 1830 年和 1848 年革命，经历了三个共和国、两个不同拿破仑称帝的王朝和两场短命的政变或革命（拿破仑的“百日政变”和 1871 年的巴黎公社）。

卡莱姆的功勋非一日之功。法国美食征服世界的方式同其塑造法国国内饮食属性的方式一样，是通过形象和信念；所以，现在世界人民一提到高级料理时就会想起法国。插一句话，法国人不太擅长打实际的战争——他们擅长精神胜利法。19 世纪的法国饮食教会了世界：只有法国有唯一合法的高级料理，不管是精英、没落的贵族、经常去餐厅的中产阶级还是家庭主妇或工人阶级都明白这个道理。大革命后出现的新兴餐饮模式不再聚焦大众，而是向抽象化、文字化发展，变得更加持久和便于传播。新词汇被创造出来用于描写这种食物及其食客，美食作家这种新职业也开始获得国际关注。在统一一致的法国（巴黎）高级料理形象的传播过程中，出现了满足巴黎工人阶级需要的市井街头小吃；人们还注意到法国的各个大区虽然像一个个远离巴黎的岛屿，但在维持首都的美食属性上发挥着重要作用。宫廷料理再度回归，这次受到所有人或者说绝大部分人的欢迎。然而，在法国 19 世纪的美食学文献中却丝毫不见其殖民地的踪影。法国从 18 世纪起开始迅速扩张殖民地，它们成为法国获取不少大宗商品的重要来源，同时也构建了法兰西帝国的概念。后面的章节将详细讨论这个话题。

在巴黎供养全世界之前，法国的外省必须要先供养巴黎。法国大革命的遗产和法兰西第一帝国带来的政治剧变也引起了食物供应领域的共振。巴黎人口的稳步增长也驱使巴黎采取了一些极端措施来保证这座大城市的物资供应。1859 年，拿破仑三世下令将邻近几个市镇划入巴黎以增加住房供应，使巴黎的行政区从 12 个增加到 20 个。巴黎的扩张缓解了奥斯曼男爵（Baron of Haussman）改造计划带来的危机，因为他为了给宽阔的林荫道和其他标志性建筑清理出空间——包括宏伟的巴尔塔市场（Halles de Baltard）①——而拆除了不少拥挤的住宅区。从中世纪开始断断续续成长起来的巴黎市场体系在 19 世纪之初继续发展。1819 年，巴黎建起一个新的售卖蔬菜、黄油、蛋类和奶酪的农贸市场。黄油市场于 1823 年开张，到 1836 年就已经人满为患了。包括奶酪在内的奶制品交易在 1858 年被转移到翻新的雷阿勒大市场中的一个大厅里，紧挨着 1857 年设立的蔬菜交易大厅。巴尔塔市场的建设在 1854 年动工，比拿破仑下令翻修后设计的图纸晚了 30 年。在 1854—1874 年间，12 座规划的大厅里有 10 座被建起来，风格为大胆的装饰性铁艺。爱弥尔·左拉（Emile Zola）在《巴黎之胃》（*Le Ventre de Paris*）中对这个市场的印象是开阔和肮脏。书中的主人公弗洛朗（Florent）走着走着就在雷阿勒市场的混乱中迷失了：在圣奥诺雷街附近，他尾随一辆双轮货车在滑溜的道路上行走，“成堆的洋蓟茎叶和萝卜头使得人行道危机四伏”[2]。最后两个大厅在 1936 年开张，见证了巴黎的人口从 1857

① 翻修后的雷阿勒市场的别名，巴尔塔为建筑师之名。

年到 1901 年翻了一番，从 120 万增加到 260 万。[3] 雷阿勒市场在 1960 年代停用，在 1971 年被拆除改建成一个商场。时光给这个古老的市场蒙上一层浪漫色彩，然而现在的雷阿勒市场不再是过去的雷阿勒市场了，它的食品交易被迁到了兰吉斯——一座 1979 年开张的冷冰冰的现代市场，与巴黎市[illegible]和巴黎人之间隔开一段距离。

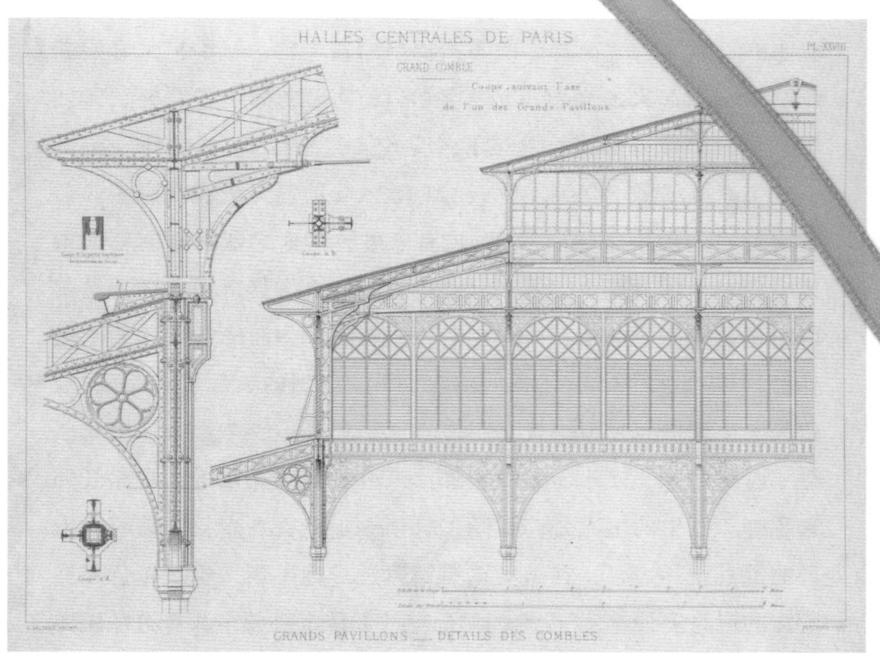

雷阿勒市场大厅的装饰性铁艺，1863 年

不管怎么说，法国其他地区仍然继续受制于巴黎和它的无底

洞。新划入巴黎的街区中的拉维莱特和美丽城都带有屠宰场，且分别位于塞纳河两岸。1858 年开放巴黎屠宰业的法令使新的屠宰师蜂拥进入巴黎市区，使得原本混乱的市场系统更加拥塞。面对这种局面，奥斯曼男爵在 1859 年建议关闭所有现存的屠宰场，在城外靠近普瓦西和索镇活畜市场的地方建一个中央屠宰场［命名为拉维莱特屠宰场，由路易 - 皮埃尔 · 巴尔塔（Louis-Pierre Baltard）设计，他也是后来雷阿勒市场翻新的设计师］。这个新的市场直到 1867 年才开张，但一直沿用到 1977 年。随着拉维莱特市场的开放，城里的屠宰场只剩下了三个；新兴的铁路运输也抵消了巴黎对活畜市场的需求。凭借集中肉类处理场所和上百名屠宰师，巴黎足够应付它不断增长的肉类需求。阿尔芒 · 郁松（Armand Husson）在《巴黎的消费》（*Les Consommations de Paris*，成书于 1875 年）中对从外省和外国运往巴黎牲畜的惊人数量做了实时统计。作为“巴黎补给来源大大扩张”的证据，郁松统计发现，巴黎牲畜市场的交易量从 1812 年的 635 000 头增加到 1873 年的 190 万头，这些牲畜来自（当时法国 89 个外省中的）73 个外省和 14 个其他国家，包括当时的法国殖民地阿尔及利亚。[4] 肉牛来自诺曼底和安茹地区，大部分羊来自德国，小牛来自香槟和奥尔良地区。1870 年巴黎遭受围困的时候，对外贸易中断，巴黎人只能有什么肉吃什么，包括 1866 年巴黎开设的屠马场里的马肉和动物园里的动物。

19 世纪晚期，更细嫩的肉类在巴黎成为潮流，包括人工填喂增肥的鹅肝和鸭肝。每年 10 月和次年 3 月之间是鹅肝和鹅肝酱上市的季节。在 1870 年代，斯特拉斯堡的肥鹅肝是每一张精致高贵餐桌的标配，无论其价格多么昂贵。过季以后，人们还可以尽情享用阿佩尔法保存的肥鹅肝金属罐头。[5]巴黎人也扩展了食用鱼的品种范围，尽管海鱼比淡水鱼要更受欢迎。奥古斯特·冯·科策布在 1804 年的时候注意到巴黎餐厅的菜单上有 28 种鱼，还有 15 种禽肉和 31 种甜点。[6]大革命后，人们逐渐不再过斋戒日；法国城里人嫌盐腌、烟熏或风干的鱼与赎罪和贫穷有关，更愿意去城里的市场挑选鲜鱼——这不是因为吃不起肉，而是作为一种享受。在 1789—1873 年间，巴黎的鱼消费量翻了四番，海鱼的消费量翻了十番，或许是因为铁路的铺设使新鲜海鱼能够运进内地。生蚝也开始流入巴黎，按 100 个生蚝为一箱作为计量单位，在 1845 年达到每年 445 万箱（或者每人平均超过 4 千克）之多；这也导致之后生蚝逐渐从附近的海域里绝迹。[7]那些在康卡尔海滩附近营养丰富的水域中养殖的生蚝使主打生蚝盛宴的康卡尔悬岩餐厅名声大噪。

为了将在康卡尔悬岩餐厅和其他饮食店享用的几打生蚝冲下肚，巴黎人还成为国内香槟地区起泡酒的头号消费者——这种酒在当时还被称为“气泡香槟酒”，以区别于当地最早出名的无气葡萄酒。起泡酒在 19 世纪晚期推动了新的饮酒容器的发明——玻璃材质取代金属被做成加长的形状，有人认为这种形状比老式的浅口高脚杯更能增强香槟的魅力（尽管也有人认为浅口高脚杯能使受青睐的气泡看上去更生动，而且浅口更便于搅拌器伸入搅散酒中气体，避免令人不悦的打嗝）。[8]除了显而易见的优雅，气泡香槟酒的好处还在于可以让人不喝醉就享受到喝酒的愉悦，而且其毋庸置疑地还象征着青春年华。巴黎越来越多的商铺开始按照香槟酒的模式按瓶来卖葡萄酒，但工人们仍然保留着在上班前或下班后去小酒馆或酒铺小酌一杯的习惯。这些地方供应的勾兑葡萄酒的原浆越来越多地来自南部地区（瓦尔省、加尔省、埃罗省）。这些地方高产廉价的葡萄酒取代了此前占主导地位的法国中部地区（安茹省、奥尔良省、图尔省）的产品，后者在葡萄根瘤蚜灾的打击下一蹶不振。中产家庭主要从西南地区的马孔和博若莱买酒，少部分从波尔多进购；高端的勃艮第和波尔多葡萄酒一般直接出口，艾村和布齐的高端香槟大都被俄国买家收购。[9]中产阶级通常满足于用第二茬或第三茬葡萄酿的普通酒，如果有闲钱也会偶尔买点好酒。实际上，即便是次等酒也凝结了法国酒农的心血，并得到行家的肯定。在葡萄根瘤蚜灾给法国酒业带来巨大打击之前，工人阶级终于也能指望喝上天然（未掺假）且没兑水的葡萄酒了。

受限于工作时间和上班路程，巴黎许多工薪族一般在通勤的路上吃早餐，导致用来制作受妇女、儿童和工薪族欢迎的牛奶咖啡的鲜牛奶需求量剧增。第二帝国时期，越来越多的工薪族选择在咖啡馆或餐厅吃午饭，要么因为工作地点离家太远，要么因为家里缺少厨具或食物储备。小面包和稀奇古怪的“花式面包”（郁松称之为“panasserie”，意为花色面包）的消费量几乎占了巴黎年面包消费量的三分之一；大革命后，软面包不再是富人的专利，而成为工薪族喝牛奶咖啡时和在餐厅吃饭时的佐餐物，即使是最穷的人也能吃得起。[10]欧仁·布里福（Eugène Briffault）在《餐桌上的巴黎》（*Paris à table*，写于1846年）中写道："店主一般在顾客光临的间隙在店铺后面草草进食。工薪阶层的男女去便宜的餐馆吃午饭。与高级餐厅和咖啡馆不同的是，这些餐馆一般按性别划分：男人去酒铺或小酒馆；女性收入较低，去这些地方既不安全，对自己名声也不好；新兴的乳品店则对女性比较友好，里面供应牛奶、煎蛋和烤肉，但没有烈性酒，有时甚至连葡萄酒都没有。"[11]

比较节俭的工薪族一般在餐厅或餐馆点一份简单的"普通"套餐，包含煮牛肉和肉汤，价格固定；到1880年代，其发展为包括三道菜：汤、肉配蔬菜和作为甜点的水果。更简单的还有街边商贩提供的外带食物，包括贻贝、熟肉和"经典炸薯条"等，这被一篇1899年的文章称为"完美的人民的食物——因为既有正餐又有小食，既有主菜又有甜点"[12]。左拉的小说《小酒店》（*L'Assommoir*，成书于1877年）中有一个场景写道：时钟敲响中午12点，几个共事的人点好菜，一个点了两分钱的虾，一个点了一份炸薯条，其他人点了纸包小萝卜和香肠。[13]街边小贩（通常是女性）按片卖用移动炉灶做好的熟肉，布里福称这是"在巴黎才常见的做法"[14]。左拉作为工人阶级的记录者，在一个精彩的章节中描绘了巴黎午餐的全景："一位职业女性在吃煮牛肉；长得看不到尽头的女工人队伍在吃薯条筒和用杯子装的贻贝，小孩手上拿着纸包的即食热猪血肠和酥炸肉片从店里离开，早早来到小酒馆吃饱午饭的顾客迎着蜂拥而至的客流缓缓向外走出。"[15]

让－弗朗索瓦·德·特鲁瓦（Jean François de Troy）：《生蚝午餐》，1735 年，布面油画。该作品系受路易十五委托所作，用于装饰凡尔赛宫，注意画中冰镇的香槟

对于中产阶级来说，在餐厅或咖啡馆吃的午餐一般与商业或政治活动有关，在家吃的午餐则不需要着正装和讲究那么多规矩。之后的晚餐还包括了沙龙、表演和赌博等夜生活——巴黎的资产阶级借此模仿过去的贵族阶级。第二帝国时期，巴黎餐馆晚上营业的高峰期在六点到八点之间，因为晚餐是时髦阶层一天当中最重要的（有时是唯一的）一顿饭。[16]那些在晚餐前还要吃一顿饭的人能接受一顿由鸡蛋、烤肉和奶酪组成的简便午餐（被称为“用叉子吃的午餐”)。一位恰好名为佩里戈尔（Périgord）①的美食作家在1825年出版的《新美食家年鉴》(*Nouvel Almanach des gourmands*）中对这种新吃法表示感到陌生，他赞成在“盛大的晚餐”之前吃点扎实的食物和喝点味道浓郁的酒来“镇一镇”胃，因为晚餐在六点前不会开始。[17]如果说一顿丰盛的午餐有给娇嫩的城市胃带来困扰的威胁的话，那么一杯令人愉悦但却扎实的巧克力饮品就是解决方法了——这实际上是对17世纪宫廷妇女喝热巧克力风潮的复兴。这些伴随珍馐美馔产生的、在精英之间流行的做法实际上是对宫廷文化的直接模仿，因为巴黎的中产阶级认为这些享乐活动对文明社会至关重要。[18]皇家典范在美食家和整个法国心目中一直留有一席之地，更不消说法国在大革命后又复辟了封建王朝，之后还迎来了第二个皇帝。

① 法国黑松露的最佳产地。

午餐新理论

包含几道菜的午餐今天已经成为一种具有辨识度的法式习俗。但在 19 世纪的巴黎，午餐尚且还是一个时髦的话题。在美食主义时代，巴黎人每天各顿饭的时间安排仍未固定下来，因为用餐的时间开

弗朗索瓦·布歇（François Boucher）：《“开斋”饭》，1739 年，布面油画。18 世纪，“开斋”饭一般是上午吃的。注意站在壁炉旁的男子手持的巧克力壶

始和社会阶层产生关联。在18世纪，大多数居民早上八点前先简单吃一顿饭（被称为“开斋”饭），在中午吃正餐，吃晚餐的时间在晚上五点到十点之间，具体取决于季节和其社会地位。最早吃晚餐的是商贩，然后是中产阶级，最后是贵族。大革命后，晚餐变成了时髦人士看完戏后才吃的消夜；城市上层吃正餐的时间也越来越晚：第一帝国时期是下午两点，君主制复辟时期是下午四到六点，七月王朝时期是下午六点或七点，尽管具体时间在不同社会阶层之间还有不小的差异。[19] 作为一项乡下传统，吃晚餐对巴黎的精英阶层失去了吸引力，但法国大部分地区（包括巴黎的一些区域）的人们一直到19世纪都保留了传统的吃“开斋”饭、正餐和晚餐的习惯，有些地区甚至持续到20世纪。巴黎的中产家庭和外省人民有时仍然在中午吃一顿丰盛的正餐，但对于在正餐前什么都吃的城市精英阶层，“用叉子吃的午餐”（轻午餐）更适合快节奏的城市生活。这种新做法引起了巴尔扎克的注意，他在1830年的一篇随笔《午餐新理论》中对其进行了嘲讽。他对白天吃一顿大餐会使人消磨意志和迟钝感官的说法嗤之以鼻，担忧这种对餐桌不敬的行为会给法国烹饪带来坏影响。巴尔扎克对将一天的营养负担都放在晚上一顿正餐的“致命制度”表示惋惜，称这是传统的“灭顶之灾”。一天只吃一次会导致人们晚餐时狼吞虎咽，为了专注消化而一言不发，使得用餐全程死气沉沉。对于工薪阶层，巴尔扎克认为中午的牛奶咖啡过于简单，午餐酒是给泥瓦匠或退休教师喝的，只有水还算得上时髦。[20]只吃正餐的运动并未坚持多久，因为一天到头只指望晚上这一顿实在太过困难，导致人们设立了其他形式的简餐，有时被称为第一顿“开斋”饭和第二顿“开斋”饭。19世纪末，第一顿“开斋”饭正式演变成为早餐①［法语称为“小开斋”（petit déjeuner）］[21]，中午饭也回到按部就班的时间。那些不属于精英阶层的或者住在巴黎之外的人则始终保留着一天吃三、四顿饭的习惯。

埃得梅·儒勒·摩门内（Edme Jules Maumené）：《酒类研究理论及实践：酒的特性、酿造、病害及起泡酒的酿造》（1874年）中香槟杯的插图。摩门内宣称右边的杯子可以让气泡看上去更生动。这两种杯子都是带金属底座的玻璃杯，是从全金属杯上发展出的创新

尽管工薪阶层的午餐远远不能称为美食，但普通套餐和“用叉子吃的午餐”之间的共同点是都由餐厅供应，预算不同的巴黎人都能在家外面吃上热餐。在这一历史时期，美食主义不管从字

① 英语的早餐为breakfast，由break和fast组成，意思也是打破斋戒。

面上还是行动上都是巴黎的独有现象。在外就餐意味着将个人的饮食习惯当成社会表演置于众目睽睽之下；没有比 19 世纪的巴黎更好的地方来参与享受美食的乐趣了，参与方式除了吃还可以通过阅读。左拉的描写使巴黎工人阶级的路边小吃提升了好几个档次，远远超过外省的“肥肉汤”(soupe au lard)。格里莫·德·拉雷尼埃尔和他的模仿者对巴黎令人愉悦的美食进行连篇累牍的描写，识字的人们“在纸张上比在餐桌上能更方便地享受法式大餐”[22]。作为广受欢迎的《厨房里的哲学家》的作者，布里亚-萨瓦兰在对各个阶层享受饮食方式“沉思”后创作出一首歌颂广大人民不俗品位的赞歌。从整体来说，他的书并不聚焦食物的生产过程和工序，或者大厨的技艺，而是关注食客的乐趣。由此，诞生了美食文学这种与 19 世纪的法国息息相关的新文化产品。

尽管如此，法国高级料理的成功仍然谜团重重。即便 18 世纪最凶险的粮食危机已经过去，法国（尤其是巴黎）在拿破仑战争期间和像 1870—1871 年普法战争时被外国占领期间仍然遭受粮食短缺问题困扰。百科全书派对复杂和过度精细菜肴的抵触态度丝毫未变，甚至《百科全书》还将“料理”解释为“使人吃下过量食物的矫饰方法”；他们支持的是自然简单的食物，认为烹饪技术只会让食物“面目全非”[23]。1606 年版的《法语语料库》中将“gourmand”解释为贪吃者；1694 年版的《法兰西学院词典》将其解释为“除了吃以外心无旁骛的人”，并且将其与贪食之罪相联系——这种用法始于 15 世纪。但之后的法语语言迎合了大众对复杂厨艺和精致美食的热爱。虽然 1787 年版的《法兰西学院词典》仍将“gourmandise”定义为七宗罪之一，但 1825 年的《法语语料库》中收录了其表示品鉴食物的含义（在布里亚－萨瓦兰的文字中）；1835 年，“une[①] gourmandise”开始指“一种甜食”。1801 年，约瑟夫·贝尔舒（Joseph Berchoux）发表了一首名为《美食》（*La Gastronomie*）的长诗，被认为是美食主义（gastronomie）这个词的创造者；他在 1826 年获得法国荣誉军团勋章。1835 年，法兰西学院收录了“gastronomie”这个词（肯定早就被使用了），将其解释为“制作美好食物的艺术”。1866—1879 年间的《拉鲁斯百科全书》（*the Larousse encyclopedia*）仍然将“gourmand”当作贬义词；但“gastronome”（美食家）则没有负面含义，指那些喜爱和知晓如何品鉴美食的人。1873 年，法国《利特词典》（*the Littré dictionaty*）将“gourmand”（好吃者）和“goinfre”（喜欢吃低级和恶心食物的人）做了区分。1932 年，《法兰西学院词典》最终对“gastronomie”一词的法语定义一锤定音——“构成制作精美食物艺术的全套规则的集合”[24]。法语词汇含义的变化反映了社会变迁和人们从关注吃饱向关注吃好的转变，不仅关注实际的饮食行为，还关注法国食物的形象和定义法国食物的评价。

社会上对美食主义追求的氛围开始变浓，其门槛也变得更低，它不再单单是一种料理，也不再被重门深锁于宫廷或私宅之内。美食写作和下馆子的风气将精英阶层的标准传播到他们圈子之外。

① 法语单词，表示一或一个。

美食家一方面展示自身的良好品味，另一方面通过写作来培养他人的品味。[25]普通餐馆和街头小贩提供了较低层次的时髦餐饮，使每个社会阶层都能拥有愉快的公共用餐体验。普里希亚·帕克赫斯特·弗格森（Priscilla Parkhurst Ferguson）指出，“公共餐厅而非私人宴会才是将美食主义打造为社会和文化行为的最重要场所”[26]，在餐厅半公共空间里供人观看的食客也自认为是精英的一分子。19世纪的巴黎餐厅也不只有一种形式；乳品店尽管在食品价格上远远比不上当时著名的维丽餐厅，但是在理念上是一致的，同样向每一位顾客提供单独的餐桌和单独装盘的食物。丽贝卡·斯潘认为，餐厅能让每位顾客有机会体验“低配版”的“国王大餐典礼”，从另一方面也说明真正意义上的美食并未平民化，因为它追求的是恢复宫廷料理的旧等级。[27]布里亚-萨瓦兰认为，美食与私人宴会搭配更加和谐，他在其三十章的书中只留了一章的篇幅给餐厅。即便如此，他仍然肯定餐厅在将高档食物带给大众方面发挥了重要作用：“如此，任何兜里有15法郎的人都能‘吃得像王子一样’”。他的话被诸多19世纪的餐厅支持者援引，这从另一方面又维护了高级料理源自贵族的正统。布里福在1846年称赞餐厅从业者“朝实现社会公平迈出了重要一步”，因为穷人在餐厅里能享受到“和宫廷里一样光鲜”的服务，和富人拥有同等地位。[28]从某种角度来说，在巴黎，人人都能吃得和国王一样。

布里亚-萨瓦兰的《厨房里的哲学家》成为法国饮食哲学和描绘饮食语言发展的转折性标志。在餐厅将高级饮食带给大众的过程中，布里亚-萨瓦兰将贪食变成了美食主义，将一项恶习变成了理性的美德。他在《厨房里的哲学家》中定的目标是将美食主义打造成一门科学（这也解释了标题），重新定义“gourmandise”，将其和暴饮暴食区分开。他辩称，美好的事物和吃的乐趣是可以免受道德评判的，“gourmandise”可以带来实际益处。新含义下的“gourmandise”意味着对食物了解后的选择和享受食物的乐趣。这在道德上也是无懈可击的，因为其创造者宣布人吃饭是为了生存；我们对美食可以说是“始于胃口，忠于风味，陷于乐趣”[29]。布里亚－萨瓦兰还从经济增长机制的角度为美食辩

亨利·布里斯波（Henri Brispot，1846—1928 年）：《美食家》，19 世纪晚期，布面油画。这位食客点了在 19 世纪受到大厨们高度认可的小龙虾

博尔托（Bertall）为欧仁·布里福《餐桌上的巴黎》（1846 年）所作的卷首插图。画上是一个身穿现代制服、雄踞巴黎的大厨，他的叉子立在塞纳河左岸，酒瓶在右岸，浓汤洒进河中

护，因为对美食的需求促进了贸易，充实了税基，鼓励了农民和渔夫们将他们最好的劳动成果送到最好的厨房，为一众厨师、面包师和其他食品商提供了工作和雇佣工人的需求。作为美食品鉴符合道德规范的依据（和在饮食方面的宗教束缚有所放松的证明），布里亚－萨瓦兰在书中提到他在教区牧师家临时参加的一顿斋戒餐，其中有小龙虾汤、酱汁褐鲑鱼、填满金枪鱼和鲤鱼鱼子及黄油的巨大蛋卷，让人想起中世纪克吕尼修道院僧侣因享受用鱼和蛋做的豪华大餐而备受争议的往事。尽管如此，《厨房里的哲学家》远非一份平等宣言，经常不经意流露出与贵族饮食相关的渊源。布里亚－萨瓦兰在 1789 年参加过三级会议，1793 年

自我放逐到美国以躲避大革命的“恐怖专政”，在 1796 年以法官的身份返回法国，他从未放弃过其贵族身份或在家享受豪宴的喜好。美食终究是属于上层阶级的，精英的饮食习惯最终也成为法国主导饮食界的关键。作为法式观点的最佳代言人，布里亚－萨瓦兰得出的结论是：一个只靠面包和蔬菜生活的社会存在不长久，只能屈服于更粗犷邻居的进攻。尽管他经历了大革命后法国动荡悲惨的岁月，布里亚－萨瓦兰仍努力为这段时期蒙上积极滤镜。在他的复述中，美食主义和餐厅将法国从 1815 年拿破仑在滑铁卢惨败导致的经济危机中解救出来。身负英国和普鲁士巨额债务的法国在破产的边缘摇摇欲坠，直到饥肠辘辘的外国军队抵达巴黎，在首都的餐厅、饭馆、酒馆和路边摊，毫无察觉地通过支付餐馆账单的方式将法国被迫放弃的东西又还了回来。[30]

卡莱姆或许可以被称为加冕的美食王子，他通过《巴黎厨师》（*Le Cuisinier parisien*，成书于 1828 年）、《19 世纪法式料理艺术》（*L'Art de la cuisine française au xixe siècle*，成书于 1833 年）以及此前关于糕点制作的手册（成书于 1815 年）和一本管家指南（成书于 1822 年）等不断定义着法式高级料理。尽管卡莱姆自视为法国现代料理的奠基人，但只有巴黎高级料理才配称为“经典”料理，或者用让－弗朗索瓦·雷韦尔（Jean-François Revel）的话——“国际高级料理”[31]。卡莱姆将他的第一本书冠以“巴黎”之名，就是承认高级料理在巴黎。两个世纪前，拉瓦莱纳的《法国大厨》就宣告了法式料理的存在，但卡莱姆的目标是将巴黎高级料理变成新的法国国民料理。法国围绕巴黎不断加强的中

央集权和诸如餐厅与美食写作等只有巴黎才有的文化现象，强化了法兰西民族和高级料理之间的关联。随着法国厨师的输出，世界上其他地方也开始将法式料理奉为高级料理，而将本地特色饮食排除在美食之外。由于法国地方料理也被吸收进巴黎料理，法国国民饮食身份兼具精英色彩和适当的地方特色。最后，19 世纪的法国厨师所使用的"著名的本土传统厨艺"使法国料理的名声锦上添花。[32]

卡莱姆声称，他通过科学对老传统去粗取精来推进法国料理的系统性进步，但他所谓的新式料理和旧式料理的发源地都是富裕的精英家庭。他最早以糕点师的身份成名，后来先后成为罗斯柴尔德男爵、俄国沙皇亚历山大一世和著名的享乐主义政治家夏尔·莫里斯·德·塔列朗（Charles-Maurice de Talleyrand）的私人厨师。卡莱姆对老法国的怀恋体现在他对宴会的钟情和他著名的糕点设计中对经典的复刻。在他心目中，法国美食首先属于皇家，其次才属于共和国；证据就是他的第一本书在法兰西第一帝国时期从《国民糕点师》（*Pâtissier royal*）改名为《皇家糕点师》（*Pâtissier national*）——当时路易十八复辟君主制并重登王位。[33] 卡莱姆在《皇家糕点师》（成书于 1815 年）的序言中对国王回归表示欢迎，认为他才是"正当合法的主人"，能够恢复大厨们在贵族宅邸的位置和法国料理昔日的荣光。卡莱姆认为，法国料理的荣耀要归功于贵族们的好品味，他们能真正欣赏"雅致和完美的食物"[34]。现代料理的实质性发展得益于他的主家塔列朗举办的一系列著名宴会，而非拉雷尼埃尔的《美食家年鉴》——尽管他对和他同期的美食界同行十分尊重。[35] 卡莱姆在他出版的各类作品中都表明他将高级料理作为高尚追求的雄心，避免高级料理沦落街头为任何人品读和品尝。即便是他烹饪书中的中产阶级料理（除了受他赞扬的蔬菜牛肉汤），也是对精英料理的简单模仿。卡莱姆在法国国民信心衰退期间获得成功的关键在于，他抬高了法国料理的地位，使其成为人人向往之物，不仅包括法国下层阶级，还包括愿意将其当作唯一高级料理的世界其他人民。不管是在精神层面还是在实际层面，卡莱姆的现代料理都将大革命时期的公共晚餐和粗粮面包远远抛在脑后，力图再次攀登法国宫廷复杂料理的传奇高峰。

实际上，卡莱姆发迹之地并不是面向公众开放的现代餐厅，而是私人宅邸。他的现代料理与其说是前瞻性料理，不如说是对 17 世纪古典时代的新式法国料理的修订。大革命后的新贵享用的、经过改良的贵族料理并不一定在同时上菜的数量或食材的稀缺性（天鹅或苍鹭之类）上与旧式宫廷料理竞争，但仍明里暗里有过度隆重之嫌。卡莱姆复兴的法国料理在当时成为精英料理的主流，因为在装饰艺术和厨艺的结合上无人能出其右。他用各种可食用的（酱料、配菜和切成筒形的蔬菜）和不可食用的（带装饰的底座、糖塑和其他与烹饪无关的建筑表现）材料，用优美但晦涩的词汇和炼金术般的手法，将基础食材变成超乎想象的优雅菜肴，同时又让人看不出成本和使用的技巧。他的料理是绝佳品味和时尚结合的最好例证，是对受到全世界嫉妒和艳羡的凡尔赛宫廷盛宴的再现。正是因为有在食材上不计成本和不断创新酱料与糕点制作技术的宫廷料理，才使法国在高端料理上卓越超群；这个模式随着依附于权贵的大厨逃离大革命或被其他有钱主顾撬走而传播到欧洲及以外的地方。

大革命时期，法国料理的发展由于缺少食材和展示奢华的大环境而受到限制。如果说开餐厅和去餐厅吃饭在共和国时期是一种不爱国行为的话，那就更不用提高级料理和其将人分成三六九等的餐饮文化了。当法国自身忍受厨艺贫乏之苦时，由其学徒们带到其他国家的法式料理得到继续发展。卡莱姆的学生之一于尔班·杜布瓦（Urbain Dubois）的职业生涯轨迹与他老师雷同，先是在罗斯柴尔德府邸厨房当学徒，然后到英国人开的咖啡馆和康卡尔悬岩餐厅掌勺，后来在为王室服务期间获得最高荣耀：最开

马里－安托万·卡莱姆，19世纪中期

始为俄国的欧罗夫亲王服务，然后是普鲁士国王、后来的德意志皇帝威廉一世。作为上千名将高级料理传播到国外的法国大厨之一，杜布瓦在普鲁士王宫里服务了二十年，其间出版了好几本宣扬具有高度装饰性的“法国学派”料理食谱，包括《经典料理》（*La Cuisine classique*，成书于 1856 年）和《艺术料理》（*La Cuisine artistique*，成书于 1872 年）。在 1837—1850 年间，服务于伦敦私人会员制的“改革俱乐部”的著名大厨阿莱克西·索瓦耶（Alexis Soyer）也是在法国受的训练，他在 1830 年反对国王的革命派发动进攻前一直在法国首相府邸的厨房工作。逃到英国后，他服务过好几位贵族人家。可以说，当时其他国家的贵族府邸发挥了新式宫廷料理孵化器的作用，这是法国美食的又一高峰，但在当时政坛波涛汹涌的法国缺乏群众基础。凭借在俄国和其他欧洲国家首都的据点和卡莱姆在本土的标杆地位，奢华堕落的宴会料理在回归法国本土前继续向前发展，在此期间进一步巩固了法国高级料理作为最高料理的名声。卡莱姆的精英料理将天才和“风土”相融还需假以时日；不过，在这个时机到来之前，他已经建立起了一个既合理又精致漂亮的宫廷饮食体系。

起初，卡莱姆企图借助科学来完善烹饪艺术。《烹饪艺术》将中世纪常用的香料排除在外，而青睐各种香草和植物；卡莱姆宣称生姜、芫荽子和肉桂等不属于现代料理，只有新鲜的香草、大蒜、红葱和洋葱才能激发食欲且符合科学。他对烹饪技术的分门别类有助于搭建相互支撑的菜谱体系，使烹饪的科学扩大到烹饪手法，并强调精确度量。卡莱姆在他初期的书中列出一套

布列塔尼蛋糕（左上，可食用）和蜂巢蛋白糖饼（右上，装饰性）；下面是铁钎蛋糕和用橘瓣装饰的松脆饼

关于（法国）料理经典且流传久远的刀工、烹饪风格和装盘艺术的专业词汇和烹饪技巧。他在《烹饪艺术》中引进了“煨炖法”（braiser）这个新词来表示用液体烹饪肉类的方法，规范了切丁和切丝的刀法，将“fumet”（香气）这个词用来表示用于调味的肉汁。最后，卡莱姆还宣称自己是不容置疑的厨艺大师。（他自称）他的作品是独一无二的，所有前人的食谱都应该因为过时或幼稚而被扫进故纸堆；如果说他有向别人借鉴的话，那也是为

了对其技术进行升华。虽然他承认自己抄袭和改良了文森特·拉夏贝尔《现代厨师》和梅农《宫廷夜宵》中的食谱，但他向读者保证，即使是那些受他尊敬的前辈（指这些大厨和瓦特尔，他的名字在三册书中被提到）也会对他的作品表示欣赏，因为他将现代法国料理的优雅发挥到了极致。为了进一步扩大法国料理的影响，卡莱姆还尝试向各个阶层伸出橄榄枝，比如出版以中产阶级饮食为主题的作品。《巴黎厨师》中关于中产阶级饮食的部分分为上下两卷，一卷讲高级料理，一卷介绍低成本的菜谱，如此“所有阶层的厨师都能从中受益”[36]。《烹饪艺术》在卷首即宣称该书并非单为法国的名门望族而写，而是为了“服务大众”[37]。

卡莱姆最成功的地方在于他窥探到了法国高级料理矫揉造作的本质。法式料理因其风格、繁杂和制作难度令其他欧洲饮食难以望其项背。《烹饪艺术》的最后一章专门介绍卡莱姆的贡献（这是又一个自我推荐的大手笔），向其勤奋刻苦的学生们揭示“焦糖奶油松饼（croquembouche）和肉馅大酥饼（vol-au-vent）的奥秘”[38]；后者据说是由卡莱姆所创，以酥皮外壳著称。在该书中，卡莱姆还确立了法餐中的四大基础酱汁（褐酱、天鹅绒酱、白酱和阿勒曼德酱），并创造了其他以此为基础所调制酱汁的分类方法，为精致的法国料理赢得了更多光环和荣誉。卡莱姆大多数影响力较大的烹饪书中的篇幅都贡献给了优雅的酱汁、精致的汤羹和花样繁多的鱼类菜肴（这在当时的巴黎和法国大部分地区是最昂贵的蛋白质来源）烹饪法。卡莱姆称，生蚝、小龙虾、鸡冠贝等在现代料理中都应该用来做精致菜肴的配菜，而不是单独的前菜。查尔特勒饼（一种蔬菜饼）在《皇家糕点师》中被称为“前菜皇后”，其做法结合了建筑学、艺术和调味学：要求将蔬菜切成整齐的条状，摆成形后填入松鸡肉和褐酱，放入模具中隔水烹饪，做熟后小心将模具拆开。其配菜可以根据蔬菜切成的形状做出相应调整。如此，每一条像这样的准则和每一份食谱都将法式料理与日常烹饪和普通食客渐渐拉开距离，门槛越抬越高，直到需要配上专业的从业者和设备，供人们在特殊场合享用。

当时，在富人的私人宴会上仍然实行受卡莱姆青睐的法式服务程序，即所有的菜肴一齐端上来，将更贵重的摆在最重要的人面前；餐厅则倾向更民主化（是否如此存在争议）的俄式服务程序，即给所有食客一视同仁地分开上同样的菜肴——这一做法在19世纪中期后成为惯例，正好与1848年革命废黜路易·菲利普（Louis Philippe）的事件相重合。俄式服务程序在贵族餐桌上的普及要归功于于尔班·杜布瓦，他通过这个方法满足了客人们吃热菜的需求。在《管家》（*Maître d'hôtel*）一书中，卡莱姆将俄式服务程序解释为一种俄国餐桌上的服务方式，在巴黎或国外服务俄国贵族时可能用到，否认了其提倡者赋予它的民主光环。尽管卡莱姆承认俄式服务程序更快，但认为它同时也剥夺了餐桌上的仪式感，因为所有菜肴，包括烤肉，必须被事先分解成单独的小份。卡莱姆在他早期作品中坚持法国模式的主要原因在于，法国的就是要比俄国的高级；尽管俄式服务“可能更适合美味佳肴”，但法式服务“更加高雅和豪华”，而且还是所有欧洲宫廷的标准。[39] 卡莱姆坚信法式服务程序是服务君王唯一的“华贵和崇敬的”方式，

马里－安托万·卡莱姆《皇家糕点师》（1815 年）中提到的查尔特勒饼（蔬菜饼）的样式，第 5 个和第 6 个是“巴黎查尔特勒饼”

这是 19 世纪早期餐饮艺术只属于法国这一观念的又一体现。[40] 他希望法式服务的内在等级得到保存，因为最好的菜肴当然得放在最高贵的客人面前。在《烹饪艺术》中，卡莱姆进一步为法式服务辩护，称“大菜”（大份带装饰的菜）经过合理化改革可以变得更加现代，比如用其他鱼等海鲜装饰的鱼肉大拼盘就比 18 世纪流行的用禽肉、鱼肉和其他肉类杂烩来装饰炖肉的做法进步不少。[41]

德国旅行家科策布在这方面提供了局外人的观点：他认为巴黎餐厅的体验令人耳目一新，而私人府邸的法式服务则乏善可陈。在私人府邸，科策布享用完滚烫的汤和“翻译不出来”的前菜后，在吃烤肉时遇到了麻烦——因为他必须依靠坐在离他想吃的菜最近的客人施舍。这触怒了给他翻译书的法文译者，其在原

“小牛头炖龟”（小牛头配上装饰性元素和龟肉酱）。配菜包括小龙虾、松露和鸡冠贝

书出版一年后问世的法文版的注释中进行了实时反击（还用了4个感叹号），称“如果50个客人争抢着自己取用任何自己想吃的菜，那会带来多大的混乱啊！而且这种法式习俗对美食家们更有利，他们可以在宴会上同时吃到30到40种菜”[42]。布里亚－萨瓦兰则认为，俄式服务程序有损餐桌礼仪，让客人们丢掉了为他人服务的宝贵习惯：在私人宴会上，当一盘切好的肉上到他们面前时，他们只顾自己享用而将服务邻座的职责抛诸脑后。[43]对俄式服务程序持支持态度的餐厅从业者则看到了其带来的民主效应，因为即便在卡莱姆定义下的现代料理中，大厨作为厨房中隐藏艺术家的权力也远远大于食客，可以强迫后者接受从印制菜单到摆盘等一切决定，但俄式服务上给每个人的菜至少都是一样

的。当代评论家则对法式服务起源于宫廷这一点视而不见，而强调俄式服务让食客失去从众多菜肴中选择的权利。

路易十五在巴黎市政厅设宴庆祝他继承人的诞生（1729 年），图中描绘的是法式服务程序

民族主义与法国料理的推广是携手同行的，同时法国料理在吸收外来食物和技术上的表现十分出色，并对非法国食物进行了“优化”，使之更适合法国味蕾。法国大厨们一向偏爱法国食材，卡莱姆对法国不得不从瑞士、德国、比利时和荷兰进口小牛和羊表示遗憾，因为进口税使得巴黎的肉价十分昂贵。[44]《巴黎厨师》特意为法国菜肴取了“炫目的法国贵族名字（如皇后、太子、

摄政王等)”，而且不反对使用外国名字来命名起源于别处但已经法国化的基础酱汁。在卡莱姆的叙述中，褐酱（法文意为西班牙酱汁）这一命名并不是对法国爱国主义的挑衅，而是对路易十四的第一任妻子、一位西班牙公主纪念的表达；当时的厨师借鉴了源自西班牙的一种褐色酱汁的做法并用法国技术加以完善。阿勒曼德酱（法文意为德国酱汁）的名字同样具有历史渊源，但它如今被改造得如此细腻丝滑，以至于和原版做法的共同点只剩下颜色相似了。这两种酱汁都因为经过改良而被正式收编为法国酱汁。[45]此外，还有如特级酱汁（suprême）、拉威格油醋汁（ravigote）、香槟酱汁（champagne）、胡椒酱（poivrade）、番茄酱（tomate）和蛋黄酱（magnonnaise）等都是新创改良的酱汁。在卡莱姆描述的现代料理中，法式酱汁和浓汤征服了全世界，尽管有的名字中带着意式、荷式、俄式、波兰式、葡式或印度式的前缀，有的是向柯尔贝尔、苏比斯（Soubise）、康帝（Conti）、蓬巴杜（Pampadour）和塞维涅（Sévigné）等著名人物致敬。有些作家在维护民族自豪方面走得更远，尤其是在1870—1871年巴黎遭受普鲁士人灾难性的围城后。1874年，一位名叫塔维内（Tavenet）的作者对美食命名中的异域色彩表示抗议，他建议将褐酱（西班牙酱）改名为法国酱，将阿勒曼德酱（德国酱）改名为巴黎酱。[46]卡莱姆计划中内生的民族主义也是衍生自他生活的这个特定历史时期。法国大革命和之后的政治动荡使许多贵族逃往国外，许多大厨（比如卡莱姆自己）也不得不离开法国，前往英国或其他地方为富裕的外国雇主工作。总之，连续不断的入侵和军事失利打断了法国的物资流通和厨艺发展。经济拮据和大革命审查使从前卓越的法国国民料理被迫简化，相关资深从业者也被遣散，卡莱姆对此也无能为力；一切要等到波旁家族重新掌权之后才能恢复其昔日荣光。[47] 现代料理虽然发端于大革命时期，但要等到贵族和精致的巴黎人回归后才臻于完美。按照卡莱姆的观点，即使是用叉子吃轻午餐的风尚也能用于为法国做宣传：那些时髦的午餐沙拉、各种凉的热的小点心和鱼肉做的冷盘“多么受到世人追捧”。卡莱姆还希望“欧洲的所有宫廷都能将巴黎淑女在餐桌享乐方面的艺术当作可望而不可即的榜样”[48]。

卡莱姆在法国料理界的重要地位很大程度上源于他在高级料理领域的造诣，但这并非全部因素；他还积极拉拢中产阶级厨师，寻求将所有的法式烹饪法统一到一种模式下。《法式烹饪艺术》（*L’Art de la cuisine francaise*）以第一份公开发表的蔬菜牛肉汤（pot-au-feu，即煮牛肉）食谱和“对中产阶级蔬菜牛肉汤的分析”作为开头，接下来用三章讲肉汁清汤，再用完整一卷讲其他各种汤羹。按卡莱姆的观点，一顿 15 个人一起吃的饭应该以一份美味浓汤开场，而不是汤泡面包。具体吃法可以用肉汤搭配蔬菜和意面、米饭或大麦，再吃煮或烤的牛里脊肉或煨牛肉，配上油光发亮的烤蔬菜来蘸着肉汁吃。布里福证实，蔬菜牛肉浓汤是巴黎甚至法国所有地方一顿饭的标配，“吃牛肉配汤是一项全国性的习俗”[49]。在这里，牛肉已经从备受歧视的地位得以翻身，成为法国特色的最佳代表；汤也以法国料理基石的身份回归，不论高档与否。卡莱姆在《管家》中骄傲地宣称，经为路易十五和

路易十六服务过、大革命后流散的大厨们之手完善过的法国汤羹终于失而复得并得以回归故土。[50]在《烹饪艺术》中，汤被称为一顿真正意义上的饭菜的“暖场者”[51]。无论是（给劳动者的）汤（soupe）还是（给富人的）羹（potage），对工人阶级和美食家都至关重要。

在最早一批针对中产阶级大众的烹饪刊物中，有一份于1893年创立的就取名叫《蔬菜牛肉浓汤》（*pot-au-feu*），显示出这道菜对中产阶级烹饪的重要性。此外，在1895年，在由蓝带厨师学校创办的一份烹饪报纸《蓝带女厨师》（*La Cuisinière cordon bleu*）上，第一份食谱也是关于煨牛肉［新潮牛肉（boeuf à la mode）］的。法国料理在将厨艺技巧传播给专业人士和国内大众（男女都包含在内）的过程中，在全国上下每一个社会阶层中都立住了脚跟。那些想成为专业厨师的人则通过一直保留至今的学徒制来学习行业知识，他们从还是男孩的青少年时期就开始接受训练并提供免费劳动。第一所职业厨师培训学校在1891年开张，但不到两年就关门大吉，因为它未能提供一种比学徒制更好的模式。女性当时虽然被排除在专业训练的大门之外，但她们可以读到在19世纪广泛发行的烹饪学报纸，包括《蔬菜牛肉浓汤》［由查尔斯·德里森斯（Charles Driessens）主编］和《蓝带女厨师》［起初由亨利·贝拉普拉（Henri Pellaprat）主编，在1890年代被转交给玛尔特·迪斯黛尔（Marthe Distel）］。这些出版物的目标是在家庭主妇中传播法式经典料理知识和培养良好的品味。朱尔·费里（Jules Ferry）在1882年将家政学引入小学课程，同样也是为了服务上述两个目标。从本书目前列举的美食作家和大厨可以看出，法国高级料理的从业者几乎清一色是男性，也许是因为女性被认为不具备厨艺创新能力，且女性烹饪一般限于家庭范围。虽然在卡莱姆的时代，烹饪的专业化使女性无缘高端餐饮，但著名的女厨师却在后一个世纪涌现出来：打头的是里昂的欧仁妮·布拉泽（Eugénie Brazier），她是在所有大厨中（不论是男是女）第一个为旗下两个餐馆都赢得米其林三星的。然而，在卡莱姆的时代，他引领的法国学派筑起经典高级料理的藩篱，名厨们也纷纷在高级餐饮和家常烹饪之间划出清晰的界限。

实际上，卡莱姆的职业生涯并不长，他在《烹饪艺术》出版的同年就去世了；但他设立的都市高级料理的范式如此精妙，使他的追随者在传承和创新的基础上将其不断发扬光大。他最著名的学生可能要算朱勒·古菲（Jules Gouffé）了，后者在 1867 年出版的《厨艺书》（*Livre de cuisine*）分为上下两册，一册以家常烹饪为主题，另一册聚焦高端餐饮，目的就是“尝试将这两种烹饪法做明确区分”[52]。与此类似，杜布瓦在出版好几本面向专业厨师的“逻辑严密”的经典烹饪书后又补充了几本“面向城市和乡村”的家常烹饪书，比如《中产阶级新料理》（*Nouvelle Cuisine bourgeoise*，成书于 1878 年）。此外，还有一本面向女性厨师、介绍“基本和经济烹饪法”的书《女厨师的学校》（*Ecole des cuisinières*，成书于 1876 年），在其之后的版本中还加上一章专门介绍儿童和病人的饮食。20 世纪，奥古斯特·埃斯科菲耶（Auguste Escoffier）在卡莱姆的基础上写就了《厨艺指南》（*Le Guide culinaire*，成书于 1902

年），这本书称得上法国专业厨师的终极圣经。埃斯科菲耶的创新包括将专业厨房分成各个专业区域，使得没有一道菜是由同一个厨师单独完成的。对埃斯科菲耶和卡莱姆来说，没有一道菜能独立完成，各种菜谱也是相互印证或建立在其他菜谱基础之上。如此，法国模式在高级料理上打上深深的烙印，以致法国模式成为其唯一的方式，也是得到普遍接受的方式。现代餐饮业的一个基本假设就是：法国的高级烹饪技术和方式才是行业标准；而法国料理的主导地位根植于19世纪大革命后的法国。

类似对内殖民化的过程帮助法国形成了市场体系，使外省丰富的农产品浩浩荡荡地被运往巴黎，并继续在打造法国美食主义上发挥着作用；在巴黎即全法国这一概念主导下，地方特色菜也被巴黎餐厅吸收。19世纪的法国在领土上有得有失：1860年兼并了萨瓦和尼斯，但在1871年普法战争失败后丢了阿尔萨斯-洛林地区，因此在物资供应方面也既有斩获又有所损失。18世纪末，诸如尼姆土豆烙鳕鱼和马赛鱼汤等地方特色菜也在巴黎的普罗旺斯三兄弟餐厅流行起来。19世纪还见证了第一批介绍地方菜的烹饪书的面世。1808年，由夏尔·路易·卡戴·德·迦西古尔编制的第一份法国美食地图正式认可了法国各地的美食身份；发挥同样作用的还有佩里戈尔1825年《新美食家年鉴》卷首的寓意画。《新美食家年鉴》的作者仿照格里莫·德·拉雷尼埃尔写书的模式，也设置了一位带领大家“好好吃”的向导。在第一卷开篇的版画中，描绘了一位美食家书房中的美食“书架”，上面陈列着勒芒的小肥母鸡、美因茨的火腿、埃特勒塔的生蚝和佩里戈尔的火鸡等所有在当时称得上法国国家级珍馐的地方特色食材。在《新美食家年鉴》里有一条巴黎美食路线，加上维丽餐厅和普罗旺斯三兄弟餐厅之旅，以法国各大区美食之旅结束；书中还附带一份地方特色菜的地图。第二版按城市列出地方特色菜。第三版还准备加上各地美食餐厅的地址，想象着读者们

A.B. 德・佩里戈尔 1825 年所著《新美食家年鉴》卷首的版画“美食家的灵感”。男主人公坐在书桌前的画面是写作和美食学相联系的直接体现。他用一只香槟杯做墨水瓶，被各种令人愉悦的美食围绕，包括桌面上的查尔特勒饼

会“带着民族骄傲”去游历外地体验这些美食。[53]但真正意义上的地方特色菜烹饪书的出现才真正填补了巴黎美食书籍有关外省饮食的空缺。1830年代，在尼姆出版的《杜朗大厨》(*Cuisinier Durand*)一书称，此前所有的烹饪书中都是北方菜，现在终于有一本关于“法国南部菜肴”的出版物了。[54]该世纪后期，又出现了一系列以法国各个地区为主题的烹饪书籍，比如《加斯科大厨》(*Le Cuisinier gascon*，成书于1858年)、《勃艮第大厨》(*Le Cuisinier bourguignon*，成书于1891年)和《朗德大厨》(*Le Cuisinier landais*，成书于1893年)等，而且都是从当地居民而非来自巴黎的匆匆游客的角度写的。宣传地方料理的烹饪书籍将外省富裕资产阶级的精致和农民单一饮食文化的粗糙“在地理上相融合”，与巴黎仅有高级料理的名声形成鲜明对比。[55]

巴黎毋庸置疑处于美食主义的核心位置，但19世纪过后一段时间的作家在回望过去时，过于轻易地在烹饪领域将巴黎当成了法国的代名词，断言地方特产和菜肴“只有在作为一个无与伦比的更大整体的一部分”时才对国民饮食具有重要意义。[56]卡莱姆的体系实际上以贵族饮食模式为基础，吸纳了“净化”过的地方菜。但是，如果说首都在地方强制推行自己的价值观，也有点言过其实，忽略了外省的地域饮食风俗习惯对当地烹饪的强烈影响一直持续到20世纪这一点。比如，“经典料理”对大蒜的排斥丝毫没有影响南部厨师做鱼类菜肴时使用普罗旺斯酱或橄榄油蒜泥酱的配方；大部分南方地区向来偏好橄榄油和猪油油脂，这两种油与作为经典法国料理正统的黄油分庭抗礼。直到18世纪，在布列塔尼部分地区和卢瓦河谷，黄油都是仅供富人食用的奢侈品，农民用其支付上缴给封建领主的什一税。在一些地区，食用新鲜黄油在一战后才开始流行。[57]虽然当时著名的美食作家们几乎将巴黎当作唯一主题，但实际上，地方特色饮食和巴黎饮食在勾勒法国美食全景图上发挥了同样的作用，甚至还要多；因为巴黎除了消费以外只生产很少量的东西，比如巧克力。一般而言，巴黎在任何物资上都是最大的进口者，却在 1870 年代成为供应法国本土和外国巧克力的最大出口者。巴黎的巧克力制造商从法国海外

菲利普·卢梭（Philippe Rousseau）：《火腿静物画》，1870 年代，布面油画

殖民地和印度进口原材料，1874 年的巧克力产量达 700 万千克，成品包括饮料、巧克力棒或糖果等多种形式；其中，280 万千克留在巴黎，余下的运往法国外省和国外。[58] 巴黎以甘蔗或甜菜为原料的六个制糖厂每年生产两亿千克糖，其中三分之一供出口，余下的被法国消费。

法国外省在肉类和酒的消费量上与巴黎持平，甚至有时还要超过后者。19 世纪的调查研究显示，法国各地虽然在饮食结构上有很大差异，但不管在城市还是乡村，人们都能定期吃上肉，即使肉的种类可能有所不同。城市地区的肉类消费量要比农村地区大：欧仁・韦伯（Eugen Weber）形容“城市就是一大片食素者领地里的一块块食肉者的飞地”[59]。但大部分农村地区也会生产和消费一些肉类，包括家猪——通常饲养一年后宰杀。法国肉类消费量最大的地方一般都在现代化程度较高的北方，南方只有里昂和波尔多等大都市是例外。但是，肉价、人均收入和肉类消费量之间并不一定存在直接联系。在 19 世纪中期，盛产酒的朗格多克省的肉价是最高的，但其肉类消费量是肉价全国第三低的中西部亚特兰大省的两倍。[60] 1840—1852 年间的农业调查显示，肉类大约只占农村家庭饮食结构的 11%，远低于面包或谷物占比的 64%（其余为蔬菜和饮品）。[61] 尽管难以确定具体数字，但在 1850 年左右，巴黎人每年人均家畜肉消费量上升至 50 千克，而朗格多克为 32 千克，布列塔尼为 17 千克。[62] 在 1860 年代稳定的铁路运输网络建立起来前，在巴黎以外的地方，人们基本上只消费本地所产的肉类，而且消费量要低于本地产量。在工业化程度

较高、农业形态以牧场为主的北部和中部地区，居民以消费牛肉为主；在现代化程度较低，树木繁茂和以土豆、玉米种植为主的地区，居民通过养猪获取肉食。但香槟和莱茵地区（以吃猪肉为主），以及阿尔萨斯和卢瓦河谷地区（以吃牛肉为主）是其中的例外：这有时是地方风俗使然，有时是因为这些地区是农业区中的工业重镇。[63] 和 1790 年一样，肉类对法国人来说仍然具有首要（至少是第二）意义。但在 19 世纪，可以明显看出人们的偏好转向牛肉。猪肉保留了自身一些乡村色彩，但在运到巴黎后被改造成一种都市商品，比如精致的火腿、香肠和其他熟食。根据史蒂芬·门内尔的记录，19 世纪巴黎工人阶级的单调饮食结构以面包、蔬菜、土豆和熟食为主。但阿尔芒·郁松认为，在都市环境下熟食兼具高效和便宜的优点，工人在晚上可以搭配有益健康的汤、家畜肉和蔬菜来补充午饭面包配火腿所缺失的营养。[64] 然而，在偏远农村的人们几乎从未听说过熟食，家畜肉在 19 世纪晚期前仍属于节日改善生活的食品。

农村地区食材匮乏情况的改善比城市晚了很多。随着肉类在法国人饮食结构中比重的上升，面包占的份额和重要性在富裕的北部地区开始下降。在 19 世纪中期，工业化产粮地带的农民越来越多地依靠职业面包师来提供面包；而在这之外，比如阿尔卑斯山区和沿海地区，人们情况的改变则更加缓慢，他们直到 1905 年还在使用公共烤炉烤自制面包。[65] 在 1875—1900 年间，法国西南部的栗子树遭到疾病重创，产量减少了一半多，使以栗子作为主材料的面包和粥的供应大大减少。韦伯将法国农村地区的栗子减产作为农村经济转型的转折点：自然环境的改变使最顽固的地区也被收编统一到市场经济体系之中。这些此前依赖栗子做面包的地区（包括科西嘉、佩里戈尔和奥维涅）无法自给，被迫通过种植和贩卖其他产品换钱来购买小麦面包。[66] 比利牛斯地区是最后被改造出现代饮食结构的地区之一，当地的农民直到 19 世纪末期仍然在节日之外的日子用玉米或燕麦粥来替代面包食用。马孔（在勃艮第地区）人在 1890 年代的主食仍然包括土豆煎饼和荞麦面饼。[67] 从中世纪开始，南部和西部的农民就以当地种植的蔬菜为食，再补充一点奶酪或其他奶产品。扩张的公路和铁路网络为农民的产品打开了市场，也使得蜗牛、兔子、青蛙、鲜鱼和蘑菇等野味在巴黎和其他城市的餐桌上比在农村更加常见，因为农民尽可能将这些产品卖出，只留少量自用。全国的铁路系统

正式宴会上的栗子碗，约 1760 年生产于塞弗尔。18 世纪的富人宴会上，会将裹着糖霜的烤栗子作为餐后最后一道甜点。塞弗尔制作的栗子碗有好几种款式；图中带镂空设计款式的价格可能是普通款的两倍

大大刺激了农产品生产，每一条线路都引发了一场“地方经济革命”，带来新的收入来源，也为后来的机械化和专业化农业生产的发展打下了基础。[68]

19 世纪中期，法国北部农业土地向大农场集中的过程促进了农业机械化的发展和肥料使用的增加。在法国中部和西部，人们用石灰使贫瘠的土地恢复生机，仅在布列塔尼地区就增加了超过 60 万公顷（150 万英亩）的耕地。[69]从粮食生产向牲畜养殖和甜菜种植的转变使法国农业慢慢走向现代化，虽然其间也偶有粮食供应压力。然而，在农业欠发达的地区，农民们仍然坚持综合农业和小农场经营方式，这有助于树立农民正直本分的传统形象，但也最终导致 1870 年代的粮食危机：当时，法国的每公顷产粮量和生产技术远远落后于其他欧洲国家，粮价也大幅下跌。[70]在大革命后稳步增长的农场数量在 1880 年代达到顶峰后开始不断下滑[71]，农业保护政策也将农民和现代生产方式阻隔开来。1892 年的梅里纳关税政策虽然为法国纺织厂和农民提供了保护屏障，但它主要是为了保护法国东北部的大型粮食生产者免受来自美国、俄国、澳大利亚进口的冲击。关税政策为农民提供了人为的价格保护，使他们继续忽视机械化生产和农作物多样化的现代趋势，甚至有人认为其“将法国农民禁锢在 19 世纪模式中”，至少为法国农民的故步自封提供了一个借口。[72]之后的政府在支持农业或领导农业改革方面也无甚建树。

随着农村人口饮食结构慢慢向现代城市居民看齐，葡萄酒和其他含酒精饮料的消费量在全国范围内有所上升，但根据各地酿酒作

保罗・高更（Paul Gauguin）：《布列塔尼的干草垛》，1890年，布面油画。这幅画除了表达对农村的赞美，也凸显了布列塔尼在用石灰改良土壤后农业获得的发展

物和习惯的不同也略有差异。法国拥有丰富的地方葡萄酒品种，直到 1874 年还有很多葡萄酒是由小酒农酿造的。波尔多在葡萄酒的人均年消费量上领先全国，为 233 升；卡昂为 27 升；兰斯（在香槟地区）居中，为 142 升；巴黎稍低于波尔多，为 210 升。[73] 而苹果酒、啤酒和其他含酒精饮料的人均总消费量又反映出地区偏好：在诺曼底苹果产区里的卡昂，人均每年要喝掉 264 升苹果酒。1869 年，在靠近比利时的里尔，人均每年要喝掉近 300 升啤酒；而巴黎在 1860 年代啤酒馆流行起来之前，人均每年啤酒消耗量不足 13 升。随着 1860 年全国铁路运输网络完全建成，更

多南部价格低廉的葡萄酒被运往巴黎，19 世纪中期巴黎人均葡萄酒消费量几乎翻了四番；这也归功于当时小餐馆数量的暴增——从 1840 年代末的约 450 家增至 1889 年官方统计的 3 万家。[74] 在当时的巴黎，有些工人早上就喝一杯白兰地或葡萄酒当早餐，因为酒一般比食物要便宜。

和巴黎高级料理的发展一样，在 19 世纪那场几乎抹去法国葡萄酒存在痕迹的毁灭性的葡萄根瘤蚜灾中也绕不开民族主义。葡

保罗・加瓦尼（Paul Gavarni）：《早餐》，平版印刷画（1835 年）。在图中描绘的上层阶级家中，一天最开始的食物是一杯酒

萄根瘤蚜灾的后果首先在1850年代的波尔多浮出水面，然后是1860年代的勃艮第，随后迅速波及整个南部地区，并在1890年代波及香槟地区。葡萄园主面对这种虫害毫无经验，起先采取的办法是将作物连根拔起后焚烧，或者用硫黄治疗患病葡萄藤，但毫无效果。法国葡萄园遭受的巨大破坏动摇了法国土壤和“风土”能产出最好农产品的信念；而故步自封又进一步加剧了危机，因为议会代表拒绝使用唯一可行的解决办法，放任病灾失控地蔓延了十年之久。实际上，攻击葡萄根的葡萄根瘤蚜是在1860年附在从美国进口的葡萄藤上进入法国的。这些葡萄藤和几年前一样被毫无察觉地种入法国葡萄园中。人们推测是因为蒸汽船缩短了航程，才使以往在漫长旅途中毙命的害虫能活着抵达法国，并寄生到脆弱的法国葡萄藤上大杀四方。而唯一成功的治疗方法对法国人来说简直是异端邪说：将健康的美国葡萄藤嫁接到幸存的、遭受美国害虫入侵威胁的法国葡萄树枝干上。当时的民族情绪使这种“美国主义者”或“硫黄主义者”的做法始终无法被接受，导致葡萄根瘤蚜灾在十年内横扫法国的葡萄酒产区，几乎摧毁勃艮第地区所有的葡萄树。直到1888年，法律才禁止在法国土地上引入美国葡萄苗。到1890年代，大部分农民还认为在老葡萄树上嫁接新苗的风险太大。[75]这场灾病及其带来的后果“决定了那些少数还在酿造普通红葡萄酒的酒农的命运”——他们缺少治疗或者重新种植葡萄树的资金，由于没有葡萄可卖也失去了收入来源。[76]

两个世纪以来，法国葡萄园的管理方式一直没多大改变，劳工们即使在丰年也过得很拮据。葡萄根瘤蚜灾给小葡萄园主和劳动人民带来的是经济上和社会上的双重打击。香槟地区的葡萄酒经纪人则利用酒农的困境出击，大肆收购土地，使少数几家酒庄占有了香槟地区的大部分葡萄园，实际上终结了该地区普通葡萄酒的生产。勃艮第金丘葡萄酒的产区损失了 26% 的葡萄树，加美葡萄基本上被挤出市场，这使得皮诺葡萄得以站稳脚跟。高端葡萄酒安然度过这场危机的原因在于，它们实力雄厚的主人不在乎连续几年的低收，而且有钱在温室里搞葡萄树嫁接试验。也多亏了顶级产区的经营者，比如波恩的宝尚父子酒庄（Bouchard Père et Fils）进行了拯救葡萄园的嫁接试验，即使这意味着纯种、本土的法国葡萄树将不复存在。种植者和科学家通过合作找出最适应法国气候和土壤的美国葡萄品种，葡萄酒行业协会则负责大力传播相应的信息和技术。嫁接经验丰富的植物学家教会葡萄种植熟练工拯救他们生计的新技术，但这种新技术实际上翻开了葡萄酒行业的新篇章。这场改造运动一共持续了近 30 年，包括 10 年无用的硫黄和杀虫剂治疗法（有的地方持续了 20 年）、10 年的嫁接和种植试验以及 10 年对整个葡萄园的重建和对适合酿酒的葡萄品种的培育。

在此期间，葡萄酒行业经历了重大变革，在生产工艺和人员变动方面发生了深刻变化。受病灾影响的葡萄园改变了数世纪以来按丛种植葡萄树的传统，改为现代整齐的网格状种植方式，以便利动物和机械在其间活动，以辅助种植、收获等，也更方便施加杀虫剂或肥料。其结果是带来了增产，也推高了人们对葡萄产量的期待。[77] 那些小一点和实力差一点的葡萄园主则遭遇财政危机，有些人不得不诉诸自杀；众多酒农改行导致葡萄酒行业在现代化过程中流失了大量积累的经验智慧。[78] 令过去和现在的旁观者永久遗憾的是，经历葡萄根瘤蚜灾劫难的葡萄园和以嫁接葡萄为原料的酿酒业“与 19 世纪相比没有任何共同点”；他们对“传统种植方法让位于现代化和新技术”、现代从业者不得不对行业知识从头开始再学习的现象大感痛心。葡萄根瘤蚜灾造成的危机也给巴黎小餐馆带来显著影响，由于灾病引起的供应短缺使葡萄酒价格上涨（尤其影响那些兜里钱不够、爱买次等葡萄酒的人）。在习惯下小馆子的工人阶层中，普通葡萄酒的消费量下降了（但没有消失），在 1880 年代被苦艾酒取代——这种饮料以前是专门供时髦的艺术家和作家群体喝的。随着苦艾酒取代白兰地和啤酒成为工人阶级仅次于葡萄酒的第二爱喝的酒，苹果酒和以梨为基础的饮料受欢迎程度也随之下降。后来，政府发起了反苦艾酒的宣传运动，将葡萄酒称为“保健饮料”，并在 1901 年废除了葡萄酒进入巴黎要交的税，使其价格降到和苦艾酒持平。[79] 当葡萄根瘤蚜灾过去后，市面上流通的葡萄酒越来越多，苦艾酒开始失去对工人阶级的影响力。

19 世纪的法国料理与其说是向共和主义方向发展，不如说是在城市背景下自愿向等级分明的宫廷料理回归；外省除了发挥为首都供应食物的作用外，仍受到持续孤立。卡莱姆在法国已经盛名在外的基础上整合出具有法国国民性的（和民族主义的）料理，在巴黎偶然兴起的餐厅也为大厨们提供了展示自身才华和精进手艺的公共空间，闻风而至的外国游客则四处传播法国美食的福音。如果这些令人愉悦的事物一直锁闭在有钱人的私宅里，那么法国的高级料理也可能会在资产阶级在数量和经济权力上取代贵族的过程中像叶子一样在葡萄树上枯萎。法国精致饮食发展最重要的一个转折点就是从贵族专享物向能付得起钱的人的公共产品的转变，尽管这令卡莱姆和那些渴望君主制回归的人不知所措，但从最终结果来说，这种转变对法国是大有好处的，使其凭借以审美和好品味为基础的文化产品从19世纪的经济低谷和军事失败中爬起来。在布里亚－萨瓦兰的叙述中，“真正的法国人”骄傲地观察到外国入侵者在法国饮食的魅力下倾倒，在餐馆里偿还了法国的战争赔款，并在和平时期也成为法国的常客。法国征服全球的关键不在于军事，而是美学和艺术、难以理解的术语、无

香榭丽舍大街上的餐厅，1846年，摄影师为希波利特・巴耶尔（Hippolyte Bayard）

法定义但却无法抗拒的时髦，尤其在烹饪艺术方面。法国再度成为想象虚构和按自身意图改写历史的冠军。美食主义毫无疑问地属于法国，巴黎是其主要实践场所，这要归功于其食材供应网络和烹饪传统等综合因素。卡莱姆所达到的并被别人用笔向全世界宣传的法国美食主义成就，与外省对首都的滋养分不开，也与一段时期法国大厨离开法国去为外国雇主服务并打磨技艺分不开。在19世纪，法国在美食上赢得的胜利凭借的是幸运的时机和法国“风土”的馈赠，还有在吃上面有无限追求的普罗大众。那些在当时几乎籍籍无名的外省手艺人不会被永远埋没；在即将到来的20世纪，人们的注意力将转向地方饮食和法国海外领地的贡献。然而，曾在19世纪得到大大扩张的法兰西帝国的殖民地盘到如今只剩下为数不多的海外领地。

戴尔芬·德·吉拉丹（Delphine de Girardin）：
《巴黎的信使》（1839年9月6日）[1]

我们敢断言在巴黎生活的孤独感是很强烈的，无人敢在此刻生活于此。星期天的巴黎空空荡荡，不仅没人留在巴黎，甚至找不到离开巴黎的马车。无论是出租马车、敞篷车、轻马车、老爷车、公共马车，还是其他什么交通工具，全消失了。在城市的任何方向搜索都将是徒劳的，无论是派出最快的信使，还是搜寻每一个车站，最终都只能全天步行。火车也会将你拒之门外。[2] 看！五千人在月台入口等待买车票。一些人在腋下夹着四磅的长面包[3]，另一些人拿着甜瓜，那边的人提着餐巾包着的烧饼[4]，还有人虔诚地手持用油腻纸张包裹的干瘪烤鸡。不少人准备提着一篮子桃子去乡下！巴黎的桃子[5]太美味了，他们做得太对了！一些人还带着一盆桃金娘[6]或天竺葵[7]。圣路易节是每个人的节日，有时是路易们，有时是露易丝们，更多的时候是阿尔弗雷德们、阿基里斯们、梅尔基奥们、巴尔米拉们和帕梅拉们。[8] 一个人的名字越张扬，在

20 世纪早期巴黎外蒙特勒伊带围墙的桃树林

私下则越愿意用路易或露易丝的名字。那天的铁路还要将所有的食物和鲜花带给首都的所有居民。星期日凡尔赛宫花园中的人们只吞吃烧饼！大理石庭院[9]里到处是美食[10]残渣、火腿[11]包装、盐柱[12]、糖纸、羊骨[13]、鸡骨、火鸡残骸[14]。多么拥挤！多么吵闹！林中的仙女，你骄傲地拨动涟漪为人间国王[15]的景致增添魅力。那么，路易十四和这位新主人相比怎么样呢？一个意志能在一天之内创造这些奇迹；另一个则会在一小时内摧毁所有。那些展现你们古老的风姿的骄傲雕像、大理石的脚、丰腴诱人的手臂都会在可怕的君主面前颤抖，恐惧于他狂野的热情：他为了满足急切的欣赏欲望，能将你砍倒、砍成碎片，来近距离欣赏你……我们大众的狂欢常常和暴乱有一点相似，这也是它的魅力所在。在法国，所有庆祝活动都带有暴乱的底色。

乔治·桑（George Sand）[16]：《魔沼》，第七章，大橡树之下（1846 年）[17]

“说实话，这儿还没那么糟糕，”热尔曼在她身边坐下说，“只是我感觉又非常饿了。快九点了，这该死的路这么难走，我都快累坏了。难道你不饿吗，小玛丽？”

“我？一点都不。我不像你习惯每天吃四顿饭[18]，我经常晚餐不吃就睡觉了，所以再来一次也无妨。”

“像你这样的妇女真是太宜家了，几乎不用开销。”热尔曼微笑着说。

“我可不是妇女，”玛丽大声说道，一幅天真烂漫的样子，她没太明白农夫的意思，“你在做梦吗？”

“对，我觉得我一定是在做梦，”热尔曼回答说，“也许饥饿让我的思绪正变得混乱。”

“你太贪婪[19]了，”她转过身来笑着说，“如果你每隔五六个小时不吃东西就活不下去，那你袋子里应该有野味和取火工具吧？”

“这可真是个好主意！但是，给我未来岳父的礼物怎么办呢？”

“你有六只松鸡和一只野兔！[20]我估计你不用全都吃掉来填饱肚子吧。”

“但我们没烤肉扦和柴架，怎么烤肉呢？肉会烧成灰的！”

“不会的，”小玛丽说，“我保证我可以用余烬把肉烤好，还尝不出一丝烟味。你从未在田间用两块石头来烧烤抓来的云雀（lark）[21]吗？哦，对了！我忘了你从没当过牧羊人。来给松鸡拔毛吧。[22]不要这么用力！你会把皮弄破的。”

“也许你应该用另一只给我演示下如何拔毛！”

“你想吃两只？真是个食人魔！好了，毛都拔好了。我要开始烹饪了。”

“你将来真能成为一个完美的军中小贩[23]，玛丽！但是你没有水壶，看来我不得不从这个池塘里喝水了。”

“你是想来点葡萄酒吧，还是你更喜欢咖啡？你以为你正在集市的树下，将主人唤出来[24]，说：喂，给贝莱尔的好农夫把葡萄酒拿来。”

“你这个小女巫，你在取笑我！你如果有葡萄酒的话，不会喝吗？”

“我？今晚在瑞贝克妈妈那儿，我和你喝过一些，这是我人生中第二次喝酒。但如果你表现好的话，我也会给你来一瓶几乎装满的好酒。”

“什么？玛丽，我相信你确实是个女巫！”

“你在旅店要两瓶葡萄酒不是太愚蠢了吗？你和你的小男孩喝一瓶[25]，另一瓶放在我面前。我勉强喝了三滴，但你看也没看就付了两瓶的钱。”

“然后呢？”

“还好我把那瓶满的葡萄酒放在了篮子里，因为我想你或你的小男孩在路上会口渴。现在果然如此。”

“你真是我见过的女孩里考虑事情最周到的。尽管离开旅店时，这可怜的孩子一直在哭闹，也没有阻止你为别人考虑胜过自己。小玛丽，娶你的男人决不会是傻瓜。”

“我希望如此，我可不喜欢傻瓜。来，把松鸡吃掉吧，它们烤得火候正好；没有面包，但你肯定会对栗子满意的。”[26]

“你究竟又是在哪找到栗子的？”

“很神奇吧！一路上，我一边走，一边从树枝上摘下栗子，就这样装了满满一口袋。”

“栗子也熟了？”

“如果我没有在火一着就把栗子放进去，怎么能体现我的智慧呢？我们在田间就经常这么干。”

“看来我们要一起吃晚餐了，小玛丽。我想为你的健康干杯，希望你能找到一个好丈夫，那种能配得上你的。和我说说你喜欢哪种类型的。”

“很难找，热尔曼，因为我还没有考虑过。”

“什么，一点也没有？从来没有？”热尔曼说，一边

乔治·桑，纳达尔（Nadar）拍摄作品，约 1865 年

放开他干粗活人的胃口吃起来，但不时停下来将更嫩的肉切下来给他的同伴；而她始终拒绝，只用几颗栗子果腹。

注释

[1]《巴黎的信使》(*Lettres parisiennes*)(巴黎，1843 年）中的第 17 封信，第 386 ~ 387 页，英文版由该书作者翻译。作为著名沙龙女主人和女作家之女，戴尔芬·德·吉拉丹是 19 世纪著名的诗人和作家，以“洛奈子爵”（Vicomte de Launay）的化名在一份周报上开设专栏。她虚构的信件从保皇主义者角度出发，抨击取代贵族合法地位的巴黎资产阶级暴发户——这也是卡莱姆的态度。事实上，她支持自由主义，并通过她的讽刺文学平台批判七月王朝和宫廷生活重现的堕落。吉拉丹的作品提供了对 1848 年革命前七月王朝统治下巴黎生活的实时观察视角。

[2] 巴黎－圣日耳曼昂莱铁路线开通于 1837 年 8 月 24 日，是第一条主要运输乘客的线路，也是第一条主要服务巴黎的主干线。然而，此处的运输工具清单表明火车并非巴黎人选择逃离城市去凡尔赛花园游玩的主要交通方式。

[3] 巴黎今天还是这个标准，和几个世纪前一样。

[4] 可能是从糕点师那儿买的肉冻派（pâté en croûte），格里莫·德·拉雷尼埃尔在《美食家年鉴》(1808 年）中对其大加赞赏。拉雷尼埃尔称：斯特拉斯堡的做法近年来有很大改善，内馅和酥皮都很出色；然而，亚眠的做法仍停留在 18 世纪，用黑麦面粉做面皮，像“一堵又厚又重的墙”包裹着令人失望的内馅。

[5] 巴黎外的蒙特勒伊（塞纳－圣但尼省）的农民从 17 世纪开始用围墙将桃树林围起来保温，使这种喜温水果也能在巴黎蓬勃生长。有围墙的桃树林产量在 1870 年达到高峰。但在铁路带来南部地区更便宜的桃子后，这里的桃树林开始荒芜。

[6] 桃金娘和维纳斯相关，象征着爱情。吉拉丹暗示，空气中充满了浪漫的气息。

[7] 本文写作时一种非常普通的户外花园植物。

[8] 自命不凡的名字，有些来自著名文学作品。巴尔米拉是伏尔泰的小说《穆罕默德》(*Mahomet*，1795 年）里的一个人物；帕梅拉是萨缪尔·理查德森（Samuel Richardson）的同名英国小说（1740 年）及卡洛·戈尔多尼（Carlo Goldoni）1750 年所创作的意大利歌剧中的主要人物。

[9] 英文为大理石庭院，是国王房间下方的中央庭院，用黑白大理石铺就。1835—1837 年间，路易·菲利普将凡尔赛宫改造成人民博物馆，使法国各政治派系得以和解。他对大理石庭院进行挖掘，使其降低到荣誉广场入口的高度，并添加了不少的雕塑，包括完成于 1836 年的路易十四骑马像。庭院之后得到修复，在 1981 年重新铺设了大理石。

[10] 褒义的“gastronomie”(美食主义）在该信写作时仍是比较新的用法。读者在此可以自由解读吉拉丹的意图，“贪吃的”或“与美食有关的”皆有可能。

[11] 巴黎火腿是水煮去骨后整卖或切片卖的鲜火腿。关于这种火腿的记载出现于 18 世纪晚期。朱勒·古菲在《糕点手册》(*Livre de pâtisserie*，成书于 1873 年）中收录了关于四旬斋火腿的做法，其看起来像是做熟的火腿，但实际上是一种不违反斋戒规矩的糕点；在同一本书中，他也承认使用误导性外形的糕点过时了。

[12] 经常配煮得硬硬的鸡蛋，是火车上午餐的常见食品。

[13] 羊腿夹子是一种带把手的夹子，可以夹住羔羊腿以便切割。不管怎么样，羊腿都是一种大排场的野餐菜肴，需要配合一套切割工具和特殊装备，很适合这里描绘的大型野餐场合。

[14] 吉拉丹的清单证实了在 19 世纪早期巴黎外带食品数量和种类之多。在离开城区前，这些放纵的凡尔赛花园野餐者们将美食满满地打包带走。

[15] 路易斯·菲利普和他之前的路易十六一样，在 1830 年加冕时的头衔是“法国人的王”，而不是“法国的王”。这种叫法有宪法依据，意在将君主制与国家的人民联系起来，而不是与这片疆域联系起来。七月王朝也采用了三色旗来取代大革命复辟时期的白旗，白旗之前象征着波旁王朝的派系。

[16] 乔治·桑［本名阿曼丁·欧若尔·吕茜·杜邦（Amandine Aurore Lucie Dupin）］，创作过 90 多部小说和大量其他作品，尝试通过“乡村小说”使外省不被关注的农民阶层生活得到栩栩如生的展现，其

中《魔沼》是最著名的一部。桑在1845年只花了四天就将该小说写了出来。该小说在1846年作为系列小说的一部分首次出版，同年发行单行本。小说是关于生活在乡村的鳏夫热尔曼和家族朋友玛丽去城市寻找更美好生活的故事。桑童年时在法国中部的诺昂居住过一段时间，并在1848年返回那里定居。

[17] 英文版由简・米诺特・赛吉维克（Jane Minot Sedgwick）和艾勒力・赛吉维克（Ellery Sedgwick）翻译（波士顿，1901）。

[18] 在乡下，上午吃的第一顿饭叫“开斋”，中午吃的叫正餐，下午吃的叫茶点或小吃，睡觉前吃的叫消夜。

[19] 原文中为“gourmand”。在巴黎，这个词到1820年代开始指代有鉴赏能力的食客，其他地方要等到19世纪后期。结合上下文，这个词意应该明显是指“贪食”，因为热尔曼在玛丽认为他应该饿之前就已经饿了。

[20] 野味在乡村农民的肉类消费中占显著比例。猎取或用陷阱捕捉的猎物不会拿到市场售卖，所以不会被收税。但当时对肉类生产和消费量的官方统计数字就是以税收记录为基础的。因此，20世纪之前，对农村肉类消费的估算可能不太可靠。

[21] 云雀（Alouette）。

[22] 松鸡是贵族食材中最受青睐的禽类之一，因其转瞬即逝的芳香而广受赞誉。卡莱姆在查特蛋糕和其他许多菜谱中都极力推荐使用松鸡，配上松露、肉冻酱等食用。在桑笔下，农民饮食因为烤松鸡和高级料理有了交集。这个场景也展示了乡间百姓在从自然取食方面的足智多谋和非凡技艺。这部分描述呼应了卢梭笔下高贵的农民形象。

[23] 桑在原文中用的是“cantinière”，指向军队出售食物和商品的女性流动小贩。

[24] 小旅馆或小酒馆的主人。在1840年代，餐厅在巴黎以外的地区还相当不普遍，但小酒馆到处都有。然而，身处森林深处的玛丽和热尔曼离小酒馆还是很远的。

[25] 因葡萄酒喝起来比水更安全，所以孩子们有时也会喝些。

[26] 在南部的一些地区，栗子因产量充足而以粥或饼的形式取代了面包。在18、19世纪，法国农民采用了城里人的生活习惯开始吃小麦面包，尤其是白面粉做的面包。城里人看不起以栗子为主食的人，认为他们因天生懒惰而不愿意种更费劳动力的作物，比如小麦。但和上文

提到的松鸡一样，栗子也是富人和穷人都喜欢吃的。相同的栗子既是“穷人的肉”，又是富人的特殊享受；在 16 世纪前，前者法文名为“châtaigne”，后者法文名为“marron”。因为玛丽和热尔曼吃的是烤栗子，而不是栗子面包或栗子粥，吃法更接近贵族，因此他们的自给自足尤其值得敬佩。

Savoir-Faire

A History of Food in France

第六章

文学点金石

如果问法国饮食在文学中有什么典故，你可能会听到马塞尔·普鲁斯特的玛德琳蛋糕或让·安泰尔姆·布里亚-萨瓦兰的格言“告诉我你吃什么，我就能知道你是什么样的人”。电影呢？大概要数《芭贝特之宴》（*Babette's Feast*）了。法国料理不仅主宰了餐厅文化和高级菜单，还在文学和电影中主导了我们对食物的感受，后者通过对食物在想象中的呈现将这些与吃有关的瞬间封存在某一时间、地点。文学和电影中的食物形象或许可以说是现实主义的，但不是现实的：其表现的是经过选择的饮食方式、地点和就餐伴侣。这些经过不断重复而流传下来的影像在某些方面揭示了大众对那些与吃有关场景的共同选择结果。法国美食故事的立足点在于法国料理与精致和精英崇拜之间的联系。与此相应，法国饮食文学中的著名章节记录的都是贵族饮食或对贵族饮食的模仿。具有卢梭式直率的粗糙乡村饮食也有信众，发挥着次级作用，但尚未达到大师作品中美食的高度。我们对布里亚-萨瓦兰在《厨房里的哲学家》（1825 年）中的警句了然于心，也能像普鲁斯特在《在斯万家那边》（*Swann's Way*，成书于 1913 年）中一样清晰地回忆玛德琳蛋糕——这一段被引用的次数之多，足以被称为美食文学“绕不开的奠基石”。19 世纪，当高雅的法国料理在舌尖和笔尖上征服世界时，有一项功勋就是留下了这个时期关于法国饮食的——或者说复刻了这个时期风俗的——最著名的文学选段。普鲁斯特对法国料理事无巨细的描述和对这一视觉艺术品的再现，强化了卡莱姆式法国料理成就的艺术性；这一点虽然被当代法国料理遗落，但并没有被忘记，尤其对致力于寻找逝去时光的小说而言。《芭贝特之宴》（1987 年）中的女大厨通过向来参加宴席的拘谨的北欧客人展示 19 世纪法国餐厅所有最受欢迎的菜肴，在非法语人口中被捧上神坛。法国料理的地位牢牢树立在神话传说的基础上；在法国美食的建构中，新食物与旧故事相互交织，古老的神话在现代叙述中也被赋予新的含义。文学和电影给较小众的饮食传统也保留了一席之地：法国移民的饮食故事和法国殖民地的本土料理在屏幕和书本上也得到呈现。在这些作者的努力下，法国料理的层次更加丰富，避免滑向单维、外限的特性。通过文学中多角度呈现的法国料理，被各个人群饮食习惯塑造的法国身份显得更加立体。

马塞尔·普鲁斯特毫无疑问是法国作家中的“头号吃货”，至少在一般人眼中是这样的。他在 1913—1927 年间陆续出版的七卷《追忆似水年华》［首版英译版由斯科特·蒙克里夫（Scott Moncrief）1920 年翻译］在书架上是一个庞然大物般的存在。这部作品还以对各种盛宴、名菜和古怪食客的描写而闻名。最值得一提的是，普鲁斯特让仅仅配着一杯茶水就唤起自己童年记忆的玛德琳蛋糕名垂史册。[1] 他小说中曝光率最高的这一段文字就在

第一卷靠前位置，在今天关于法国美食、记忆或文化的各种文字中以惊人的频率得到引用。然而，玛德琳蛋糕远非唯一的点金石：普鲁斯特的作品中充斥着对法国经典美食的再现。比如，家族朋友夏尔·斯万（Charles Swann）就是一位美食家，经常带来蜜汁板栗等礼物，而且能提供关于酸菜蛋黄酱（gribiche sauce）或凤梨沙拉的不错食谱。[2] 盖尔芒特（Guermantes）家的餐桌让人想起慕斯林酱配芦笋（asparagus with mousseline sauce）和贝纳斯酱配羊肉（lamb à la sauce béarnaise）。在凡尔杜兰（Verdurin）家，客人们吃极新鲜的鲆鱼时配上用优质黄油和土豆制成的、像中式珠扣一样形状的白酱。[3] 和阿尔贝蒂娜（Albertine）在一起吃的是旺多姆（Vendôme）圆柱形冰激凌，和吉尔贝特（Gilberte）一起吃的是塔形巧克力蛋糕，家庭厨师弗朗索瓦兹在普鲁斯特家的乡村别墅做的奶油巧克力（crème au chocolat）是只有野蛮人才会拒绝的“灵感来源”。[4] 与在奢华背景下的玛德琳蛋糕一样诱人的还有普鲁斯特的煨牛肉肉冻（daube de boeuf à la gelée）：在作者家中优雅装饰的映衬下，其晶莹剔透的肉冻像透明的石英一般。这道菜由作者的家庭厨师制作，她被称为“我们厨房里的米开朗琪罗”[5]。总之，普鲁斯特小说中的食物都是以“超额”为特征：弗朗索瓦兹永无止境的新菜单、处处收到的宴会邀请，甚至还有激起阿尔贝蒂娜想象的街头食品摊的刺耳交响。在普鲁斯特家的餐厅里，读者看到的是精心烹饪和展示的菜肴，以及作者“尽可能地扩大食物种类、积累成超乎寻常的饕餮盛宴经验”的野心。[6]

马塞尔·普鲁斯特小说中创造出诸多令人难忘美食的大厨是

女性，这虽然不符合公众对法国高级料理的印象，但从 17 世纪起对私人府邸来说相当常见。在 18 世纪初的法国外省，只有地位最高的私宅请得起男性大厨，其他的无一例外请的都是女厨师。[7] 梅农 1746 年为女厨师创作的《中产阶级女大厨》在 43 年间印了 32 次就证明了这一趋势。19 世纪的中产阶级料理也吸收了一部分宫廷料理，使得时髦的法式料理传播到法国以外的欧洲，再到欧洲之外。中产阶级对高端料理的接触也使法国精致饮食的影响不断扩大，越来越多的人对这种饮食方式的需求催生了一些向业余爱好者（主要是女性家庭厨师）普及料理知识的刊物。自《巴黎管家》从 14 世纪起教会中产阶级的家庭主妇如何打理屋子以来，家庭烹饪一直是女性的领域。虽然称不上大厨，但女性烹饪者和掌管家中厨房的母亲们、祖母们同样在保存法国饮食文化谦逊但基本的底色上发挥了重要且确切的作用。中产阶级料理在 18 世纪出版的烹饪书中获得认可，被称为节俭与天然的联姻，第一波“新派菜系”的招牌很快也与女性产生关联。在 19 世纪，经典料理（男性主导）和家庭（女性）烹饪之间的等级差异开始扩大。卡莱姆在《法式烹饪艺术》中以受中产阶级喜爱的一道蔬菜牛肉浓汤的菜谱作为开篇，并在《管家》中表示：大革命后，预算有限的女厨师（他的原话是“厨女”）促进了现代中产阶级料理向优雅和简约的方向发展，她们能凭借有限的食材做出营养且平衡的餐食。当优秀的男性大厨在钻研烹饪科学，将准军事化架构运用到厨房团队中时，女厨师则在火旁看守着微微沸腾的牛肉汤——这个画面既是一个具有象征意义的意象，同时也是现实的存在。

牛肉在法国家庭料理中是兼具文化和饮食学意义的点金石，具有丰富的象征含义：卡莱姆在《法式烹饪艺术》中将（蔬菜牛肉汤中的）煮牛肉捧上神坛，“新潮牛肉”（boeuf à la mode）的菜谱也位于1895年家庭烹饪刊物《蓝带女厨师》中的开篇位置。蔬菜配炖牛肉这道菜的历史地位忽高忽低，在17世纪后才彻底摆脱“不健康”和“不高档”的形象，得以摆上精英餐桌。中世纪的《食肉者》收录了牛肉的做法，建议通过水煮来去除其燥性。当时的医学界警告，食用烤牛肉（用干的方式烹饪的干性的肉类）可能引起抑郁；但是，下层阶级日常食用牛肉和猪肉，面向中产阶级的《巴黎管家》中还将去买切片牛肉当作购物的代名词。英式的烤牛肉在法国大革命时期也流行过一段时间（以文森特·拉夏贝尔1735年出版的烹饪书为代表），西冷牛排（sirloin）在不少菜单上都有一席之地。但慢炖牛肉才是法式料理成名之时的主打菜。弗朗索瓦·皮埃尔·拉瓦莱纳的《法国大厨》（1651年）里就有两道这样的菜：新潮牛肉（用清汤烹饪的带肥肉的牛肉，加入香草和中世纪常用的各种香料）和煨牛肉片（用清汤烹饪，中途加入肥肉，“完全煮熟和调味后加入葡萄酒”，这更接近现代烹饪方式）。[8]

罗兰·巴特（Roland Barthes）在他的《神话学》（*Mythologies*）中称，用自身肉汁和葡萄酒煨炖的牛肉能更好地保存牛肉的精华。[9]煨牛肉（braised beef）是一个具有多重含义的法国意象。让·安泰尔姆·布里亚-萨瓦兰在其作品中对煮牛肉及其功效做了延展性研究，认为牛肉经水煮后，不可兼得浓汤和多汁的肉块，应尽量避免用水煮的方式烹饪牛肉，这样会使“肉缺乏肉汁”[10]。在 18 世纪和 19 世纪的文学中，蔬菜牛肉浓汤和其他类似菜肴经常以中产阶级家常菜的形象出现：居伊・德・莫泊桑（Henri René Albert Guy de Maupassant）在《短篇小说全集》（*Contes et nouvelles*，成书于 1882 年）中提到，“星期天蔬菜牛肉浓汤中的一丁点肉对所有人来说就是大餐了”。古斯塔夫・福楼拜（Gustave Flaubert）在《包法利夫人》（*Madame Bovary*）中将蔬菜牛肉浓汤和中产阶级料理相联系：药剂师奥默（Homais）认为，巴黎的食物太危险，再好的餐厅也比不上一份好的蔬菜牛肉浓汤。[11] 20 世纪，《拉鲁斯美食词典》（*Larousse gastronomique*）中称蔬菜牛肉浓汤“由独特的法国方式烹制而成”，巧妙地将汤、肉和蔬菜组合在一道菜中。[12] 马塞尔・鲁夫（Marcel Rouff）在《多丹－布封的生活和激情》（*La Vie et la passion de Dodin-Bouffant*，成书于 1924 年）中甚至将蔬菜牛肉浓汤抬到高级料理的位置，主人公多丹－布封成功地用这道既与众不同又接地气的菜给质疑他的欧亚亲王（Prince of Eurasia）留下深刻印象。这部小说以布里亚－萨瓦兰的一生为原型，背景设在卡莱姆风头正盛的1830年代（不算法国东部等非巴黎的场景）。主人公新雇的厨师阿黛尔・碧杜（Adèle Pidou，厨界的另一位米开朗琪罗）创作了一道蔬菜牛肉浓汤大荟萃：除了牛肉还加了一点培根，小牛肉、猪肉和香草馅的香肠，用小牛骨汤煮熟的鸡肉条和用肉汤煮熟的蔬菜。上菜时，将牛肉和香肠切片，摆放在一层鹅肝之上，再配上一圈蔬菜做装饰。这种做法将点题的牛肉和受推崇的农家猪肉及更精细的禽肉巧妙结合，并用鹅肝这种著名法国美食增添了高贵色彩。这道菜虽然是供贵族享用的，但仍保留着来源于大众的本色——将够得上宫廷菜排场的众多食材放在一个盘子里，凸显出这道菜肴的经济节约性。

在家常的蔬菜牛肉浓汤和高端的牛肉千层（beef millefeuille）之间，则是普鲁斯特小说中弗朗索瓦兹精心创作的从煨牛肉到新潮牛肉等的一系列菜肴，几乎囊括了炖牛肉这道法式料理基础菜的所有做法。为了招待晚宴上的特殊来宾、外交官德诺波侯爵（Marquis de Norpois），弗朗索瓦兹接受了创作一道新主菜的挑战——牛肉炖胡萝卜（beef with carrots）：中间摆上粉红大理

蔬菜牛肉浓汤（牛肉配蔬菜和肉汤）

石块一般的火腿、一个菠萝和松露沙拉。这道菜不用任何酱汁，将大理石方块般的火腿和水晶般的肉冻码放得整整齐齐，同时结冻的肉汁和牛肉使得餐盘十分清爽。[13]德诺波称这道牛肉菜肴是值得赞扬的，并且还想用一道不同的菜，比如俄式牛柳（beef Stroganoff）来考考这位驻家“瓦特尔”（他显然想用这个称呼来奉承弗朗索瓦兹，误以为瓦特尔是大厨的代名词）。[14]普鲁斯特也将自己的作品和弗朗索瓦兹的新潮牛肉相联系，他称自己创作文字的过程就像她创作这道菜一样，“在众多牛肉片中撷取、组合，

凡尔赛镇“新潮牛肉”餐厅的招牌

牛肉冻（肉块和肉冻）

以便使花色肉冻充盈”[15]。在其他地方根本无法想见这样的家常菜还可以做成艺术品：每一个局部都是整体不可或缺的一部分，显示出创作者的匠心；几乎可以说，弗朗索瓦兹和普鲁斯特具有同等的天赋。随着菜名从炖牛肉变成了新潮牛肉，这道菜的细节差异也就不那么重要了，尤其是考虑到慢炖牛肉这道菜的范围之广，就像普鲁斯特慢火细熬的系列长篇小说一样。普鲁斯特笔下的新潮牛肉具有摄人心魄的美，蕴含深厚的烹饪传统，长久萦绕于法国人的心头舌尖，集齐了能长久流传的文学象征的所有特质。然而，真正流传下来的只有玛德琳蛋糕，还有假托玛丽·安托瓦内特所说的“让他们吃蛋糕”。这种小茶点是凭借什么超越牛肉精华和精致绝伦的煨牛肉，而取得法国美食意象之冠地位的呢？

法国之外的煨牛肉

葡萄酒煨牛肉除了大受法国人认可外，在国外也广受欢迎。弗吉尼亚·伍尔夫（Virginia Woolf）在1927年的小说《到灯塔去》（*To the Lighthouse*）中写道，一顿成功的牛肉宴使主角拉姆齐（Ramsay）太太将身份地位悬殊的客人们聚拢到一起，营造出短暂的团结氛围。当她的客人夸赞牛肉成功时，拉姆齐太太骄傲地宣称这是根据祖母传下来的法国菜谱做的，而且断言法式烹饪比英式的要更优越。实际上，拉姆齐太太对这道菜不地道的命名——“焖牛肉”（boeuf en daube）泄露了她做的只是外国人对正宗法式煨牛肉（按普鲁斯特的说法）的模仿这一秘密。伍尔夫小说中的煨牛肉中有月桂叶和橄榄，让人想起奥古斯特·埃斯科菲耶《厨艺指南》（1902年）中更具乡村气息的普罗旺斯煨牛肉，实际上更符合拉姆齐一家乡下房子的环境。茱莉亚·查尔德（Julia Child）和她的合作者西蒙娜·贝克（Simone Beck）在《掌握法国菜的烹饪艺术》（*Mastering the Art of French Cooking*）中将普罗旺斯煨牛肉和法式煨牛肉的做法都收录了进去。该书从传统法国料理讲起，一直讲到更加美式的菜谱；更传统的法式煨牛肉菜谱在第一卷（1961年），焖牛肉则在第二卷（1970年）。查尔德的书的第一卷还收录了新潮牛肉的做法，提倡在红酒中加入蔬菜、大蒜和香草来腌渍牛肉，上菜时配上炖胡萝卜和洋葱，或者用花色肉冻。查尔德的书实际上是给对法国料理一无所知的美国普通人写的，里面的食谱从高难度和正式的菜肴到家常菜一应俱全。她的法式煨牛肉（书中称为砂锅红酒蔬菜烩牛肉）需要用到白、红葡萄酒或者苦艾酒，以及香草、大蒜、洋葱、胡萝卜、蘑菇和西红柿。焖牛肉的食材则包括牛肉和红酒，还可以选择性地加入凤尾鱼来增加普罗旺斯风味。而第二卷中美国化的焖牛肉通过命名和选择性地加入具有异域风情的凤尾鱼的小众做法，使其与原版法式煨牛肉拉开了差距。

触发普鲁斯特回忆的玛德琳蛋糕（迄今为止）在各类学术文献中被引用的次数已经超过一万次，领域包括人类学、记忆研究学、认知心理学、符号学、现代主义文学、财产法和嗅觉化学等，还被经常作为触发法国料理对国家象征重要性讨论的引子，在谈到关于食物、记忆或普鲁斯特的趣闻时更是少不了它。事实上，玛德琳蛋糕并不是法国料理的核心，用来浸泡它的椴树花茶也不是。普鲁斯特的笔记本显示，在其较早版本的手稿中，用来蘸茶水的是蜂蜜吐司和意式香脆饼，后来才改成玛德琳蛋糕，因为后者能代表香甜的蛋糕，加上具有法国特色的名字，其建立的意象更为持久，实际上此处也很难想象用吐司或意式咖啡饼干来代替。在普鲁斯特之后，法国料理在将法语词汇与贵族式的优雅相结合上做得越来越得心应手，使整个法国料理的高雅形象得到进一步强化和净化。普里希亚・帕克赫斯特・弗格森将《追忆似水年华》称为一件“真正的国家级作品”，一定程度上是因为其对美食的描绘和以此在“完成法国料理国有化”方面发挥的作用。[16] 艾米・特鲁贝克将其他标志性的法国菜也比作玛德琳蛋糕：“和普鲁斯特的玛德琳蛋糕一样，这些食材和菜肴也成为一种象征、一些地方的‘记忆所系之处’，它们的滋味象征着法国丰富多样的地理环境”[17]。作为法国文化的重要符号，普鲁斯特在皮埃尔・诺哈（Pierre Nora）主编的经典史书《记忆所系之处》（*Les Lieux de mémoire*）中占据了最后一个标题，文章当然还是以玛德琳蛋糕起头。作家安托万・贡巴尼翁（Antoine Compagnon）解释，小说（这里还是引申为玛德琳蛋糕）的吸引人之处在于，其描绘了 19 世纪末期自由主义的巴黎中产阶级的生活，这些人也是接受古典文化熏陶的最后一代人。[18] 小说写得通俗易懂，拥有广泛的读者——但关于普鲁斯特小说汗牛充栋的学术研究分析表明，事实可能相反；但如此大费周章的研究也表明其具有广阔的探索空间，能满足不同人的需求。关于玛德琳蛋糕的章节位于小说开篇不久的位置，浅浅读来也易于理解，令人感觉甜蜜轻松，但同时像触发普鲁斯特遐想连篇的记忆一样，又能作为深层次心理活动的催化剂。许多人还认为，这种松软带褶的糕点能激发内在的感官愉悦。一名学者还认为，其贝壳般的形状具有宗教象征意义，跟去孔波斯特拉的朝圣者身上佩戴的扇贝壳很像，使普鲁斯特的玛德琳蛋糕“成为其在追求真和美的精神朝圣之旅的象征和现实启发”[19]。从这蘸着茶水的蛋糕能得出的一个基本事实是：普鲁斯特向世界展示了一个完美的意象，尽管简单（但不平庸），但仍然透露出些许神秘，几乎可供人无限地解读下去。

但是，这并不意味着玛德琳蛋糕神圣不可玷污。妙莉叶·芭贝里（Muriel Barbery）的小说《终极美味》（*Une Gourmandise*，成书于 2000 年）讲述了一个脾气暴躁的美食评论家，在临终前企图从其美食生涯中搜寻一份独特记忆来揭示其生命意义的故事。不管怎么说，他希望他从潜意识搜寻到的记忆应该是美味的，“而不像普鲁斯特那可恶古怪的玛德琳蛋糕一样，在一个阴郁不祥的下午被掰成海绵般的碎屑扔进一勺花草茶中，这简直是最严重的犯罪”[20]。这位将名声看作一切的评论家将玛德琳蛋糕贬低为一种“平庸的食物”，唯一的价值在于其维系的情感；但最后他在自己的“普鲁斯特时刻”发现，工业化生产的糖粒泡芙和蓬松甜面团才构成他最基础的美食记忆。实际上，如果进行横向比较，比起煨牛肉——即使是用花色肉冻装饰的牛肉，还是玛德琳蛋糕更适合巴黎上流社会，它更符合法国美食矫揉造作的形象。素食者、小孩和肠胃虚弱者咸宜的玛德琳蛋糕越来越出名，以至于变成法国美食的元符号。玛德琳蛋糕可以代表任何关于法国食物的记忆，即使它并不与法国料理的标准形象（指高难度酱汁和精心烹饪的菜肴，这在普鲁斯特小说中的其他地方得到成功呈现）相符。与普鲁斯特小说里主人公下意识浮现出的记忆不同，玛德琳蛋糕变成了一种讲究、刻意的形象，以隐喻法国美食的“第一眼”感觉：优雅、精致和高端。而在大众的想象中，普鲁斯特作为作家的形象也是完美的：法国人、上流社会、拥有尊贵地位。玛德琳蛋糕的典故不仅体现了文学上的智慧，同时还让人觉得创造这个典故的人受过优越的教育。普鲁斯特是虚无缥缈的——他小说的读者相对有限，大多数人其实只知道关于他这个人的典故。但是，普鲁斯特全部小说的象征意义在于，以一个中产和非常法国化的家庭环境为背景来重现宫廷宴会、贵族的奢靡和难以置信的优雅。

和普鲁斯特、玛德琳蛋糕一样遍地开花的还有关于让·安泰尔姆·布里亚-萨瓦兰在《厨房里的哲学家》中的典故，尤其是书中开篇格言清单的第四条——“告诉我你吃什么，我就能知道你是什么样的人”。这句格言自成一派，被引用时除了偶尔提及作者的名字和现代版本的出版时间，出现时一般没有上下文，仿

布里亚－萨瓦兰，19世纪中期

佛这句话是新近才出现的。这句话重复的次数太多，以至于都听烂了，沦为一句“现代陈词滥调的广告”[21]。这些序言部分的格言从布里亚－萨瓦兰19世纪早期其他作品中脱颖而出，它们短小精悍，几乎可以用在任何地方。随便再举一例，1879年《美国科学家》（*Scientific American*）在一期讲如何保存玫瑰果的文章中就引用了第五句格言——“发现一道新菜对人类的意义比发现一颗行星更大”[22]。布里亚－萨瓦兰作品的其他部分，不管是回忆录、科学研究还是美食评论，知名度和引用度都小得多。1825年，布里亚－萨瓦兰在他的作品出版仅两个月后就去世了，还没来得及享受他意料之外的成功，因为这本书是他自掏腰包匿名出版的。波德莱尔（Baudelaire）因为书中关于葡萄酒的介绍太少而将该书作者称为“寡淡无味的奶油面包”（一句应景的嘲讽），保罗·阿力耶斯则断言这本书后来成为经典“更多是出于政治原因而非其在美食学上的造诣”，可能因为作者是一位被极端分子赶出国的正直贵族。[23] 历史学家让-保罗·阿隆（Jean-Paul Aron）哀叹道，布里亚-萨瓦兰“继承了本该属于格里莫·德·拉雷尼埃尔的荣誉”，后者在1803—1812年间出版的《美食家年鉴》中树立了美食写作的标杆。[24] 只有到了现代时期，弗朗苹·杜普蕾希克斯·格蕾（Francine du Plessix Gray）才将《厨房里的哲学家》称为“美食写作最经久不衰的经典”。除了一种蛋糕，布里亚-萨瓦兰的名字还在1930年代被用来命名一种三层奶皮的奶酪。[25]

《厨房里的哲学家》的独特性与其成书的时间和地点密切相关。该书除了包含一系列对“好好吃”这一原则的“沉思”外，还可以归到文学、回忆录、历史书和科普书中去，因为它囊括了上述所有元素。它出版的时间背景使其被错认为一本美食作家的书，然而其大部分内容都是在“美食主义”这个词流行起来之前完成的。“gourmandise”（美食）的含义从罪恶向一种美德的词源学转变实际上也要归功于布里亚-萨瓦兰，他在作者自序中也证实当时美食主义的风头正盛。《厨房里的哲学家》的写作跨度超过30年，其间作者亲历了“面粉战争”、法国大革命、拿破仑的沉浮、君主制复辟、第一批巴黎餐厅的诞生、高级料理向中产阶级传播和贵族对刚被命名为“美食主义”的事物掌控之时代的终结。那些企图为布里亚-萨瓦兰对于其时代重要性辩护的人声称，他对“好好吃”的风尚进行了理性思考。在 19 世纪早期，布里亚 - 萨瓦兰曾面临一个短暂的机遇，从他作为食客的角度，而非像格里莫那样从大厨或潮流制定者，或者像塔列朗那样大权在握的宴会主人的角度，来创造关于高级料理的从未有过的语言，发明一套词汇和分析体系。他还出于个人选择和出生环境的考虑，在其创作的诸多作品中与法国保持了一定的距离，这也使他在与外国文化的碰撞中增强了对法国文化的信念，并且赢得更多追随者。他在书中描述的料理不纯是卡莱姆或拉雷尼埃尔笔下的巴黎料理；也不纯是法国料理，因为他旅行去过瑞士和美国许多城市，对当地的叉烤禽类、炒鸡蛋、轻拌沙拉和火鸡（还有猎取火鸡的活动）等十分喜爱。

布里亚 - 萨瓦兰奶酪配松露

法国 19 世纪匿名印刷画，《美食聚会》或《贪食者的聚餐》

在 19 世纪前，拥有贵族血统的正经学者一般对饮食的理论研究不屑一顾。食物和“好品味”对科学和学术研究领域的渗透伴随着高级料理（或者说对高级料理的模仿）从贵族活动变成大众追求的过程。在卡莱姆之后，百科全书派作家和布里亚 - 萨瓦兰将科学引进烹饪——“烹饪学绝对值得得到认真对待”，因为这是哲学家、人类学家、社会学家、地理学家等的正经研究领域。[26] 据称，18 世纪晚期，美食学的大门（原则上）像餐厅一样向所有人打开，“饮食的乐趣和带来的特权也得到普及”[27]。《厨房里的哲学家》在这方面发挥了作用，布里亚 - 萨瓦兰所谓的“美食试样”（éprouvettes gastronomiques）成为普及工具。这些试样为收入不同的阶层提供了一份经过检验、丰俭由人的菜单，旨在使不同生理禀赋的人都能得到心醉神迷的用餐体验。“朴素”版的菜单里有小牛肉、鸽子、酸菜、香肠和栗子焖火鸡。最丰盛的菜单则将所有令人愉悦之物囊括进来：松露焖禽肉、肥鹅肝、鹌鹑、梭子鱼、小龙虾还有两打圃鹀（供人一口吞吃的小鸟）。[28] 即使布里亚－萨瓦兰在其关于美食的沉思中指出，对美食的欣赏同等存在于皇家宴会和一只煮得刚好的鸡蛋上，即试图忽略掉那些下层阶级经济实力的影响，善意地为所有人打开美食主义的大门，但他这里也暗含了旧贵族所持的“无知（和不合适的体格）会妨碍下层阶级欣赏上层阶级美食”的假设。维克多·雨果（Victor Hugo）在《悲惨世界》（*Les Misérables*，1862 年）中，通过主教之口斥责一位富有的参议员，表达了所谓“美食试样”盛行背后的理念：“富人们有一套自己精致、高雅的哲学，和普通人相信上帝一样是天经地义的；就像栗子焖鹅对于穷人来说就相当于松露焖火鸡一样”[29]。与其说布里亚－萨瓦兰的书是为了降低美食主义的门槛，不如说它助力推高了有钱巴黎人的饮食标准。“告诉我你吃什么”这句话在 19 世纪的法国并不是一种客观测试，即便在今天也只是作为人类学研究的起点。对于爱国甚至可以说奉行民族主义的美食主义作家来说，法国料理在国际上的名声至关重要，而这个名声依赖于找到最适合理解并传播它的人。《厨房里的哲学家》作为那个时代的产物，比起餐厅和栗子，更青睐私人宴会和松露，即使它给一个煮得刚好的鸡蛋也留出了位置。布里亚－萨瓦兰和卡莱姆及其同行一样，将贵族料理打造成了“经典”法国料理，使得“‘真正’的法国料理就是高级料理”这一概念在今天深入人心、不容置喙。

文学作品中对食物的呈现在无休止地谈论巴黎外，为了换换口味，偶尔也会呈现外省的料理和特产。古斯塔夫·福楼拜的《包法利夫人》（1831 年）在对外省诺曼底的工笔描绘中，从接地气的农民饮食到高级的婚庆宴会都做了介绍。作者对一种头巾形状、名叫“cheminot”的面包情有独钟——这也是小说发生背景鲁昂的特产。福楼拜在个人信件中透露想把它设定为小说中药剂师奥默的最爱。这种面包不需发酵，将烫过的面团直接拿来烘烤，有点类似硬面包圈。这种被福楼拜描述为头巾状的面包起源于中世纪，

布里亚－萨瓦兰的格言——“一个国家的命运取决于人民吃什么”。注意图中央头戴大革命红帽、手持牛排配薯条的法国妇女。让·巴里（Jean Paris）创作，1900 年代早期

还曾被称为“chemineau”或“seminel”，后者从拉丁文“similia”（细白面粉）衍生而来。小说中，奥默每次去鲁昂出差时，都会特意为妻子买这种面包，因为她“喜欢这种头巾状、又小又硬的面包，一般在斋期配着咸黄油吃”[30]。这种扎实的面包在奥默妻子眼中与宗教有关，但在奥默的想象中则代表着法国光荣的历史。[31]

奥默在鲁昂跑去购买这种与斋戒献祭和东征的诺曼人祖先都能扯上关系的面包时，遇到了惊慌失措的艾玛·包法利（Emma Bovary），后者来这里是为了寻求婚外激情。艾玛与满足于汤泡面包的奥默太太相比是另一个极端，她的胃口一发不可收拾：她“像饥民一般奔向欢愉的享受”，好像她是一只螳螂，而她的情人莱昂（Léon）是她的婚宴。[32]奥默和普通中产阶级人士一样对饮食习惯不甚讲究，夏尔·包法利（Charles Bovary）对饮食的乐趣也无动于衷。但小说中关于精致饮食的场景与艾玛进入上流社会和她受到这种力不能及的生活方式的毒化息息相关。在欧贝维利耶（Aubervilliers）侯爵（一位前国务秘书）的家宴上，晚上七点的正餐就有龙虾、冰镇香槟、菠萝和石榴，还有一位“像法官一样严肃”的管家为客人从大盘里取食。[33]他们还模仿巴黎人的做法，在跳舞和娱乐活动完毕更晚些的时候还会吃肉冻冷盘和奶汤作为消夜。不过，令夏尔惊讶的是，早餐没有烈酒。夏尔和艾玛的乡村婚宴持续了 16 个小时，客人们大快朵颐地享用一次性上齐的里脊牛排、白汁鸡肉块、三只羊腿和一大头乳猪，最后还有一个铺张奢侈的婚礼蛋糕。这个蛋糕展示了大受卡莱姆推崇的建筑技巧，上面有一个糕点城堡和果酱湖。[34]小说结尾，欲壑难填的艾玛最终吞下致命剂量的砒霜，以可怖的方式清空了她的胃，使极尽奢靡但却空虚的贵族宴会造成的后果与诺曼中产阶级坚持食用与自身身份相符的食物带来的健康体魄形成鲜明对比。

《包法利夫人》（1857 年）中提到的 cheminot 面包（又叫 seminel 或 cônet）

爱弥尔·左拉在创作于1873年的《巴黎之胃》中描绘了巴黎雷阿勒市场售卖工业化食品的小贩，并将巴黎和外省之间拉扯纠缠的关系拟人化了。雷阿勒市场的前10个大厅一直到1870年才建完，左拉将故事背景设在1858年的巴尔塔市场（大厅）。读者借助主人公弗洛朗之眼得以看清这片广阔逼人的市场大厅和一个个令人感到陌生的巴黎的细节；这个巴黎自经历1848年革命的动荡以来，在奥斯曼男爵主持的拆迁和主干道调整中被不断重塑。从路障后不断冒出的商贩和马车形成洪流，使弗洛朗找不到出口，几乎要被市场吞噬。在左拉的笔下，中央市场变成了一个

酱汁鸡肉冷盘（上图）和新式“鳗鱼城堡”（下图），图片选自于尔班·杜布瓦的1856年版的《经典料理》

19世纪样式的装饰蛋糕，图片选自于尔班・杜布瓦的1856年版的《经典料理》

恐怖的活物，“像一个疯狂跳动的巨大中央器官”，夸张地发出“用巨大下颌咀嚼城中两百万居民食物”的声音。[35]巴黎之外的地方是法国的花园，巴黎仅仅是一个胃。在学龄儿童学习法国文化的初级读本《两个少年环游法国》（*Le Tour de la France par deux enfants*，成书于1877年）中，雷阿勒市场成为巴黎和外省象征性（和爱国）关系的体现。故事中的一个少年看到繁忙的物流后惊呼：“法国这么多人都在为喂饱巴黎忙活！”他的哥哥回应道：“巴黎的工人也以同样的方式回馈着法国，而且这里的知识分子培养了一群‘慷慨和有教养的大众’”[36]。

这里展示的巴黎料理不是卡莱姆式的，而是市井吃食，与美食作家笔下光鲜亮丽的美食相去甚远。左拉小说中的蔬菜商弗朗索瓦夫人（Madame François）将巴黎看成“必要之恶”，只在这座城市做必要的停留，在每次赶集日后都巴不得离开。市场货架上的商品在四点半熹微的晨光中漂亮地闪着光，“嫩绿的生菜、粉红的胡萝卜和哑光象牙白的蔓菁”与一群肮脏蛮横、行色匆匆的商贩和顾客形成鲜明对比。[37] 弗洛朗观察到：有些妇女靠从市场买进蔬菜再到大街上零卖为生，有些小孩帮衬着他们的亲戚干活，酒贩免费提供便宜的酒试喝并允许工人赊账，女摊主用便携炉灶做咖啡和汤来卖。

雷阿勒市场雕版画，巴黎，约 1860 年

弗洛朗最终找到一个海鲜大厅（1857 年完工）监察员的工

作，但之后被卷入熟食店主也是他弟媳丽莎和当地一家名为“诺曼底美少女”的鱼铺之间的纷争；这场矛盾还隐喻了“肥”（脑满肠肥、怀念昔日帝国的商人）、“瘦”（消瘦且心系革命的弗洛朗）之争。小说中的各种食物各有象征意义，而各个人物也带上了这些特质，他们不是通过吃什么而是通过卖什么来告诉别人他们是什么样的人。水果商拉萨利叶特（La Sarriette）身上散发着青春和性感，她的皮肤质感像水蜜桃和樱桃一般，她的摊位也堆满了形状好看的水果：蒙特勒伊的桃子表皮细腻白嫩，如同北方的少女一般；南方的桃子日照充足，外皮如同普罗旺斯的妙龄女子；苹果和梨像浑圆的肩膀和胸部，“露出隐秘的胴体”；成熟水果释放的芬芳尤为醉人，“如同强烈的麝香一般”[38]。在左拉的自然主义宇宙里，这些“天然食物”的象征价值也在颂扬着法国饮食的优越性。水果和蔬菜散发着美，但经人类工业化改造后的成品则值得怀疑，或许是为了掩盖腐败。勒克尔太太（Madame Lecoeur）奶酪铺的“奶酪交响曲”为市场的八卦闲聊提供了背景音乐。萨热小姐（Mademoiselle Saget）无意间泄露弗洛朗蹲过监狱，而就是这条恶毒的信息败坏了他的名声，导致他因莫须有的罪名被捕。奶酪在其他作品中被誉为法国的珍宝，在这里却散发着可怕的、令人作呕的气味：“利瓦罗奶酪散发着硫黄味；杰罗姆奶酪的气味如此刺鼻，以至于周围都是熏死的苍蝇”。它们在视觉形象上也没好多少：荷兰奶酪像割下的头颅，罗克福奶酪“蓝色和黄色的凸出网脉，好像过度食用松露的富人一样得了见不得人的病”。当那个女人准备暗算弗洛朗时，奶酪刺鼻的气味暂时悄悄隐匿——卡芒贝尔奶酪“腐臭的呼气”中夹杂着野味的调性，马罗瓦勒奶酪闻起来像睡过的床单，利瓦罗奶酪闻起来像“尸臭味”，和它周围的人一样怪诞而腐化。[39]

雷阿勒市场的时鲜水果蔬菜厅，1897 年

左拉对 19 世纪的巴黎市场做了百科全书式的详细描写，但是他丰富和辛辣的笔触在大众认可度方面远不如普鲁斯特。法国高中研习文学的学生或许会写写分析左拉《巴黎之胃》中食物表现手法的论文，但普鲁斯特却从博客帖子到医学刊物无处不在。普鲁斯特之所以在大众想象中占据一席之地，是因为他的创作与法

国美食建构起来的形象严丝合缝：复杂、高级和值得尊敬；左拉描写的奶酪虽然也能搅动大众的想象，但无法为人们带来乐趣，其细致入微的刻画无法像看似简单的肉冻配煨牛肉或者寥寥几笔勾勒的玛德琳蛋糕一样带来神秘感。法国食物在文学中的身份和在现实生活中一样，都依靠对精致、高档、无法言说但又超乎寻常特性的认可和追求。实际上，普鲁斯特所称为中产阶级的东西在之前是属于贵族的，左拉则尝试回归平民。但对于想象构建出来的法国料理来说，等级越高越好。

《芭贝特之宴》（1987 年）是由加布里埃尔·阿克谢（Gabriel Axel）执导的一部丹麦电影，这或许是被提及最多的一部法国美食电影，尽管它并不是法国人拍的。该片根据卡琳·布利克森（Karen Blixen）[笔名为伊萨克·迪内森（Isak Dinesen），最著名的作品为《走出非洲》（*Out of Africa*）] 1954 年的小说改编，曾获奥斯卡最佳外语片奖。尽管它用外来者视角呈现，但其核心呈现的盛宴是对卡莱姆及其追随者美食理念的复制和实践。它从各个角度呈现 18 世纪晚期巴黎现代高级料理诞生以来，餐饮界权威（厨师和作家）拥抱和推广的叙事。这个故事的诸多元素，如布利克森对贵族菜肴的呈现、作为贵族秘密守护者的巴黎大厨芭贝特·埃尔森（Babette Hersant）、导演阿克谢将微弱烛光映衬下的白发玄衣的修女和色彩鲜亮的美食形成鲜明对比的文字描写成功视觉化等，使得该电影长盛不衰。电影的主人公为了躲避 1871 年巴黎公社起义之乱，逃到丹麦一个笃信新教的小社区做家庭厨师。当芭贝特购买彩票赢得一笔大奖后，她选择用这笔意外

之财来为她的雇主准备一场奢华盛宴——即使面对的是一群保守的民众，只要能借此机会展现她作为大厨的造诣也是值得的。作为法国料理的代表，这场盛宴在电影公映后才在人们脑海中具象化，因为原版小说中并没有芭贝特菜单的细节：海龟汤（turtle soup）、德米多夫煎饼（blini Demidoff）配鱼子酱和鲜奶油、烤鹌鹑酥皮派（caille en sarcophage）、菊苣沙拉（endive salad）、奶酪配水果，还有朗姆酒蛋糕配新鲜无花果（baba au rhum with fresh figs）。芭贝特用一整只海龟熬出金色的清汤；带贵族名头的鱼子酱和小薄饼与卡莱姆对俄国的推崇不谋而合；像棺椁一样将鹌鹑包裹起来的酥皮让人想起据说由卡莱姆发明的肉馅大酥饼

蒙布里松蓝纹圆柱（牛奶）奶酪

（vol-au-vent①），据说轻得一口气就能吹起来。红肉是上不了这场宴席的，只有海鲜和鲜嫩的禽肉配松露才可以。

那对虔诚的丹麦姐妹和席上的其他客人认为拒绝芭贝特的慷慨是不礼貌的；但同时表示，食物对他们而言并不意味着任何乐趣。然而最终，经过精心打造的料理显示出不可抗拒的尘世诱惑，自我克制在芭贝特奉献的受欢迎（和得到允许）的艺术享受和热情面前不堪一击；难怪奢侈堕落之风在大革命后回归——在普鲁士人围城结束后，贵族食物再次在（外国和）法国人的餐桌上受到追捧。后来我们得知，芭贝特在战前曾在巴黎的英国人开的咖啡馆担任大厨——这在历史上可不常见，因为女性职业厨师屈指可数，这使她在电影观众眼中显得更加令人尊敬。弗格森指出，在小说中芭贝特的政治倾向更加明显：她参加过巴黎公社的血腥斗争，不回巴黎一方面是怕被逮捕，另一方面是因为她曾经作为厨师服务过的、被巴黎公社社员批斗过的贵族精英已经不在了，她作为艺术家的身份也随之一同烟消云散。弗格森将芭贝特的烹饪时刻与普鲁斯特的玛德琳蛋糕相提并论，认为芭贝特的料理让人联想起一个理想化的法国，她代表了“每一个法国厨师和大厨”，并参与建构法国料理“永恒和普世性的饮食神话”[40]。但布利克森的小说和阿克谢的电影又赋予这场盛宴以历史意味，将其当作对卡莱姆之后法国餐饮的艺术再现，为在战场上和自己领土上遭受痛苦失败的法国人发挥镇痛药膏的作用。之所以让芭

① 字面意思是风一吹就起。

贝特选择再现19世纪晚期的法国高级料理是有特殊考虑的，因为这正是法国人想要设法保存并向国际传播的高光时刻；这样一来，那些非法国的作家就会（可能是无意识地）将其当作法国饮食的荣耀之巅。虽然卡莱姆提供了法国料理在现代优越地位的起点，但自此以后，法国料理在发展中却不断往来路回看，有时对其否定，有时对其加以改良，但永远将其作为参照。所谓法国料理是普世理想、可以超越时空的观点，实际上选择性地遗忘了19世纪刻意打造法国料理优越性的行动，正是这个举动对后世产生了决定性影响。

法国的君王、皇帝、总统和法国大厨一样，在向法国国内外传播法国料理的美名上也发挥了作用——法国公众紧盯着他们总统的饮食喜好。尽管爱丽舍宫不再像过去的王宫一样引领饮食潮流（这个角色现在属于大厨们了），但总统的饮食习惯对法国美食来说并非毫无意义。虽然法国总统也会受到潮流影响，但人们还是觉得他们在成长过程中应当受到过品味方面的良好训练。现代总统瓦莱里·吉斯卡尔·德斯坦（Valéry Giscard d'Estaing，1974—1981年在任）对料理的态度是庄重并注重健康的，经常去餐厅吃米歇尔·盖哈（Michel Guérard）大厨提倡的营养料理（cuisine diététique）——这是1970年代兴起的新“新派菜系”：摒弃浓油厚酱，推崇蔬菜和清汤调的料汁。雅克·希拉克（Jacques Chirac，1995—2007年在任）长期被认为爱吃小牛头肉——一道小众和具有挑战性的古典菜肴，但其爱丽舍宫的官方厨师辟谣称，这道菜只为他做过一次。希拉克更喜欢日本、摩洛哥和泰国菜。[41]尼古拉・萨科齐（Nicolas Sarkozy，2007—2012年在任）只吃简单的烤肉和蔬菜，并且以吃饭时性子急出名。[42]弗朗索瓦・奥朗德（Francois Hollande，2012—2017年在任）喜欢吃扁豆焖肉（cassoulet）和巧克力慕斯，并恢复了萨科齐取消的奶酪拼盘，但喜欢将蘸酱分开上。埃马纽埃尔・马克龙（Emmanuel Macron，2017年起就任法国总统）还没有突出的饮食风格，除了有一次竞选活动间歇去餐馆吃饭时点了蓝带鸡肉（chicken cordon bleu），被告知这属于儿童套餐的一部分。在美食方面树立的名声上，没有其他总统能超过弗朗索瓦・密特朗（Francois Mitterrand，1981—1995年在任）了。

据希拉克回忆，密特朗代表的是“享受‘风土’和田园生活的一生，他对法国乡村的爱几乎深入骨髓”[43]。他的用餐喜好包括传统的地方菜、怀旧的“祖母菜”和顶级的美食。《爱丽舍宫的女大厨》（*Les Saveurs du palais*）[又名《高级料理》（*Haute Cuisine*，2012年），克里斯汀・文森特（Christian Vincent）导演]是关于密特朗私人厨师的一部电影，强化了关于密特朗的神秘传说，刻画出一个口味挑剔、要求经典家常菜和顶级法国料理兼得的男人形象。他坚持雇佣丹尼埃拉・德拉珀希（Danièle Delpeuch）为他的私人厨师，因为虽然她受的训练有限，但她能复制出他童年爱吃的菜肴，并用他祖母的食谱给予他临终前的安慰。从这部半纪实性质的电影里可以看到德拉珀希尝试调和密特朗饮食喜好的两面——体现为两个相邻的空间：一边是总统的私厨，由她制作家常菜（电影里称为“妈妈菜”）；另一边是

爱丽舍宫的正式厨房，里面全是头戴白高帽的男性厨师团队。但所谓的“家常”厨房里也有高级料理的元素体现，比如储备有著名的布雷斯鸡和松露。电影里呈现的最后一顿饭既在情感上有妈妈的味道，又有恰到好处的总统排场：吐司配松露黄油和一整颗切片松露，供其单独在私厨中食用——因为德拉珀希面对的是身体有恙、胃口不佳的密特朗。

在电影一开始，密特朗就提出“简单烹饪”的要求：不要过度装饰（他明确反对过度美化的甜点），追求“重新发现食物的原味和真味，即我祖母的烹饪方式，同时还有‘法国的至味’”。这部电影于是围绕他的两面展开：一面是植根和致力于保护正宗法国（乡村）料理的法国食客，另一面是支持向外国贵宾展示法国顶级料理的法国总统。自从罗伯特爵士鞭辟入里地指出拉瓦莱纳的烹饪方式过于复杂，还有卡莱姆凭借其“简化”的技术在19世纪所向披靡以来，“简单”就成为法国料理中的一个重量级概念。不过，一种“简单”的酱汁可能包含有全品类的调料，在经过全套次级加工程序后根本吃不出原材料的味道。对法国总统的餐桌来说，“乡村法国”和“风土”对巴黎料理具有同等的象征意义。德拉珀希说服总统允许她从佩里戈尔的供货商处采购农产品和肉类。这些源自产地的基础食材经过巴黎工艺的提升，再沾上总统府的光，即使是仅由一名女厨师在私厨烹饪，做出来的菜也能够上档次了。

电影里并未呈现的密特朗的最后一顿饭成了传奇。这顿饭以几打生蚝开场，以数盘圃鹀结束。圃鹀是一种现在濒危的鸣禽，一般整只烹饪食用，传说味道像肥鹅肝和松露。那些老饕在食用时用餐巾罩着自己的头，不放走任何一个香气分子。圃鹀作为顶级料理的代表之一，在普鲁斯特的作品中出现过两次。在第六卷《女逃亡者》（*La Fugitive*）中，马塞尔从旁观的角度称，如今一个简单的羊角面包给我们带来的欢愉能与贡给路易十五的圃鹀、兔肉和松鸡起到的效果一样。[44] 在第三卷《在盖尔芒特家那边》（*Côté de Guermantes*），主人公回忆着品尝花式圃鹀料理配伊甘酒庄（Château d'Yquem）葡萄酒时的场景，但也注意到那些盖尔芒特家"神秘餐桌"的回头客们并不一定要求享用圃鹀。[45] 德拉珀希称她从未给密特朗做过圃鹀，只记得为米哈伊尔·戈尔巴乔夫做过一顿松露主题的晚宴。密特朗留下的美食故事比起他私下里细致但接地气的要求更符合他在国宴上的形象，尽管他对祖母菜的喜爱也是他形象的一部分。密特朗公开和私下的美食形象实际上集家常烹饪和高雅法国料理这两者之大成。电影中密特朗的角色代表了 20 世纪的美食主义理念，即将巴黎之外的地方料理和家常料理都收至法国遗产的麾下。在打造法国料理这一概念时，不同的分支（家常和古典、祖母系和专业系）需要以某种方式得到统一。法国料理在寻找新的受众过程中，先从宫廷和巴黎料理转型为国民高级料理，然后是各阶层共享的料理，这在美食家和"风土"爱好者密特朗身上体现得最为全面。

法国大厨在公众面前的形象基本以男性面目出现，而女大厨在文学中出现的频率却多得惊人，比如普鲁斯特作品中的弗朗索瓦兹、芭贝特、鲁夫在《多丹－布封的生活和激情》中的阿黛尔·碧杜，还有作为密特朗私人厨师（半纪实电影）的德拉珀希。如此看来，女大厨在虚构作品中的位子比起在业界舞台的中央和前排更受欢迎。20世纪前，女厨师创作的烹饪书并不存在，关于女厨师的记载（唯一出现的地方）就是将她们安排在家庭厨房的背景下。但是，在屏幕和书本上，女性在虚构和幻想中可以成为一名好厨师。19世纪，家常烹饪和专业（餐厅）料理之间形成清晰分野，女性往往被认为能胜任低层次的料理，大部分文学作品中的女厨师形象也遵循了这一界限。蔬菜牛肉浓汤和奶油巧克力等经典料理中不可或缺的、重要的特色菜可以放心交给女厨师来做。在烹饪方面，女性虽然突破了家庭厨房的局限，但专业性还有待提高。弗朗索瓦兹和阿黛尔虽然厨技高超，但都受雇于私人府邸，其工作只能通过男性叙述者的“翻译”来呈现。芭贝特虽然顶着著名专业大厨的头衔，但这个身份在电影故事开始之前就丢掉了；我们并未将她当成英国人开的咖啡馆里的大厨看待，只看到她在家庭厨房里操练她的手艺。德拉珀希没有经受过专业训练，凭借其对“妈妈菜”的手感得以成为总统厨师，但仅限于在私厨里。法国文学中常有关于餐厅大餐的描写（比如巴尔扎克在作品中多次提到的康卡尔悬岩餐厅），但很少描述餐厅的厨师。专业厨师一般很难引人遐想或共情，因为他们通常躲在自己的实验室里，做着令人费解的科学实验。女性厨师由于自身的居家属性，能得到更多观察和被赋予更多意义。捍卫正宗传统且本分老实的女性厨师制作的熟悉菜肴的画面也是爱怀旧的法国人推崇的形象之一。

高级料理是法国（巴黎）饮食文化中最具艺术表现力的形式，19 世纪留下来的模板无疑代表了其最高水准，地方传统饮食的重要性稍逊一筹。然而在当今法国，对饮食文化的叙述开始强调移民饮食或混合（融合）饮食。在 20 世纪殖民时代后期，来自马格里布地区（主要指突尼斯、阿尔及利亚和摩洛哥等地）的北非移民改变了法国的面貌，在国民中搅起关于公民身份、宗教信仰和文化标准等令人头疼的讨论。在一个将饮食传统作为国民身份底色的国家，外来移民处理食物的方法理所应当地受到额外审查和批评。曾经有一篇国家级杂志上的文章透露，为国际穆斯林市场生产的清真肥鹅肝给法国生产者带来了经济实惠；但随之也招来评论，认为这是对鹅肝这种与“风土”紧密相关、具有高度代表性且传统上在圣诞节才食用的法国食物的败坏。[46] 在殖民时期，当局为了支持海外法国公司，曾尝试将殖民地某些产品引进本土，但收效甚微。唯一的例外是库斯库斯（couscous）①，或许是因为其易于吸收，形状令人熟悉，是一种人们尚能接受的异域风味。库斯库斯配炖肉和蔬菜与拉瓦莱纳《法国大厨》中最初的炖菜和蔬菜牛肉浓汤很像，这种蒸熟吃的谷物因为和大米或面食足够接近而得以端上法国的餐桌。在 1857 年的一本旅行日志中，欧仁·弗洛芒丹（Eugène Fromentin）描述了第一次吃到库斯库斯的体验，通过这种食物解释了所谓“可接受的异域风情”这个概念。为了对他穿越撒哈拉沙漠受到的热情招待表示尊重，弗洛

① 蒸粗麦粉。

芒丹详细描绘了当地的饮食风俗：大家都用手从一盆叉烤羊肉和库斯库斯中取食，揉成小球后蘸着肉汁或就着水果食用。对弗洛芒丹来说，这顿饭给他上了“关于享受生活、关于慷慨和相互理解的重要一课”[47]。

阿布戴·柯西胥（Abdellatif Kechiche）将库斯库斯作为他2007年电影《谷子和鲻鱼》（*La Graine et le mulet*）的主题，在多种族的法国背景下来探讨一份传统家庭食谱的异域性。这部电影在有些国家直接被命名为《库斯库斯》，收获了2008年法国的恺撒奖，包括最佳影片奖和颁给突尼斯裔的柯西胥的最佳导演奖。在移民和民族主义之间紧张气氛四溢的现代法国，库斯库斯仍然代表着一种可接受的异国风味。法国位居欧洲库斯库斯的消费量之首，到1999年还成为世界主要库斯库斯生产者和出口者。从2004年开始，民调显示库斯库斯已成为法国人最喜爱的菜肴之一，民调机构将其称赞为“地中海饮食对法式饮食习惯影响”的依据。这种解读避免了将库斯库斯定位成马格里布地区或非洲的食品，也使其具备了“被重新包装成一种熟悉的安慰食品和友好地方菜肴”的操作空间。[48]柯西胥在这部半自传电影中讲述了在地中海港口城市赛特的一群突尼斯移民去赴一场家庭午餐的故事。午餐的主打菜——库斯库斯配鲻鱼和埃斯普莱特辣椒是女主人舒雅德（Souad）多年私藏的菜谱。她的前夫——电影的主角苏莱曼（Slimane）刚刚丢了他作为劳工的工作，将翻身的希望寄托在这著名的库斯库斯上。在继女莉姆（Rym）的鼓舞下，他贷款开了一家水上库斯库斯餐厅，并说服其前妻来为开张之夜掌勺。

苏莱曼的家传库斯库斯虽然起源于突尼斯，却是在多种族的环境中呈现出来，现场还伴着音乐（包含一名专业厄乌德琴师的现场乐队演奏）和舞蹈。苏莱曼在白人银行家、老板和他的移民邻居、朋友间周旋，他的家人聚在一起时既讲阿拉伯语也讲法语。计划中的库斯库斯盛宴试图把这些不同圈子的人团结在一起，以法国观念中能接受的地方菜概念来展现烹饪技巧。这道具有重要意义的库斯库斯菜品避开了受争议的肉类，采用了对穆斯林和基督徒同样友好的当地鱼类，既带有宫廷精致料理的遗风，又唤起了许久前斋戒期间宗教饮食的记忆。电影中的鲻鱼在赛特地位不怎么高，这种鱼在港口城市盛产且价格低廉。在一幕场景中，舒雅德拒绝了苏莱曼送来的作为和解礼物的鲻鱼，因为她家的冰箱已经塞不下它们了。不过，在专业烹饪技巧和正宗进口香料的加持下，这种鱼配库斯库斯也够得上法国料理的门槛了。苏莱曼的女儿也在餐厅当服务员。在餐厅开张夜，苏莱曼邀请了一群他的支持者和朋友前来用餐，其中法国人和移民都有。这两类食客们都满怀期待又稍显紧张地等待着开餐——对一些人来说是猎奇，对另一些人来说是一解乡愁。他们的愿望最终都落空了——库斯库斯没能送到（苏莱曼的儿子无意中将放置食物的车开走了）；在等待过程中，额外送的酒和莉姆无聊冗长的肚皮舞也无济于事。最终，只有苏莱曼的突尼斯家人吃上了“用爱烹饪的”库斯库斯，外人则无从一窥真面目。作为法国对北非食物的电影化呈现，柯西胥的家庭版库斯库斯配鱼几乎与法国的文化环境完美兼容。电影在国际上的成功也证明了柯西胥的艺术造诣和他对混合料理在电影内外的表现力。

突尼斯的库斯库斯在法国土地上被兼收并蓄，但克里奥尔特色的法式加勒比饮食就不那么顺服了。对于父母皆为瓜德罗普人、在法国出生的吉赛尔·比诺（Gisèle Pineau）来说，香料能使她小说中的烹饪得以还原成在家乡时的样子，并使加勒比料理与法国料理区分开来："克里奥尔的香料在我的作品中的确非常非常突出"[49]。在寻求通过食物再现她小说中主角的故土时，比诺用克里奥尔的香料来对抗法国平淡无奇的世界，即使这些香料可能来自别处，和克里奥尔的语言和身份一样是非洲、印度和欧洲的混合体。山羊肉烩饭（colombo de cabri，山羊肉咖喱配上一种标志性的混合香料 colombo）是一道与瓜德罗普联系最紧密的菜肴，是在废除奴隶制后由印度移民带到加勒比群岛的。马提尼克作家爱德华·格利桑（Edouard Glissant）宣称用东印度的混合马萨拉（masala）调味酱做的菜是马提尼克的代表菜肴，试图以此来抗衡西餐的影响。在他的小说专题论文《全体》（*Tout-Monde*，1993年）中的"马萨拉隐喻"承认了印度在文化和宗教上对马提尼克的影响（受到另一些加勒比作家的忽略或轻视），"推翻了现有框架"，包括法兰西帝国和其前殖民地之间的联系。[50]在《全体》中，格利桑将马萨拉描绘得既精确又迷离：不限定用量的食谱留出了实验的空间，"成为既非此处又非彼处和既非边缘又非中心的连续统一体……它是一切的基础，拥有丰富的可能"[51]。格利桑笔下多种起源的马萨拉明显与法国饮食传统搭不上边，无法被法国化和全球化。

比诺在1996年的回忆录兼小说《茱莉亚所说的流浪》（*L'Exile selon Julia*）中也将马萨拉称赞为与祖母记忆有关的一部分；小说中一长串不同语言的香料名，包括calchidron和coton mili①，是在向“当地印度人带来的咖喱酱致敬；他们来自遥远的印度加尔各答，连同他们的神一起将咖喱酱带到瓜德罗普”[52]。比诺在法国生活时，通过她祖母讲的故事在想象中游览了瓜德罗普，在她的母国与父母对她融入法国的期望之间找到了平衡。小说中，扁豆的法语词（lentilles）常常让主人公想到自己的故土，文中不断出现“Lentilles，Antilles”（扁豆，安的列斯群岛）的叠句。同样，还有祖母传给母亲再传给女儿的扁豆汤菜谱，汤中每一颗扁豆都像棕色大海中的一个小岛。主人公在淘捡扁豆时挑出来的小石子让她想起来瓜德罗普的泥土和岩石，这给她带来安慰。在给她祖母的信中，她将在巴黎听到的伤人的种族主义话语转变成了一种归属感：“对那些让我返回自己国家的人，我可以回答说，我的确时不时这样做了”[53]——这句话包含双重含义，既有通过回忆返回的隐喻，又指比诺成年后在现实生活中的旅行。尽管法国评论界继续将加勒比文学和加勒比食物一样定义为异国风情，但比诺对此表示坚决反对：“我的文学不是异国风情，因为它就是我的所知、所构和我的生活”[54]。她的生活是克里奥尔式的、混合的，但仍然是法式的。法国食物在现代的表现形式开始处理正统法国和别处的法国之间的紧张关系，但其

① 芫荽的当地名。

方式比同时期的法国政治和公民辩论要高明。即使在巴黎，高端法国食物也不再是卡莱姆和埃斯科菲耶的小圈子，“异国风情”越来越常见，即使它仍然处于边缘地位。

玛丽斯·孔德（Maryse Condé）在她2006年自传性质的小说《维克托瓦尔：滋味和言辞》（*Victoire, les saveurs et les mots*）中，提供了一个看待女厨师和殖民地料理的新视角。小说虚构了她的祖母——瓜德罗普名厨的故事，她在孔德出生前就去世了。作者的母亲对维克托瓦尔的生平细节语焉不详，宁愿抹去这位受雇于白人家庭的文盲及单亲妈妈的存在。孔德通过努力撰写一个关于她从未谋面的祖母的人生故事，试图在她所知的家族故事和其他可能性之间架起一座桥梁：她思考如果自己了解关于她祖母的故事，那么“我和我自己的关系，我对我的小岛、安的列斯群岛和整个世界的看法，我用来表达这些可能性的写作”会是怎样的。[55] 在孔德的小说中，维克托瓦尔通过奇迹般的厨艺将她从单亲妈妈和浅棕肤色的不利地位解救出来：在教堂条件简陋的厨房中，她展示了类似耶稣显圣般的神迹。那些最肥、最硬、软骨最多的肉经过她的手都变得滋味丰富、入口即化。[56] 后来，在被一个克里奥尔白人家庭雇佣后，她用自己的聪明才智和精加工食物的天赋，用当地食材做出了法国料理。她出身低微的女婿喜欢她做的烤龙虾和柠檬草熏鸡，但声称她最好的菜肴是一道简单的鱼肉汤配米饭和豇豆，这比“她那些将各种酸甜的香料、肉和海鲜混合在一起的复杂创造”强多了。[57]

在孔德的小说中，安的列斯群岛上挑剔的食客（不论他们文化背景如何）对简简单单的“新派菜系”的欣赏要甚于源自法国本土、老式过时的酸辣甜大杂烩。格利桑推崇那些无法分类和叫不上名的混合香料，比诺则青睐那些人民的食物：咖喱、扁豆和普通香料。小说中，维克托瓦尔在烹饪雇主要求的法国菜和用她自创的混合料理表达自我主张之间找到了平衡点。尽管不识字也不会讲法语，但维克托瓦尔对餐桌的掌控力比普鲁斯特笔下的弗朗索瓦兹更胜一筹，因为后者的才艺完全臣服于主人公的描述。尽管普鲁斯特和弗朗索瓦兹通过写作和烹饪建立了联系，但弗朗索瓦兹待在厨房里，而普鲁斯特占据了男性和外向视角，弗朗索瓦的创作只有通过他才能呈现在公众面前。这被普鲁斯特视为阶级特权的东西，却被孔德做到了平等：她力求将祖母作品中的“滋味、颜色和香气”和自己作品中的文字联系起来，而不分孰高孰低。弗朗索瓦兹在为达到作者笔下关于完美肉冻牛肉的标准而努力；维克托瓦尔则通过自身创造超越了标准，并挑战作者的语言表达能力。维克托瓦尔最大的胜利是准备了一场洗礼宴，其菜单“美妙动听如同诗歌”，还登上了当地报纸，被冠以“名副其实的底比斯王的杰作”[58]。她留下的绝唱则是一顿使她的克里奥尔白人雇主和她的黑人家庭及朋友和解的大餐，里面有海胆肉冻冷盘（sea urchin chaudfroid）、海螺和淡水小鱼派（freshwater fingerling pie）、木薯泥、什锦果汁冰糕（assorted sorbets）和香槟。[59]维克托瓦尔凭一己之力将法国古典料理的精髓用瓜德罗普料理表达出来，既法式又非法式：大胆用本地食材打破限制，使木薯泥够得上成为香槟的佐餐伴侣。在某种意义上，孔德通过小说使自己和母亲的形象跃然纸上：她母亲是一个胃口很小且从不烹饪的黑人斗士，孔德则致力于让她祖母一生的工作更有意义和更易于理解。作为一个文学象征，维克托瓦尔提供了一个终于摆脱男性叙述的女性厨师形象，尽管仍带有殖民主义烙印，但她局外人的身份使她能够跳脱出法式料理系统的束缚。

或许法国文学中最不朽的烹饪界偶像要属弗朗索瓦·瓦特尔（François Vatel）了，他是孔德亲王（Prince of Condé）的管家和1671年路易十四尚蒂伊城堡（Chantilly）之宴的总设计师；就是在这次宴会上，他因鱼迟迟未能上桌而蒙羞自杀。瓦特尔的名是代表爱国的弗朗索瓦[①]，他从事的是在法国料理刚刚成型时风头无二的管家职业，服务的是当时最著名和奇闻轶事不断的法国国王路易十四，参与的是高端料理的最高形式——皇家宴会。因此，近400年间，瓦特尔成为“法国美食的英雄和保护神”，即使在他活着（和死）的时候还没有出现“美食主义”这个术语及其实践。[60]他的故事的优势还在于有凭有据，并非虚构，还被当时德塞维涅夫人写进了她17世纪的信件中。但瓦特尔的形象很快摆脱了其历史局限，变成了一块任人涂抹的白画布，并随时准备为法国料理的荣誉服务。尽管他的职业是管家，但他的名字在18世纪开始出现在餐馆招牌上，还在19世纪成为餐饮从业者的代名词。虽然约瑟夫·贝尔舒（诗歌《美食》的作者）和卡莱姆分别在他们1801年和1830年的著作中都收录了德塞维涅夫人相关

① 法文为François，词源为France（法国）。

信件的全文，将其作为法国料理的基本文献，但其对于19世纪的读者来说尚不熟悉。

除了德塞维涅夫人的信件和贝尔舒的诗歌，瓦特尔在其他文字中基本上不见踪影，那些重新提起他的人看重的似乎只是他这个形象所承载的贵族价值观。弗朗索瓦·马兰在其《酒神的赐予续篇》（*Suite des Dons de Comus*，成书于1742年）的序言中简单提及这位管家之死，倒不是为了给他唱颂歌，而是暗示现代餐饮业不会引人做如此戏剧性的选择，因为其强调的是技术而非菜肴的数量。[61] 贝尔舒则更加动情，将瓦特尔称为其所处环境的“可怜受害者”，而且这丝毫无损其荣誉和应受的赞扬。[62] 关于瓦特尔的典故在卡莱姆的世纪层出不穷，既有和鱼有关的戏谑，也有对他在履职尽责中表现出的职业荣誉感的评价。1830年，《美食家》（*Le Gastronome*）报纸上一篇关于康卡尔悬岩餐厅的文章提到了瓦特尔，也是因为当时生蚝似乎供应不上（后来供应上了）。格里莫·德·拉雷尼埃尔在他的《美食家年鉴》（1812年）中，将第八年献给了瓦特尔，将其称为“管家年历”中的第一个圣人，称那些属于罗马将军的狂热荣誉感同样适用于这位厨房中的伟大领袖。[63] 阿尔芒·郁松在1875年关于巴黎日用品的评论中，将那些恢复猪肉这一传统饮食——将切片熏火腿作为前菜的人称为“我们时代的瓦特尔”[64]。《瓦特尔；或一位伟人的孙子》（*Vatel:ou, Le Petit-fils d'un grand-homme*）是1827年的一出歌舞杂耍剧，剧中想象瓦特尔的后人在一位贵族兼大使的家中掌勺。主角恺撒·瓦特尔（César Vatel）和他的祖辈一样，也因其职业承受了荣誉和羞辱——但具体情形不一样。当他深爱的玛奈特（Manette）——一位没受过训练的家庭厨师，凭记忆创作出一道失传已久的经典菜肴并超越他的厨技时，他也羞愧得几乎要自杀。在一场重要宴会缺少最后一道菜的情况下，仆人将玛奈特做的菜（被当成恺撒所做）端了上来，结果受到懂行的客人大加赞赏。瓦特尔也觉得与有荣焉，他因这位有天赋的女厨师复刻的经典家常菜肴而获救了——当然这就算不上罗马将军的荣誉了。对这部剧的现代分析认为，玛奈特的人物形象回应了那些长久以来忽略或贬低女性厨师的人；实际上，数世纪以来正是她们在家庭厨房中传承着法国经典料理。[65] 有一点确定的是，玛奈特幕后的胜利讽刺了在传统上由男性占主导的高级烹饪领域，为了荣誉而表现出的极端戏剧化行为——就像最初瓦特尔那样，而这种极端行为还得到拉雷尼埃尔和卡莱姆的交口称赞。这一关于瓦特尔故事的戏谑版本肯定了家常料理和家庭厨房的地位（同时取笑了高级料理爱搞的戏剧化行为）；虽然反转了原本的故事，但仍为正宗的法国经典烹饪博得了一定好感。

实际上，瓦特尔的形象更多是代表法国标准巅峰的一位带阴郁色彩的英雄人物。卡莱姆在两本书中提到过瓦特尔：一是在《巴黎厨师》中向其在向俄国军事进攻中去世的导师拉格庇尔（Laguipière）致敬时，二是在《料理艺术》中宣称“瓦特尔也会欣赏现代料理的光彩和优雅”。明显可以看出，对卡莱姆来说，瓦特尔仍然是餐饮从业者高贵精神的代表，肩负着给他们行业带来荣誉的任务；而不像那些政客，即使损害了君主和国家的尊严，也不会像瓦特尔一样以死谢罪。[66]《料理艺术》中有两道鱼类菜肴（都适合斋戒日，包括上演瓦特尔绝唱的星期五）冠上了瓦特尔的名字，证明其在高端法国料理中的地位。在近代关于巴黎雷阿勒市场的典故中，与瓦特尔有关的部分也与其鱼市有关——“巴黎几乎没受过瓦特尔那样的难”[67]。在现代人的想象中，瓦特尔常常与卡莱姆、保罗·博古斯和埃斯科菲耶齐名（尽管埃斯科菲耶声称，如果他是瓦特尔，只需用鸡肉替代鱼肉就好了）。作家们还给他追封大厨的头衔，并且（错误地）将香蒂利奶油（Chantilly cream）的发明也归功于他。法国和美国合拍的电影《瓦特尔》（2000 年）由杰拉尔·德帕迪约（Gérard Depardieu）主演，还原了 17 世纪这位命运不济的管家的故事，但美化了他自杀的动机：他出身贫寒，因而对贵族德蒙多耶夫人（Madame de Montausier）的爱注定无果。最近能与瓦特尔相提并论的只有米其林大厨贝尔纳·卢瓦索（Bernard Loiseau）了，他因为其在勃艮第的餐厅收到差评而在 2003 年自杀。法国媒体很快就下了初步结论，将这位在职业巅峰期的明星厨师因为差评蒙受的羞耻和自尊心强的瓦特尔未能尽对国王的义务感到的耻辱画了等号，并就评级系统和维持餐厅等级给餐饮从业者带来的压力这一主题进行了广泛讨论。虽然瓦特尔故事的精神内核发生了改变，但他仍然是一个重要的文化象征，“在一个时期代表的是宫廷生活的丰饶，在另一个时期代表的是正在消逝的道德荣誉感，在今天代表的则是巨大的行业压力”[68]。自从大厨取代君王和宫廷成为餐饮界权威以来，瓦特尔的角色也被赋予新内涵。他继续代表着法式料理在烹饪界和历史上的荣耀，以及对美食最高标准这一法国国民价值观不容置疑（即使经过美化）的忠诚。

在研究饮食烹饪时，文学作品和电影既能作为历史文献，又能作为舆论好恶和潮流的风向标。尤其对于法国饮食来说，这些材料记录了国民饮食身份不断建构的过程。公众对法国饮食文学最熟悉的消费场景要追溯到卡莱姆时期，无疑是因为在当时，文学和美食主义结成了富有成效的伙伴关系。当然，关于饮食场景的文字描绘在19世纪前就有了，比如前几章文学鉴赏部分中的节选。但在现代高级料理诞生前，文学并没有刻意对法国料理进行宣介和吹捧。德塞维涅夫人在后来成为经典的对瓦特尔的记叙中，着墨更多的也是瓦特尔的个人荣誉，并没有将注意力放在宴会食物上。食物在文学中的形象化是在19世纪的美食主义革命后才大行其道的；在那之后，最有名的文学典故都开始与高级料理和精致饮食有关。实际上，乔治·桑在她的乡村小说中很少提到食物；除了福楼拜以外，其他作家也很少在小说中描绘中产阶级家常烹饪。左拉曾尝试为人民的食物发声，但他最引人共鸣的描述是将象征高尚品德的蔬菜水果同象征奢靡的腻味奶酪和肥厚肉类进行对比的部分。在现代之前，文学作品中的女性很少与食物相联系；而在现代时期，她们也往往被禁锢在家庭厨房的范围内，尽管她们凭借祖母式的菜肴得到肯定。与此相对的是，安的列斯群岛的作家孔德和比诺坚持借助她们的祖母将地区料理发扬光大；1827年的轻歌舞剧《瓦特尔》中的女性“瓦特尔”也是值得注意的特例。那些讲法语的其他文化代表人物用笔和镜头将他们饮食传统的画面添加到法国人的集体想象之中，慢慢改变着法国文学的面貌，使其更加适应法国和法国本土之外的公众。由格利桑的马萨拉调味酱和比诺的克里奥尔香料定义的美食文学并非为了与法国本土形成对立，而是对其的丰富和补充；柯西胥的法国本土库斯库斯也并非融合料理，而是地道突尼斯饮食传统在法国邻里间的生动表达。

实际上，电影和文学中那些众所周知和普遍流行的法国饮食观念是由少数不断重复的典故塑造出来的。通过不断接力表现的共同主题，法国文学中的食物形象不断贴近法国料理的特点：优雅、精致和忠于传统。麻烦在于对这些传统的准确溯源。法国料理在 19 世纪的象征和现实领域都大获成功后，读者们在看到无论什么时期与食物有关的文字时都认为这就是美食。评论界给卡莱姆时代之前的文字和瓦特尔、布里亚-萨瓦兰这样的人物，还有家常、中产阶级烹饪等，都一股脑儿地贴上“美食主义”的标签。大众饮食文学和电影在法国料理主导世界方面也发挥了作用，它们精心维护着将宫廷-贵族饮食和“经典”家常烹饪融为一体的法国料理的形象。当对贵族料理的追求与人人平等的政治理念发生冲突时，法国人便求助于差不多能表现法国料理精髓的家常朴素的中产阶级烹饪。单从话语上讲，中产阶级的蔬菜牛肉浓汤和白汁小牛肉（blanquette de veau）对法国料理身份具备同样的象征意义。中产阶级烹饪因为植根于“风土”和法国基本的“制作之道”而同样受到珍视——即使其艺术成就明显逊色于高级料理，从 18 世纪起就被美食专著区别对待，经常被划归女

性厨师的领域。詹姆斯·彼尔德（James Beard）在一本关于普鲁斯特式美食的烹饪书的序言中称，“人们在这种来自 19 世纪和 20 世纪初期的食物中能找到纯真和家的宽慰”，认为这本书标志着“我们在饮食上开始从追求戏剧夸张到回归家常”[69]。然而，实际上，普鲁斯特小说中的菜肴除了用“戏剧性”来形容，找不出别的词来形容了，也几乎无法称为家常料理。不管是普鲁斯特式还是卡莱姆式，流传下来的法国食物文学形象都有国有化、男性化和过度化倾向，并向主流高端贵族饮食回归——尽管在当今时代，观察家们想看到的是表现“人人皆享”理念的料理。于是，在书本和屏幕上，关于法国食物的神话始终兼具追求艺术极致和贴近家常经典的两面。然而，芭贝特的盛宴之所以让人铭记，就是因为它拥护和支持的东西恰恰相反：是光鲜的美食和高得离谱的开销，让食客们能获得国王般的体验。

Savoir-Faire

A History of Food in France

第七章

六边形之外：海外的“风土”

在现实中，法国的海外领地或多或少地对法国饮食身份进行了塑造。法国殖民地食物帝国的发展过程是波浪式推进的：17世纪晚期首先在圣多明各建起种植园，然后在1830年征服阿尔及利亚。[1]在1887年占领整个印度支那（全名为印度支那联邦，后改名为印度支那联盟）前，先入侵交趾支那（现在越南的南部），随后扩大到安南和东京（现在越南的中部和北部）以及柬埔寨、老挝和现在中国广东省的一小部分。这些侵占的“领地”虽然给法国带来了经济和贸易上的双重好处，尤其是在繁荣的1920年代，但从未被当作过法国的主要海外殖民地。[2]在三个世纪中，法国先后将其海外势力范围称为“大法国”、“法兰西帝国”、“海外法国”、“法兰西联盟”和“DOM-TOM”（海外省和海外领土），最近又改成了DROM-COM（海外省、地区和行政区）。在殖民时期，咖啡、巧克力和热带水果开始出现在法国的餐桌上。法国在20世纪之初遇到人口增长和粮食短缺问题时，还尝试通过扩大殖民地的粮食生产来解决危机。在18世纪，圣多明各（现在的海地）的甘蔗园使法国建立起强大的蔗糖出口业——直到被1794年岛上的奴隶起义终结，这反过来促使法国国内的甜菜产量跃居欧洲之冠。1930 年代，法国为了保护其海外利益，对国外（非法国领地）的糖、油料种子和水果征税，以为其非洲殖民地的产品提供便利。但法国与其殖民地在食物方面的关系建立在一个理论基础上：“文明教化的使命”和科学、理性对原始的胜利。如赫尔曼·莱勃威克斯（Herman Lebovics）所说，“法国在殖民地的文化共情模式可以基本概括为‘忽略和重建’”[3]。

亚历山大·拉扎雷夫在从现代角度解释“法国饮食例外主义”时称，来自法国的影响提升了安的列斯群岛的饮食水平——尽管他并未很好地区分这些岛屿。他宣称这些前法国殖民地的饮食传统是“‘法国饮食例外主义’的闪光例证”，“法属安的列斯群岛上的人显然吃得比英属和荷属领地的人要好”[4]。他的观点与将法国食物与其前殖民地关联起来的主流情感相一致：这是一种永远将法国置于首位的家长式作风，但又期望在法国本土外的土地上再现法式饮食。在关于其殖民地食品计划的介绍中，可以看出“文明教化的使命”（指法国认为自己有责任通过推行自己的习俗和文化来提升“低等”国家文明程度）与维持法国在饮食、文化上对海外省、地区和行政区的优越性之间的矛盾。1885 年，政治家朱尔·费里（Jules Ferry）在一篇为殖民帝国扩张政策辩护的演说中表示，他认为法国有义务将其文明开化的礼物带给世界其他地方——“她必须将她的语言、风俗、旗帜、武器和天才带到她能带到的任何地方”[5]。这份清单中显然少了法国的最佳礼物：她的饮食传统。然而，分享法式饮食方式还需要通过另一种方法：为了使殖民地的食物被法国食客接受，必须通过养育它们的土壤将法国的“风土”转移到它们身上。

关于“风土”漫长的历史曲折复杂。那些最早颂扬法国具有田园国家（其中就有1600年的奥利维耶·塞尔）的自然禀赋、适宜的气候和含有有益成分的优越土壤的辞章至少可以追溯到文艺复兴时期。[6]塞尔认为，比起味道，“风土”更多的是关乎使作物适应它们所处的自然环境。1690年，菲赫蒂埃在《通用词典》中使用“风土”来表示转移到作物身上的风味或特性——遑论好坏。就殖民地食物而言，“风土”首先可以理解为字面意思上的土壤，或者是法国人和产自他们故土的食物之间的联系。在涉及

Liebig公司1928年的交易券，上面描绘的是费德里克-夏尔·阿沙尔（Frédéric-Charles Achard，1753—1821年）创建的第一家甜菜制糖厂，标志着“欧洲制糖工业发展的起点”

殖民地农业领域时，“风土”是可移植的，因为只有先适应了异国土壤的熟悉作物才可以食用（“风土”早已在它们的精华和细胞中固化下来）。而后，“风土”的含义扩展为包括人和土壤间的互动。对殖民时期的海外领地来说，“风土”意味着运用法国科学技术，即用一套可行做法打造出可接受的媒介来在国外生产能与法国兼容的产品。这些产品并非虚有一个法国标签，而是通过精炼提纯、幕后运作、对种植者的培训教育和信念而成为真正的法国货。

梅农1749年的《管家和厨师学》（*La Science du maître d'hôtel cuisinier*）致力于将烹饪提升到艺术或科学的地位，殖民地食品计划的理论根源在此初露端倪。在卷首的《关于现代料理》（*Sur la cuisine moderne*）一文中，梅农断定食物和气候对不同国家及其公民的健康和习惯有直接影响：北方人民可以从糖、香料和温暖国度的其他食物中获得益处，可以从中获取他们当地饮食中缺乏的盐和“精神活力”[7]。梅农的分析并非全无科学道理：比如，他发现南方国家的产品使得阿姆斯特丹人患坏血病的概率大大减少。他明确表示，在饮食等级上北方要优于南方；鼓励饮食多样化以确保健康；生的（还可能有害）食材必须经过烹饪加工来“提纯”、完善、净化和赋予其精神能量。[8]这些指令从侧面表明，法国的技术和天才能改良和提升异国食物，使之适应挑剔、文雅的法国人的味蕾。例如，从法国殖民地进口的咖啡和巧克力必须经过精炼和提纯后才能符合欧洲人的口味。这些原材料在运到法国后通过法国技术被改造成“法国”产品。一本殖民时期的烹饪书写道，朗姆酒是“老欧洲和炎热的安的列斯群岛”之间合作的产物，须用法国橡木桶在热带的温暖中陈化50年方能得到。[9]

通过理性、科学的方法运用“精炼”技术，能将在异域土地上种植的本土作物改造成法国人认可的产品。19世纪为殖民地游说的团体主张：法国的海外领地可以在扩张法国的农业上发挥作用。难度在于使这些作物“本地化”来获得宗主国的认同。殖民地能提供热带水果（能加到现有的法国食谱中就是可接受的）和

一位淑女和一位绅士在饮用巧克力，18世纪

法国农民无法生产的花生、棕榈油等工业作物。1885 年，法国工程师在塞内加尔的达喀尔和圣路易间修建了一条铁路，就是为了完善这些产品的运输网络，尤其是对于要运到法国炼油的花生。来自塞内加尔的植物油为波尔多的工厂提供了生产机器或照明用的工业油的原料，这对 19 世纪全法国的工业都至关重要。[10] 这些法国之外的新大宗商品和新大型生产基地对法国“小农经营的农业”构成了威胁，促使法国制定政策支持本地产品，并“对法国小型农业进行提升”[11]。对法国本地农民以及与此相关的法国消费者而言，与土地的直接联系对法国人概念中的“本土食物”至关重要。乡土法国和法国美食敏感度之间的象征性联系对维持法国美食优越性的故事也是不可或缺的。在法国内外，“法国饮食习惯和烹饪技术的品质得益于农民生产者和他们土地（或‘风土’）的独特关系，得益于法国消费者具有欣赏这种关系的独特能力”——这一信念使法国农业保持兴旺发达，即使在法国农业外包给海外领地的时期也是如此。[12] 对法国人来说，“风土”既是现实的也是理论的；在全面接受殖民地农业产品前，需要先在试验园亲自播撒其土壤。将法国土壤中蕴含的“农业遗产”完全转移到殖民地土地上，需要等待思想观念的转变、经济上的困境和一场世界大战。[13]

在殖民地，由法国植物学家管理的试验园在将“风土”传播到国外方面发挥了重要作用。早在 1769 年，法国就在殖民地留尼汪开设了试验园（或者说改造的植物园），此外还有马提尼克（1803 年）、塞内加尔（1816 年）、阿尔及利亚（1832 年）和西贡

皮埃尔 – 奥古斯特 · 雷诺阿（Pierre–Auguste Renoir）:《阿尔及尔的试验园》，1882 年，布面油画

（1863 年）。[14] 起初，这些试验园是作为自然历史博物馆下属的植物科学实验室来运营，后来成为对殖民地计划起到关键作用的欧洲蔬菜温室和殖民地“有用”植物的培育场。从 1884 年至 1901 年间，博物馆馆长马克西姆 · 科尔努（Maxime Cornu）通过创建的广泛关系网络得以收集到海外领土的罕见植物种群，并将其中“有价值”的品种送去培育，比如印度支那的橡胶树和几内亚的香蕉。经科尔努的牵线搭桥，来自中国的香蕉树在 1879 年抵达科纳克里的试验园，这个品种后来被命名为卡马延（Camayenne），并大获成功：几内亚到 1938 年止共出口了 53 000 吨香蕉，其中

三分之一出口到了法国。[15]香蕉种植在法国殖民帝国获得爆发式扩张；到1937年，法国所需的全部香蕉都由其殖民地提供，当然这还有对别国香蕉加征关税的功劳。在这之后，几内亚香蕉种植业的利益开始受到其他非洲生产者的蚕食。在2010年，马提尼克和瓜德罗普还分别生产了200 000吨和61 000吨香蕉。[16]在早期，虽然殖民地农场和农民被明确认为是法国国民食品计划取得成功和绝对优势的部分原因，但他们并不是“国家遗产的一部分，也不是法国农业身份的维护者”，因为他们几乎没有培育这些作物的能力。[17]试验园在第一阶段的理念为强推欧洲标准，而不是改善当地系统或对已有产品进行直接开发，上述关于香蕉的例子就是例证。博物馆领导层认为，他们能够而且应该将“一种对殖民地有益的生态环境”移植到这些领土，以便为法国殖民者提供熟悉的产品和花卉，并彰显欧洲对殖民地在自然领域的主导地位。[18]法国“风土”的另一面在于：相信（土壤中的）生态环境具有能赋予和改变人类信念和行为的作用。在这种情况下，转移到殖民地的“风土”实际上不那么重要了，因为有时候法国的植物和技术也会应用在不适宜的土壤上。重要的是，殖民者通过他们栽培和消费的作物对“风土”进行吸收和确立，获得（生态和文化上的）更加适宜的气候。

在阿尔及利亚的21个试验园（其中之一后来成为哈马试验园）一开始遵循的是法国农业的专营政策，即殖民地农业不能威胁到本土农产品的竞争力。但海外殖民地广袤而充满无限可能的谷田让人不禁做“为罗马帝国的面包篮再造一个圣多明各（法国 18 世纪控制的产糖基地）”的美梦——正如所有关于殖民地的记载引人联想的一样。[19] 在 1855 年殖民地产品博览会上的宣传资料上写着：“阿尔及利亚有望成为第二个法国——年轻且丰饶，可以繁衍祖国母亲的多余人口”[20]。为了避免与法国本土农业形成竞争关系，殖民地科学家在阿尔及利亚发展海外种植业时首先着眼于甘蔗、香草、咖啡、可可和其他非欧洲的经济作物，但没起太大水花。1867 年，试验园被卖给一个私营组织。1870 年，谷物危机驱使法国购回哈马试验园，用以促进法国农业的多样化：作为热带植物的孵化器，哈马试验园发挥了类似代孕母亲的作用，在它们彻底适应法国南部的气候前确保其健康。[21] 同样地，法国的葡萄根瘤蚜灾使得海外葡萄酒业突然变得有利可图起来，并令人趋之若鹜（法国本土葡萄酒面临的短缺促使人们进口外国酒浆进行混合）。殖民地的代表开始用这套说辞推介阿尔及利亚葡萄酒：阿尔及利亚的葡萄园可以拯救法国葡萄酒业，恢复被阿拉伯人篡夺的罗马文明的荣光。[22] 从技术角度来说，阿尔及利亚的葡萄酒确实算是在法国土地上生产的，因为阿尔及利亚在 1848 年成为法国的一个省，只是这些酒的法国“风土”却不那么稳定。此前，阿尔及利亚葡萄酒的等级被认为低于法国本土葡萄酒，而且质量不稳定；但葡萄根瘤蚜灾给其带来了价格上涨的空间，令人蠢蠢欲动。殖民地的酿酒者还获得了新的融资渠道来酿造麦子酒。然而，殖民地农业发展带来的结果往往弊大于利，其导致了 1920 年阿尔及利亚的粮食危机，因为泰安山脉（北部山地和高原地区）98% 的面积都被欧洲拓荒者占去。殖民政策还导致了 1917—1921 年间大部分法属非洲地区的饥荒。[23]

再仔细研究一下食糖的需求情况就能看出法国与其殖民地专营政策的另一个困境。凭借廉价的奴隶劳动力和优惠的关税政策，1775 年圣多明各（现在的海地）、马提尼克和瓜德罗普向法国出口的食糖占据了其出口量的一半。[24] 奴隶贸易对制糖工业和殖民地粮食生产的影响举足轻重，因此法国彻底废除奴隶制的步伐比其他欧洲邻国要慢得多。圣多明各产的食糖对法国经济至关重要，而且这个岛屿还是奴隶三角贸易的一个主要港口，近半数运往法国殖民地工作的男女奴隶在此中转。1760—1791 年增长的食糖贸易使圣多明各成为法国殖民地经济系统的支点，也使法国在全球食糖贸易中占据优势地位。[25] 由于法国国内食糖的消费量比其他欧洲国家要少得多，如此法兰西帝国的食糖可以再次出口到其他国家以赚取可观的利润。18 世纪的圣多明各向法国提供了大部分可供出口的商品（主要是食糖和咖啡），使法国得以保持贸易顺差来发展其经济和港口城市。在 1794 年圣多明各奴隶起义胜利后，法国曾在其殖民地短暂废除了奴隶制，但在 1801 年拿破仑统治时期又恢复了。经过一系列小修小补，法国政府终于在 1848 年在其所有领土上彻底废除了奴隶制。1804 年，在海地这个新兴国家获得独立后，法国对食糖贸易的掌控地位被英国取代：英国人首先占领了马提尼克和瓜德罗普，然后控制了贸易所需的海上交通要道。

实行专营政策意味着法国剩余的殖民地只可将初级产品卖到法国本土，并只能进口法国货；殖民地也不允许种植、饲养或生产任何与法国本土形成竞争的产品。作为回报，殖民地可以领取生产补贴，但常常是入不敷出。英国在海运贸易中的主导地位和一系列经济危机迫使法国在1789—1815年间逐步调整直至放弃专营政策——该政策在波旁王朝复辟时期才得到恢复。由于当时国际市场上的食糖已经十分充裕，法国殖民地又只能与法国本土贸易，所以专营政策将其余殖民地的制糖业置于非常不利的地位。法国本土甜菜制糖业则恰好获得大发展——世界其他地方都青睐蔗糖，只有法国本土成为甜菜糖的唯一市场，这是“法国饮食例外论”的又一例证。[26]结果，法国殖民地生产者发现，自己在唯一可以进入的本土市场上遇到一个越来越有活力和难以招架的竞争对手。法国殖民地不仅受土壤过度耕种和劳动力供给不稳定之苦，还有因法国运输垄断而造成的高运费；本土的甜菜则被免除税收，同时还享受其他保护政策。经过广泛讨论，中途还差点通过议案在法国本土完全废除甜菜糖，法国终于在1843年出台了一项对蔗糖和甜菜糖加征同等税费的法律，使甜菜制糖业得以保存的同时对法国经济造成了很大伤害。最终，甜菜糖拉低了所有糖类的价格（也促进了本土食糖消费量上升），并迫使殖民地进一步走向单一农作物种植，从而更加依赖政府制定的保护政策来维持价格和保证收益。法国甜菜糖的产量在2017年糖类贸易取得顺差和1968年为了保证甜菜糖最低价格而设立的配额制度取消以来，至今仍在增加。

19世纪法国殖民地内的法国公民同样追求吃熟悉的食品。诸如乔治·特里（Georges Treille）在《殖民地保健守则》

（*Principes d'hygiène coloniale*，成书于1899年）中为非洲法属殖民地居民提供的饮食建议里，将健康饮食定义为：越靠近欧洲标准的越好。特里称殖民地的蔬菜比肉更好，因为他认为欧洲人的消化系统不适应这些国家出产的野味，而更适应“精挑细选的”羊肉、牛肉和禽肉。[27]在20世纪早期的法属印度支那，吃羊腿是与法国身份和有钱画等号的，因为羊腿在越南既不常见也难以获取——“因此排除万难和花上大价钱也要吃上羊腿是一个人不惜

路易・费格尔（Louis Figuier）：《工业的奇迹，或现代工业原理描写》（成书于1873—1877年）中的甜菜插图

任何代价忠于法式生活方式的表现”[28]。1900 年，一个法国人在关于参加印度支那安南山区一场正式宴请的自述中，描述了对用筷子吃到各种美味和米饭的愉悦和惊喜，好似参加击剑运动一样：在本地菜肴撤走后，餐桌立刻布置成欧式模样，上了一大盘夏多布里昂牛排（一块带法国名字的牛排）给那些吃本地菜“满足不了胃口”的人，并用一级波尔多葡萄酒替换了不入流的粮食酒。[29] 甜点也是百分百的成功——完美的本地水果（包括芒果和山竹）和法式甜点（包括花式小蛋糕、软糖和朗姆巴巴蛋糕等）。[30] 这些熟悉的名字能使异国食材和烹饪方式更易于被欧洲人接受。

法国本土在科学技术上的优越地位也影响了殖民地的饮食方式，比如食用罐头食品的习惯。1909 年，一份河内商会的报告显示，当地法国人食用的大部分食品都是从法国本土进口的各种罐头。[31] 黛博拉 · 尼尔（Deborah Neill）认为，使法国食品得以运到殖民地的高水平罐头加工技术“强化了欧洲人在饮食和文化上的优越感”[32]。在本土推行不顺的罐头肉类和蔬菜在殖民地畅行无阻。马丁 · 布鲁格（Martin Bruegel）认为，罐头食品的高成本是法国本土居民对其持保留态度的部分原因——尽管青豆和豌豆罐头的市场价格在 19 世纪后半叶持续下降，但仍然比面包和新鲜蔬菜高出不少。富裕阶层（包括殖民者）将享用玻璃罐装的反季节产品作为一种炫耀性消费；下层阶级则更青睐“天然”产品，尤其是肉类。[33] 布鲁格补充道，法国消费者“似乎更珍视与作为生产源泉的土地之间的直接联系”[34]；但当这种联系被距离切断后，法国殖民者不得不寻求用罐头保存的故土食物，并用自家

园子的产品作为补充——当时的殖民地政府鼓励所有人都保留一块私人菜地。然而，经过处理的罐装食品丝毫体现不出法式高级料理的优越性，显然也缺少滋味；但对当时在国外生活的法国人来说，“法式饮食方式比起实际味道来说更重要”[35]。殖民者家中雇佣的本地厨子被要求采用法式烹饪方式来制作菜肴，而且每天都要烤制新鲜面包。法国殖民者因此设法获得了两种并行的“风土”：一种是直接的或者一手的（显然也是更可取的）；另一种是次等的，需要某些条件才能在法国以外的土地上实现。

殖民地在理论上获得作为法国农业土地延伸角色的前提是法

一对运甘蔗人偶，彩绘铜、银材质（1738—1750年），据称为路易十五情妇蓬巴杜夫人所有。这种用于收藏的人像显示出法国人对当时有距离感的殖民地文化的着迷。本品彩绘由埃蒂安-西蒙·马丁（Etienne-Simon Martin，法国人，1703—1770年）所作国殖民者对这些土地先进行法式改造——殖民地只有在为法国农业服务时才有价值。1902 年，一位法国作家在看到交趾支那的水稻大丰收后，不无伤感地称水稻种植业解决不了法国的经济困境，因为这种作物在法国长不好，此前法国殖民者在印度支那投入大量精力的甘蔗种植项目就失败了。“农业试验的多次失败使一些反对派相信欧洲人没法在这个国家培育土壤”——他认为这一观点透露出，当时人们固执地相信欧洲外的土壤无法与欧洲标准调和，而不是异国作物无法与本地土壤调和。[36] 使法国作物或法国推广的异国作物适应殖民地气候的尝试很少成功，但殖民者始终不愿将权力和主观能动性下放给被殖民者和他们的土地。然而，科学是不以人的主观意志为转移的。当自然不会向殖民者屈服的大势已明时，政治风向开始发生改变。在面对将异国作物引进殖民地的多次失败后，殖民地的经营者们转向开发本地作物，从清一色的“作物驯化”转向将法国技艺运用到培养本土作物和农民上——如此仍然是在为法国经济服务。在世纪之交，经营多年的殖民地试验园的管理理念也发生了重要变化，其标志就是 1899 年塞内加尔的诺让（Nogent）殖民地花园的创立。

西非的植物学家奥古斯特·舍瓦利埃（Auguste Chevalier）和农学家伊夫·亨利（Yves Henry）是这个转变的主要拥护者。舍瓦利埃在 1905 年发表的论文《法属非洲热带的有用植物》（Useful Plants from Tropical French Africa）中，仍然坚定持有殖民地农业必须对法国有益的态度。亨利则在 1906 年一份关于西非农业状况的报告中，建议试验园放弃实验室模式，顺应市场，转向单一经济作物的种植。亨利支持朝经济活力的目标“对本地作物进行科学利用”，限制试验园科学家对多个选择（和强推）的作物品种进行支持。[37] 舍瓦利埃 1913 年在塞内加尔开辟了一块花生种植试验园地，旨在改良这种占了塞内加尔 80% 出口额和 1945 年前法属西非出口值近一半的经济作物。[38] 这一行动显然是出于经济利益而非慈善目的，但也对法国人的思考方式产生了重大影响。自 19 世纪以来，法国本土在法属西非建立了多个面向出口的单一作物种植园，作物包括塞内加尔的花生、达荷美（现在的贝宁）的棕榈芯和棕榈油以及后来几内亚的香蕉。这些小农场大多都是法国强制种植体系的一部分：非洲的村子们被要求定量生产某种特定作物，否则将被处以罚款；强制劳动也在此得到使用。这些小农场与法国小农经营的传统一脉相承，只是所处的环境不一样；经济作物在这些本地小农场通过人力得到广泛种植。[39] 法国之所以很晚才在这些西非殖民地引入农业机械化，也是为了在经济上对其保持钳制。殖民地当局对工人的压迫和对当地生产者权益的漠视阻碍了生产的发展，也理所当然地助长了本地农民对与法国进行农业合作的抵触情绪。因殖民地总督更替或宗主国不信守购买承诺而导致强制种植园的全部收成付诸东流也是常有的事。[40] 一战期间，对食品的需求同对劳动力和兵源的需求发生冲突，劳动力的缺乏导致粮食产量降低和将食品运往法国的人力不足。[41]

在一战和随后的粮食危机期间，将殖民地食物运往法国的理由变得更加紧迫，但并不一定更站得住脚。随着印度支那水稻产量上升，进口大米和大米粉在一些人眼里似乎是解决困难期法国国内小麦产量急剧下降问题的一个绝妙主意。法国小麦 1916 年的产量比 1913 年的水平低了 64%，1917 年比 1913 年低了 42%，到 1920 年也只恢复到 1913 年水平的 74%。[42] 战争期间和战后，对白面包的追求“使法国国民身份与外国和殖民地的身份区分开来”[43]。尽管用白色大米粉做出的面包比用次级美国小麦粉做出来的更白，但其与殖民地，尤其还是东方的殖民地的联系对法国人造成了太重的心理负担。最起码，20 世纪初，大米在法式料理中很少用到，有时甚至遭到恶意诽谤；一般除了甜点，很少用于正式菜肴中。[44] 尤其印度支那的大米还有着低质量的名声，这意味着殖民地的游说势力当时费了不少功夫才找到机会将大米引进来。当时的商人为了推广大米粉打了两张牌：洁白度和乡土法国，将殖民地农业与母国紧紧绑定。他们大张旗鼓地宣传“大米粉是法国丰收的象征之一，将其加入面包中提高洁白度有利于帮助法国重回常态”[45]。在这些强大攻势面前，法国公众通过科学研究、法律诉讼和消费者抵制来进行对抗。首先推动政府在 1926 年 6 月颁布法令，规定法国面包只能含有 10% 的非小麦成分。随后，由小麦生产者和面粉行业大亨联合成立的面包谷物办公室（Bureau of Grain for Bread）再度活跃起来。应巴黎面包师行会的要求，法兰西医学院在 1926 年 8 月开展了一项面粉替代研究，得出的结论是大米、玉米和木薯粉都不适合用来做面包，进一步推动了大米粉面包的禁售。法国人这里明显是用文化标准来处理科学研究，他们称大米粉面包“无法突破定义面包的文化和法律限制”，这从中世纪起就是如此。[46] 然而在另一边，法式长棍面包则在19世纪中期“攻陷”了印度支那（现在的越南），在1950年代还演变成著名的越南三明治。

在殖民地对战争的贡献获得认可和法国本土面临极端短缺的情况下，殖民地经营者们在1920年代和1930年代采取了另一种发挥殖民地及其农业价值的方法，目标仍然是给法国带来经济收益。1911—1919年在印度支那担任总督和在1920—1932年间两度担任法国殖民地部长的阿尔贝特·萨罗（Albert Sarraut）在1921年引入一种合作政策，即“联营政策”[47]；他并没有忘记这个计划的终极目标——法国借助欧洲外的耕地实现战后复原。用他的话来说，“考虑到这个时代的经济情况，浪费这些广袤的处女地简直不敢想象”[48]。从这些当时住满人的土地被殖民地经营者看成待耕的土壤就很能看出法国人眼中其价值之所在。为了引入科学技术，法国人在1921年将诺让的殖民地农业学校改成殖民地农学研究所，用来培训殖民者和本地科学家，实际上是为了将“风土”传播给殖民地。这种赋予试验园的新角色将它们变成了植物学研究中心，旨在通过科学和理性研发出最适合本地区的产品。然而，在试验园中主导科学实验的两股力量仍然存在紧张的竞争关系：政府部门的主要目的是充分开发殖民地的经济潜力为宗主国服务，而博物馆植物学家的目的是通过了解殖民地的特殊生态来提高本地的生产技术。在上述任一情形下，系统的改革都给殖民地农业设立了一个相同的新目标：通过发展农业科技来为法国提供异国食品，使法国在国际市场上更具竞争力。[49]

一战后，殖民地游说集团将殖民地对法国本土农业的贡献潜力作为拉拢对殖民地投资的理由。这个观点遭到法国公众的抵制，他们对法国需要殖民地食物这一想法心怀戒备。为了打破僵局，殖民地总办事处（成立于1919年）开始免费提供可可、香蕉和大米等“异国”食品供人品尝，使这些产品得到普及和被人们熟悉。[50]达娜·哈勒（Dana Hale）对殖民时期广告形象的研究发现，来自马格里布地区产品的标签强调的是它们产自谷物、水果和葡萄酒的丰饶之地。[51]20世纪，香蕉在欧洲越来越受欢迎，导致出现了一系列以香蕉为基础的饮料品牌，比如Bananavic、Superbanane和受争议的Banania——其1915年开始用的商标为一个微笑的塞内加尔枪手和一句“很好！”（Y'a bon！）。在一

印度支那展馆，巴黎殖民地博览会，1931年，约瑟夫·布朗歇（Joseph Blanchet）

战期间16万非洲黑人为法国战斗牺牲后，“黑人良民”的形象流行开来，广告中的黑人形象也变得更加友好、无害，但过于天真烂漫。1930年代在巴黎和马赛举办的殖民地博览会企图让大众接受殖民地产品能帮助法国战后重建的观念。举办这些博览会的官方目标是促进法国和其海外领地之间的贸易，尤其是与北非的殖民地。1931年5至11月在巴黎举办的国际殖民地博览会的潜在目的则是呈现欧洲和其殖民地的内在显著差异，为“文明教化的使命”寻找正当理由。在博览会上，一边是代表法国文明的展馆（装饰艺术风格的信息中心），另一边则是“本土”风格的殖民地展馆。法国人希望呈现一届“科学和清晰理性的展会”，使东方的殖民地（象征感官享受、从心所欲和堕落）和西方代表的实验室般的理性形成对比。[52] 在1931年巴黎的殖民地博览会结束后，曾经的展厅被改造成殖民地博物馆和一个水族馆，参观者们可以在法国土地上继续像科学家一样对殖民地的异域文化和工业表示惊叹。如此，法国公民们便能赞同“世界充满了奇妙的物种和艺术，但是它们需要一个法国构架来容纳、确认和呈现”[53]。

Banania

作为法国最著名的品牌之一，这种诞生于1912年的香蕉巧克力早餐饮品存在历史争议。Banania是由记者皮埃尔·拉尔代（Pierre Lardet）通过对尼加拉瓜类似谷物饮料的模仿发明而来，他将两种殖民地产品（巧克力和香蕉）和熟谷物、牛奶组合起来，创造出一种帮助增强法国孩子体质的营养饮料。拉尔代1914年为Banania注册商标时正值一战开端，他本人也在努力宣传殖民帝国能给法国本土带来的好处和丰富的产品。Banania的早期广告使用的是一个带欧洲人面貌特征的安的列斯群岛女性形象，重点强调产品能给全家人带来健康和营养益处。微笑的塞内加尔枪手形象和他的“很好！”在1915年后成为品牌标志，既是对为法国而战的塞内加尔军队的肯定，又是一种对非洲男人幼儿化和刻板化的印象。拉尔代抓住重要机遇，同年在向前线法国士兵赠送了满满一火车的Banania后获得了渴望已久的知名度（以及获得荣誉军团勋章）。[54] 在1931年的巴黎殖民地博览会上，Banania继续在法国消费者中拓展势力范围。公司通过暂时调整配方，得以从二战期间对糖和巧克力的限额配给政策中生存下来，在这之后恢复了经过可靠试验的小麦、大麦、香蕉、蜂蜜和可可的混合配方。Banania在1960年代前几乎是同类产品中的唯一，并统治着巧克力早餐饮料市场。当法国的殖民帝国在1950年代和1960年代开始崩溃，其前殖民地纷纷独立的时候，许多公司抛弃了贬低黑人男性和女性的广告形象（现在会被视作公开的种族主义行为），但Banania保留了“很好！”的广告语和塞内加尔枪手，仅在1957年请艺术家埃尔韦·莫朗（Hervé Moran）改成卡通形

象。其广告语在 1977 年和 1987 年曾短暂消失。在得到数十年来行业内部对其广告的赞扬和肯定后，Banania 最终删除了塞内加尔人的形象，改换成带微笑太阳标志的新包装。原有的商标形象在 1999 年曾以缩小版的形式回到过 Banania 的包装上，被摆在“老式”配方食用指南旁。它现在的广告形象经过了现代化调整，为一个戴着红蓝毡帽、开怀大笑的黑人男青年形象。

随着法国在两次世界大战之间在经济上重新恢复，法国和其殖民地之间的身份差异再次得到强化。例如，当 20 世纪法国葡萄酒从葡萄根瘤蚜灾中恢复过来后，阿尔及利亚葡萄酒迅速从拯救者变成了竞争者，尽管在 1931 年殖民地博览会上展出的高端阿尔及利亚葡萄酒意在向法国消费者灌输阿尔及利亚属于法国的观念。阿尔及利亚葡萄酒一度被免除法国向外国葡萄酒征收的税费，1930 年代向其征收瓶盖税的企图也失败了。既然阿尔及利亚的土壤可以产出高档葡萄酒（按法国标准），而高档葡萄酒又是法国遗产的一部分，那么“阿尔及利亚的葡萄酒就是法属阿尔及利亚是法国一部分的有力证明”[55]。对阿尔及利亚展馆的展览者来说，阿尔及利亚是凭借其农产品的丰富程度和高质量才得以归属法国的。但和印度支那的面包一样，法国人对葡萄酒这一在餐桌上的头部必需品中掺入外国身份保持高度警惕；而且在法国人的观念中，阿尔及利亚葡萄酒从未取得过和法国本土葡萄酒一样的地位。罗杰·迪翁在他 1959 年出版的葡萄酒历史大全中根本没提及阿尔及利亚葡萄酒。博览会上的其他展馆也强调北非食品和法国食品的差异性，展示了截然不同的突尼斯和摩洛哥特产；但是，美食街呈现的则是大同小异的殖民地料理，因为餐厅和美食街的目标是赚取利润，而非科普。推广者们提供异国食物样品和免费烹饪课程，希望将这些食品送到法国家庭的餐桌上。但是，博览会上的情形则显示，在 1930 年代的法国，殖民地食品接受程度有限且不大受关注。R. 德诺特尔（R.de Noter）在其 1931 年的烹饪书《殖民地好料理》（*La Bonne Cuisine aux colonies*）中，鼓励按照某种指标将“我们殖民地兄弟的遗产”吸纳进法国饮食身份之中。尽管他承认，来自非洲、亚洲和美洲的食谱缺乏“我

阿尔及利亚展馆，巴黎殖民地博览会，1931 年

们厨艺大师的精致”和高级料理在科学上的精确，但认为它们能为法国国内外的家庭提供其他理性和健康的选择。[56]殖民地食品占据的是与法国本土习俗迥异的空间，保持其美味的前提是像博览会和博物馆里的展品一样被限制在可控范围。

20 世纪布基纳法索的法国青豆吸取了 19 世纪的经验教训，可以作为法国海外食品计划的成功案例来研究。在 20 世纪早期，寻求熟悉食物的传教士和行政官员将青豆引进了布基纳法索殖民地（当时被称为上沃尔特）。1970 年成立的 Sélection 公司成为欧洲最大的青豆进口商和法属西非最大的青豆买家，其所有者伊夫・加洛特（Yves Gallot）为其企业创建了一个小农场网络，并“和法国普遍认为的一样”，相信小农户比起工业化农场能更好地维护乡村环境和生产更好的产品。[57]殖民地的管理者想要在布基纳法索建立一个从农场到市场的系统来实现一部分“文明教化的使命”——创造一个现代、勤劳、富裕和稳定的非洲农民阶层。崇尚科学和拥抱乡村的家长式号召再度浮现，让人想起了曾经的试验园。2002 年，Sélection 的网站骄傲地宣称，他们借助“经周密论证的种植方法”、“农民的‘制作之道’”和大自然，帮助布基纳法索人生产出了美味健康的豆子。[58]在布基纳法索的法国豆子可以说是可移植“风土”的例证，其充分融合了法国与土地的神秘联系、经济机遇和法国产品标准等元素。然而，“风土”虽然可移植，但并非没有限制，而且往往不持久。

二战的冲击最终促使殖民地管理者下决心帮助海外领地彻底改革生产系统，并向更大的市场开放贸易。殖民地生产者与法国本土之间的闭环贸易意味着非洲殖民地被孤立于国际市场之外，导致其蒙受了巨大损失。为了肯定西非在战争中的贡献，法国曾尝试让非洲殖民地生产者享受更多他们的劳动成果，允许其更好地满足自身经济需要，并为其开拓殖民地和法国本土的新市场。在1944年的布拉柴维尔会议上，与会者们制定了法属西非的工业化发展计划，旨在提高当地的生活水平，为定期更新换代设备和人员培训提供资金；在宗主国象征性的批准下，允许各个殖民地自主决定自己的关税政策和向国际市场开放。然而，这些指导方针刻意回避了重工业和更加有利可图的技术（比如在林业和矿业领域），以保持法国本土的经济优势，阻止殖民地实现真正的自给自足。[59]这些带有进步意义的措施效果远不及殖民地独立，显示法国并没有准备放松对其海外领土的控制。或许正是因为法国缔结协议时动机不纯，这些措施几乎都失败了，花费巨大而实际成效有限。1945年西非法郎的创立将法属西非国家与法国更紧密地绑定在一起，因为其汇率与法郎挂钩。这个时期，法国和西非国家的贸易占了该地区50%到70%的出口总额。

不过，布拉柴维尔协议还是促进了一些新行业的发展，其中花生和咖啡行业获得了明显的好处。塞内加尔的第一家工业用油处理厂建立于1939年，种植者可以将其收成的50%加工成成品油后再出口，而在1930年代这一数字仅为3%。[60]科特迪瓦的咖啡和可可生产者也从殖民地管理方式的变化中受益，包括获得免费苗株、在抗击疟疾和其他疾病上得到帮助以及获得农业专家指导。法国1716年在留尼汪、1723年在马提尼克、1731年在圣多明各分别创建了咖啡种植园。到了1789年，这些地方的咖啡出口量达到1 800万千克。[61] 到1950年代晚期，欧洲这些作物的种植量占海外种植园的比重不到7%。海外种植园的生产已完全由当地农民接管——他们更懂得照料作物，在低产时还会种植粮食来养活自己。[62] 在后来，非洲人拥有的土地比欧洲人的更加成功，因为当地种植者采用了收益分成的方式从邻国吸引和留住劳动力。这种收益分成制与现代早期改变法国农村面貌的制度相似，保证了劳工的住房和食物，还有更高的自由度；一旦作物售出，还能分到一定比例的利润，在劳动力紧缺时甚至能分到50%。[63]

波旁岛的咖啡种植，水彩画，J.J. 巴杜·德·罗斯蒙（J.J.Patu de Rosemont，1767—1818 年）。画上展示的是 19 世纪早期波旁岛（留尼汪）上的咖啡种植园

出于这个原因，非洲的“自由民”为科特迪瓦的咖啡和可可生产者工作的意愿相比为欧洲种植园工作要强得多。科特迪瓦的咖啡出口在1939年超过了其棕榈产品。到1948年，咖啡和可可占了科特迪瓦出口额的70%，其中很大一部分出口到了美国。科特迪瓦目前是世界上头号可可生产者，尽管连年不断的政治和经济危机使其咖啡和可可产业受到严重影响。显而易见，法国的殖民活动对这些前殖民地当前面临的经济停滞具有深远影响，因为非洲从强迫劳动到土地收益分成制再到准现代市场经济的演变比法国晚了7个世纪。

殖民活动给法国海外领地带来的文化和饮食冲击也是深层次的，这显示出“风土”的另外一面。从一些出口到马提尼克的商品名称上能看出迹象：进口的洋葱被称为“法国洋葱”，小麦面粉被称为“法国面粉”。[64]在马提尼克，“吃法国食品就是做法国人，是成功的象征”——这种幻想已经深入人心；更重要的是国际资本主义势力也披上了法国的外衣，误导当地人和1960年代的独立潮出现之前一样，把老法兰西帝国当成唯一且不可替代的供应者。[65]在粮食供应上，尽管法国出过力，但马提尼克从未实现粮食自给。实际上，对法国补贴政策的依赖使马提尼克在罗伯特上将（Admiral Robert）统治时期的1940—1943年间陷入一场毁灭性的饥荒，因为当时的维希政府取消了对这个岛屿的出口支持政策。对马提尼克来说，法国在过去和现在一样，都是供应者，是祖国母亲。一个马提尼克人回忆大饥荒时说：“当你的母亲不喂你时，你能怎么办？”[66]

随着法国和其殖民地之间贸易的增长，殖民地产品的外销渠道越拓越宽，并逐渐向法国本土饮食靠拢。关于殖民地美食的烹饪书在法国最受欢迎的顶峰时期出现在1930年代。1931年，“殖民地烹饪”在巴黎博览会上隆重登场。当然，殖民地成功推出的食材，比如热带水果和咖喱粉，都是经过法国料理改良或具可改良性的，它们都与一个“一般的殖民地‘他者’”、而非一个特定国家或民族相关。[67] 到19世纪晚期，诸如香蕉、芒果、椰子和菠萝等“异域”水果在法国（尤其在巴黎）已经很常见了，并被纳入1895年家常菜烹饪杂志《蔬菜牛肉浓汤》的食谱中，通常是在甜点里。作为“外围菜肴”，这些菜对法国料理体系的威胁性更小，而且还因一些带有殖民地特色的名字，如“塞内加尔式”“印度式”而更加边缘化——尽管这些名字不总是对应其异域食材的原产地。法式烹饪的荣耀在于对食材的巧妙处理和对外国菜肴进行法国化改造——这个观念作为卡莱姆的遗产之一在1930年代催生了一波异国食品“安全化”的浪潮。19世纪晚期和20世纪早期的烹饪杂志向读者保证，其中的外国食物菜谱已经过了适应性改良。在1934年一份“阿尔及利亚式”茄子的菜谱中就注明了：“我们的烹饪方式比起当地的做法改进了一点，这样能适应所有人的肠胃”[68]。20世纪早期的“驯化协会”为了推广殖民地食品，举办用进口食材（包括大米、鱼露和朗姆酒水果酱等）准备的午宴，宣称“这些精心挑选的食品就是用来满足法国品味的”，并根据上流社会的礼仪习俗呈现出来。[69]

热带水果作为曾经的殖民地唯一适合法国居民的非法国食

品，如今还是法国从海外省和地区进口的最重要的产品。目前的数据显示，法国的海外省（瓜德罗普、圭亚那、马提尼克和留尼汪）只提供了法国水果蔬菜生产总量的一小部分，但却是少部分品种产品的唯一产地。2010 年，法国的海外省和地区的谷物产量占法国总量不到 0.1%，西红柿和青豆产量占 3%，油料种子为 0，但甘蔗、香蕉、菠萝和热带根茎类蔬菜的产量为 100%——尽管法国从别处进口的要比其产量多得多，但这些海外省和地区也无法凭借这些特产获得收支平衡。[70] 2010 年，马提尼克收到的补贴占了其农业经费的 42%，瓜德罗普这一数字为 23%，留尼汪为 16%。[71] 2017 年，法国最大的香蕉供应者为科特迪瓦（占比 25%）和喀麦隆（占比 20%），而海外省和地区的供应量减少了近 30%。[72] 尽管如此，即使在今天，殖民地食品仍然将其消费者作为“他者”标记出来。虽然《蓝带》烹饪杂志在 1912 年已经承认了摩洛哥料理，称“经过法式烹饪艺术改造的”库斯库斯可以端上高级餐桌[73]，而且在 1962 年阿尔及利亚独立后，从那里返回法国的 100 万“黑仔”（pieds noirs，指出生在阿尔及利亚、有欧洲血统的人）已经养成了吃库斯库斯的习惯，法国公司 Garbit 也在 1962 年推出了第一版库斯库斯罐头[74]，但是食用外国食物引发的身份认同不信任仍然存在。莫里斯·莫斯奇诺（Maurice Moschino）在一篇 2002 年的报道文章中称，一名申请法国国籍的摩洛哥移民曾被问及她多久吃一次库斯库斯。[75]

殖民化和去殖民化也塑造了法国人想象其祖国的方式，创造出如今随处可见的指代法国的绰号——“六边形”。六边形作为法国象征，最早出现于 1960 年代法国海外领地独立之后，直到 1966 年才获得广泛认同。[76] 六边形的形象被用来团结本土的国民是在法国（自己主观认为的）失去其殖民地（事实上从未“属于”过法国）后——这些此前抢来的殖民地在 19 世纪晚期曾宽慰过法国，当时法国正遭受在普法战争后将阿尔萨斯和洛林割让给德国的痛苦。当法国需要将其身份修订为一个帝国时期后的欧洲民族国家时，六边形就成了一个有力的符号；而在法国人的心目中，“法国民族国家的巩固是先于地图和图像中复制出的具体形象的”[77]。所以，当六边形这一形象变得司空见惯，而且法国也开始被视为“比例和谐与平衡之国”——用维达尔·白兰士（Vidal de la Blache）在 1915 年的话——时，法国的对内形象很快获得恢复。1977 年的《基耶百科全书词典》（*Dictionnaire encyclopédique Quillet*）宣称，欧洲的法兰西共和国的地位和过去作为“一个庞大殖民帝国的领袖”的法兰西帝国别无二致。[78]

今天的法国公民们来自其各个前殖民地，在政治气候影响下勉强和谐共处。殖民主义和 1930 年代的贡献留下的深刻影响为法国人口结构的多样化打开了大门。为了向其前殖民地致意，法国政府在 1961 年取消了入籍法国的居住地限制——只要申请者出生于任一前法国殖民地，包括阿尔及利亚、摩洛哥、塞内加尔、海地、前印度支那、突尼斯，尤其还有比利时、意大利和德国的部分地区，以及美国的 20 个州。[79] 然而，阿尔及利亚人的入籍法国之路并非一帆风顺。在 1834 年阿尔及利亚被并入法国后，其领土上的穆斯林和犹太人被认为是法国人的附属，在当时不被允许入籍。在 1962 年阿尔及利亚独立后，所有在法国的阿尔及利亚人生的小孩不论其宗教归属都获得了法国国籍，所有阿尔及利亚的居民也可以申请加入法国国籍。[80] 今天，法国本土公民和来自前殖民地的移民之间的关系仍然紧张，不管法国如何调整公民身份的定义。制造出殖民地食品和带法国“风土”的食品人为差异的建构身份仍然影响着法国人的思维方式，区分着谁是法国人、谁是“外人”。虽然马提尼克的居民会吃用“法国面粉”做的糕点，巴黎人也会吃库斯库斯，但这些行为无法用布里亚-萨瓦兰的格言“告诉我你吃什么……”中的简单逻辑来解释。因为在殖民地和殖民地后的环境里，吃法国食品并不意味着就是法国人，于是，瓜德罗普人和摩洛哥人等不管在言辞上还是在行动上，开始再度重视自身的克里奥尔、印度和本地饮食属性，要么与法国饮食相区分，要么相融合。然而，法国人仍打算靠昔日的正统饮食在新世界的秩序中继续保持领先地位。

玛丽斯·孔德[1]：《美食与奇迹》[2]（2015 年）
第一章 学习的岁月：从椰果烧饼到圣诞布丁[3]

当时已经很有创见的我尝试提了些建议，比如建议阿德里娅（Adélia）[4]把土豆烙鳕鱼[5]中的土豆换成地瓜。她笑道：“那是什么东西啊？”

（有一次，阿德里娅允许玛丽斯做果肉烧饼当甜点。）

阿德里娅对围在桌边的全家人宣布烧饼是我的作品。对我们家来说，在工作日里吃到的菜的数量可比质量重要。我的七个兄弟姐妹和父亲迅速吃完了她简单烹饪的炖猪肉、红豆、米饭或木薯。她通常把巧思妙想留给周日或生日大餐，如完美的螃蟹炖饺子（dombrés au crabe）[6]、煨红金枪鱼（braised red tuna）和山羊肉烩饭（colombo de cabri）[7]。那晚，吃得饱饱的家人们礼貌而不带感情地夸奖了我。我母亲则丢下一句“只有傻瓜才会为食物而兴奋”。

（这些早期的批评没有降低玛丽斯对于烹饪的兴趣，相反使她变得更勇敢了。）

尽管过于传统的阿德里娅表示抗议，我还是发明了用柠檬汁调味的西柚与牛油果沙拉。从那时起，每次进入厨房时，我都带着一种侵入和藐视规则的感觉，就像多年后我像电影里一样和男孩子嘴对嘴亲吻的感觉。十五岁时，我就能制作山羊肉烩饭了，这是一种印度人[8]留给我们的国菜。但我从未得到阿德里娅的认可。她噘起嘴唇说：“什么鬼主意！你加肉桂粉了！烩饭里轮不上放肉桂！”

凭什么？谁定的规矩？我对传统菜肴没有兴趣，搞得这些一成不变的菜谱像我们祖先[9]遗留下来的神启之作一样。我喜欢创造，喜欢发明。

用鳕鱼片和土豆做的土豆烙鳕鱼

注释

[1] 孔德在瓜德罗普出生，她从 1985 年直到 2004 年退休之前一直是哥伦比亚大学的文学教授。她出版了十四部小说，包括《我》（*I*）、《蒂图巴》（*Tituba*，1992 年）和《穿过红树林》（*Crossing the Mangrove*，1989 年），以及几本回忆录。她于 2018 年获得了新学院文学奖（New Academy Prize，相当于诺贝尔文学奖的替代奖项）。她的小说以描写克里奥尔身份和殖民主义影响为特点，聚焦女权主义主题和用文学助推社会改革的思想。

[2] 在这部自传性质的作品中，孔德在其写作生涯中探讨了烹饪与文学这两种相伴她终生的嗜好之间的联系，这两者相互激发出创造力。这卷散文集源于孔德和一个巴黎餐厅老板未能如愿推出文学烹饪书——孔德意识到这类在英语中已经存在的作品在法语中还不存在，但当时孔德联系的法国出版商坚持认为烹饪书籍属于文学外的领域。在这部作品中，她提倡将食物与写作统一起来，这挑战了法国人不愿接受食物也是一种正当的智力追求的态度。

[3] 玛丽斯·孔德：《学习的岁月：从椰果烧饼到圣诞布丁》，载《美食与奇迹》（巴黎，2015 年）。英文译者为本书作者。

[4] 家庭厨师阿德里娅是玛丽斯早期的人生导师，她将厨房当作比特尔角（Pointe-à-Pitre）这栋房子中“最喜爱的避风港”。

[5] 咸鳕鱼与土豆和牛奶一起捣成糊状，然后烘烤，有时加点切细的大蒜和欧芹。土豆烙鳕鱼是19世纪最早开始在巴黎流行的地方（普罗旺斯）菜肴之一。在盛产鲜鱼的瓜德罗普，咸鳕鱼一般用在安的列斯群岛上随处可见的鳕鱼馅煎饼（accras de morue）中，其做法在非洲和葡萄牙的模式基础上有所调整。阿德里娅选择做土豆烙鳕鱼，这说明法式菜已经渗透进她对“传统”烹饪的认知里。

[6] 在瓜德罗普，螃蟹炖饺子是一道复活节菜肴。在原文中，孔德用的是克里奥尔语拼法“dombwe”。

[7] 如第六章讨论过的，咖喱炖山羊肉是瓜德罗普的代表菜，对不少安的列斯群岛的作家有重要的象征意义。尽管阿德里娅很传统，但她的节日菜谱充分展现了瓜德罗普特色，包括新鲜螃蟹和金枪鱼；煨红金枪鱼则取代了法国文学里餐桌上的煨牛肉。

[8] 指在瓜德罗普登陆的印度移民，他们给克里奥尔菜肴带来了添加香料的传统。

[9] 法国的先贤们例如卡莱姆热衷于以“神启之作”的名义来保护法国菜肴，但孔德在这里指瓜德罗普厨师遵循一成不变的传统和印度人祖先定下的烩饭与香料比例。与她的一些加勒比作家朋友相反，孔德拒绝用安的列斯群岛文化中的加勒比“同一性”作为团结的基础来一致对外。相比接受停滞的加勒比身份，她小说的目标是重塑读者的期待，提升人民对“他异性”的接受程度［尼可儿·婕奈特·斯梅克（Nicole Jenette Simek）：《吃得好，读得好：玛丽斯·孔德和阐释的伦理学》（*Eating Well, Reading Well: Maryse Condé and the Ethics of Interpretation*）（阿姆斯特丹和纽约，2008），第20页］。在这篇文章中，孔德认为，她作为个体创造新菜式不是为了反对法国模式，而是凭她的经验进行的独立思考。作为来自瓜德罗普的作家，她用法语进行的“创造和发明”也成为法国文学的一部分。

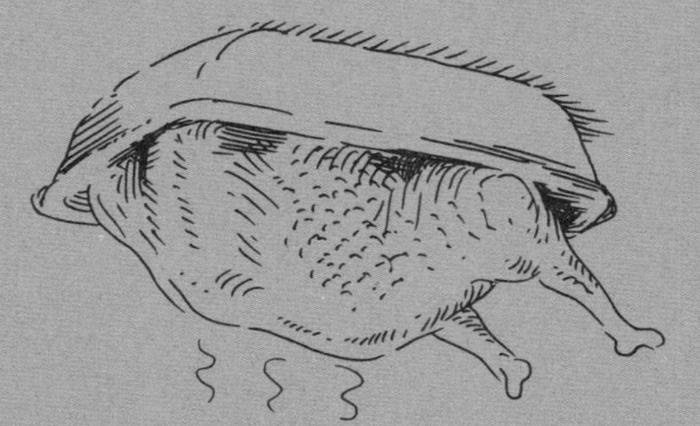

Savoir-Faire

A History of Food in France

第八章

摩登时代：永远的农民

法国在经历了数十年帝国疆域的伸缩、国内外农业领域的挑战和高级料理长达一个世纪的主导后，终于进入了现代社会，并迫切需要一种新的叙事来保存和延续其国民传统。这期间，法国遭受的入侵、占领、割地和战乱扰乱了其国内食品供应，使其无法再在世界上扮演精致饮食的领导者，它在美食领域的身份也遭到质疑——卡莱姆模式被认为过时了。美食主义曾经是法国身份的门面，但20世纪的粮食危机使法国元气大伤、仓廪空虚、人民迷茫。法国再度转向保护主义，来自外界的（主观感受或真实的）威胁促使其进一步强调法国食物的法国性——既是为了保存过去，也是为了保护法国公民身份的基石（白人、中产/精英、男性为主），因为来自海外领地的人和传统不断挑战着法国料理的同化吸收能力。20世纪，法律文本将法国性与法国土壤直接绑定，通过正式法律文件描述和在法庭上的实际应用来对文字上和想象出来的“风土”予以支持。树立质量标签是树立法国料理在国际市场优越地位的努力之一，植根于农民主义（一种认为强大的农民阶层是国家稳定关键的信念）的农业政策尝试在现代资本主义的入侵中保存法国农业。其间，巴黎“发现”了地区料理，并进行大张旗鼓的宣扬；外省终于在烹饪领域几乎和首都平起平坐了。现代的法国在面对一个拥抱融合和创新、不断变化的世界时，选择继续努力维护其历史和地方“风土”的价值。

那些为来源于法国土壤的优越法国食物辩护的说辞，继续利用有关乡土法国和关于法国的想象中通常与事实不符的农民形象的宣传。现代文献中接力引用着关于法国小农户重要象征地位的典故，称“他们嵌入了农业地区并传承着法国农业遗产”——即使地理学家们（包括马克·布洛赫）发现法国农业从1930年代起从分散经营向大农场发展的趋势。农民对法国食物的重要性可以与小农场主对法国农业系统的重要性相提并论。[1]欧仁·韦伯的农民史中记载并颂扬了关于高贵农民的传说：他们固执又结实，吃用大麦做的粗面包（比如在布列塔尼），因为他们认为吃小麦面包带来的乐趣太多了。[2]1870年成立的法兰西第三共和国时期，法国人口的三分之一为农村人口，三分之二为城市人口。到1930年代，一半的人口被列为农村人口，但从农村往城市的人口流失从1940年代开始不断加剧。到了1975年，农业劳工只占整个工人阶级的8%，法国领土上的农业用地只剩下四分之一。[3]19世纪晚期，尽管农民数量减少、声音减弱，但农民阶级仍是重要政治资产，其选票对共和国至关重要。1890年代，新农场的增速自大革命以来首次放缓。到1929年，在小农场合并为大农场后，法国单个超过1公顷（2.5英亩）的农场数量减少了50万个。[4]不过，农民的公众形象对农场主来说仍然有用，他们以农民自居，强调与耕种同一片土地的祖先之间的联系；农民形象对将其作为无知、落后与遗产高贵守护者象征的政客来说同样有用。在法国政坛中，保守派认为农民与天主教和反共和的价值观一致，左派则认为农民形象象征着对政府暴政或城市生活欺骗和压迫的反抗。[5]最重要的是，对法国美食和法国民族的故事来说，长盛不衰的农民形象证明：现代、工业化的法国和其农业传统是可以共存的。

让－弗朗索瓦·米勒（Jean-Francois Millet）：《扶锄的男子》，1860—1862年，帆布油画。19世纪晚期的艺术家经常在作品中表现农民形象。在1863年的巴黎沙龙上，观众将米勒的画作视为对农民的困境进行的社会主义抗争。在工业革命前夕，法国的农村人口不断萎缩外省法国对法国国家总体的重要性在20世纪发生了变化。在一战期间，农村人口损失惨重，农村年轻人口占了死亡人数的一半还多，战争期间老人和妇女只得接过农活；而农业领域在一段时间内因军需订单充足而持续盈利了一段时间。战后，小农场和大农场之间的差距愈加明显，北方的大型工业化农场通过投资进行了现代化建设，并修复了战争中受损的土地；而小型家庭农场继续使用传统、低效的种植方法。因为法国人的面包消费量降低，国内小麦市场缩小，法国政府企图通过采取将外国小麦挤出市场等方法来支撑本国产量。然而，1932 年和 1933 年的小麦丰收再次摧毁了粮价，迫使小农场主负债甚至转行，这进一步加剧了农村人口向城市的流失。政府调节市场的努力因未能解决其国内问题而失败，保护主义政策导致小麦和面包价格居高不下，但向便宜的外国小麦开放市场又会摧毁整个小农场主阶层。代表小农场主的工会领导人继续宣扬：“法国的道德和社会存续取决于大量的家庭农场主，即使他们无法按国际市场粮价来生产食物”[6]。

二战的到来给粮食供应系统带来强制改变，尤其是对于农村居民来说。在德国占领下，维希政权的领导人继续推行农户经营和农业优先的政策，以使法国寻回工业化前的根源。维希政权官员希望通过“土地重新分配政策”的法律直接重构乡村面貌，为重操旧业的农民提供补贴，并推动将大片土地分割成小块。这项法律在 1940 年代收效甚微（只有不到 1 000 名申请者），但因为其一直存续到 1960 年代，因此从长期来看也带来了不小变化，在法国中部和北部地区尤甚。作为维希政权的首脑，菲利普 · 贝当元帅（Maréchal Philippe

Pétain）认为农户经营属爱国计划并予以赞扬，同时利用农民形象的说服力来获取政治资本。实际上，维希政权中大部分农业政策制定者都有重返重农主义的正当理由，因为他们本身就是农场主或者全国农业联合会（UNSA）的成员。[7]在维希政权下，UNSA的负责人在1940年创立了一个名为“农民法人团体”（Peasant Corporation）的子机构，拥有监察权和收会费的权力。这个法人团体向所有农村家庭开放，并向其提供经济和社会援助。但是，更小的农户和劳工们对加入团体几乎没有兴趣。1942年的一项新法律为农村的每一类人（农业工人、佃农、收益分成者和地主）都创建了地方分支机构，解决了农村地区因缺乏团结而妨碍结社发展的问题。法人团体的新形式“使原先社团主义者看重的、农民团结一致的神话遭受令人痛苦的挑战”，因为这些地方分支机构宣告了农村人群不同阶层的存在，证明了所谓统一的农民身份更多是理论上的而不是实际中的。[8]但在现实中，维希政权创立的协会和对农民神话的重新讲述说服了山头林立的农村各阶层朝着相同的目标努力。农村各行业协会的心态改变使被占领后的法国政府中产生了致力于将所有农业行业都联合起来组成农业总联盟（Confédération Générale d’Agriculture）的想法，它在1946年很快被农业工人联盟国家协会（FNSEA）吸收，其第一任主席要求成员向“农民大团结”宣誓效忠。看来，讲述农民的故事也是有切实成果的。

在20世纪，法国农场主在地方联合会和全国性的组织中为争取农业保护政策进行了艰苦的斗争，巴黎在言辞上予以农民支持但实际效果有限，而地方上“耕地者”的领导力又不够集中。

不过，一些高调且有强烈象征意义的行为偶尔能攫取全国人民的注意力，并促使政府采取行动——就像18世纪的面粉战争达到的效果一样，因为农民的形象还是有分量的。因土豆价格下降，1961年5月，布列塔尼上千农民开着拖拉机上街，将土豆倾倒在市镇中心广场；而后来的焚烧投票箱活动使这场和平抗议升级为暴动。在政府逮捕两名组织者后，骚乱传导至布列塔尼其他地方，抗议者们进行了为期10天的抗议和封路。动乱进一步传导至法国的南部和西部，其乡村地区的暴力抗争持续了六个星期。[9]现代的农民抗争行为抬高了新一代农业维权人士的声望，并促使政府通过了一些短期援助和长期性的农业改革措施，也翻开了巴黎和外省间关系的新篇章。法国农业在1960年代经历了一系列重大发展，通过新法律、政策和结构性变化（政府补贴、机械化、人口外流和土地整合等）终于将乡村法国带进新时代。尽管法国人仍然守着光荣的法国农民形象不放，但法国农业不再受那些企图复兴19世纪工业化前期乡村运作模式尝试的限制。

对粮食生产者来说，旨在保护非巴黎地区供应者的新法令终于承认了：对巴黎市场（雷阿勒市场）的调节事关整个国家。1860年代末，铁路运输网络的完善和保鲜技术的进步使外省农民能将更多产品输往巴黎市场。但就像在18世纪巴黎葡萄酒行业的垄断现象一样，非巴黎的农产品卖家必须依靠不熟悉也经常不靠谱的中间商——不论其与巴黎的距离远近。1878年的一项法令禁止外省农民直接在巴黎市场售卖水果和蔬菜，只允许巴黎的代理商接手，这个体系一直延续到1953年。虽然农民们常常抱怨代理商的欺骗行为，但巴黎市场保障的吸引力超过了风险，导致雷阿勒市场供过于求（和价格下跌）和全国其他地方供应短缺（和产品价格飙升）。[10] 1960 年 6 月，布列塔尼的农民和他们中间商的一次矛盾引发了为期一周的“洋蓟战争”：农户们将洋蓟用卡车运往巴黎并在街角售卖——这又是一个与热衷符号象征的法国农民行动主义相一致的戏剧化举动。

为了应对欺诈和保护地方供应商，法国政府在 1953 年通过法令创立了国家利益市场（MIN），并于 1958—1967 年间在全国逐步铺开，旨在消除中间商，并在大城市中为地方产品提供受保护的空间。目前，此类市场仍存 17 处，包括巴黎外的兰吉斯。国家利益市场为两类卖家提供了批发市场场地：将商品陈列在货架上供消费者挑选的传统批发商和不需实体市场空间就能将商品直接运送至顾客手中的全服务批发商。支持国家利益市场的人称这是一种保护传统商业的方式，可以保护“濒危的”批发市场买卖活动，而且其设计十分巧妙。[11] 最初的相关法规复制了中世纪合理公平面包贸易使用的语言，还加上了科学元素，称通过“基于现代科学数据的商品交换和合理运输”，能“达成实现最优价格的目标，既最符合消费者的利益，又能使生产者得到合理回报”[12]。看来，市场的保护主义在过去（和现在）都保存了法式虚构和幻想中尤为看重的“传统方式”，并为消费者打开了地方产品的大门。作为最新成果，它还像国家利益市场的名字显示的那样，将外省市场纳入“国家利益”网络，而非作为巴黎市场的附庸。

法国人关于保护正统和传统的故事在葡萄酒和奶酪领域的表

现形式是20世纪早期带有法律性质的AOC系统。1905年，一项反对食品造假和欺诈的法律引入了葡萄酒原产地命名产区的概念。之后，1919年的一项法律设立了行政法庭来管理这些产区及其用途。在法国葡萄酒的AOC规则诞生之时，法国刚从一战的硝烟中走出来。正如19世纪的政治动荡促使法国确立了高级料理的最终形式，AOC政策也可以视为一种法国在面对其他领域的失败时巩固其在餐饮领域的优越性和“制作之道”的努力；这也是对阿尔及利亚在两次世界大战之间因葡萄园面积扩大三倍导致1933年大丰收带来的产量过剩和法国国内葡萄酒消费量下降所造成危机的回应。在1930年，法国政府从监控产量转向限制产量，包括禁止一些葡萄品种和铲平一些葡萄园。根据1935年法律设立的国家原产地和品质研究所（INAO）对葡萄酒的监管除了确定地理区域外，还包括控制葡萄酒和烈性酒生产过程的某些方面，包括生产区域、葡萄品种和每公顷产量及自然酿造达到的最低酒精含量等。[13] 可见这家新设的机构保护的不仅是原产地命名的产品名，还包括其组成部分及其与特定“风土”之间的联系。

两次世界大战期间，法国的手工奶酪制作者也看到了使其传统得到承认和保护的机会。他们借鉴葡萄酒的路径，也开始使用“风土”“产区”等词语来描述他们的奶酪。[14] 扩展到奶酪的AOC体系使在工业化奶酪面前几近消失的法国手工奶酪得以存续和发展起来。进入20世纪，布里、卡芒贝尔和格吕耶尔奶酪借助大规模工业化生产而成为“现代奶酪”，开始跳出地域限制而获得全国乃至国际声誉。法国奶酪有两套体系，即与乡村和传统工艺相连的手工奶酪和用巴氏法灭菌、面向广大消费者的工业化奶酪。工业化奶酪厂商借助微生物学家的研究成果来宣传其产品的安全、卫生；而手工制造者，或者说“老派”制作者，致力于通过构建故事和神话将其“手工、粗糙的”奶酪包装成“正宗货”，并将工业化、“城市化”的奶酪称为赝品。[15]这种编造关于法国粗制奶酪神话的努力和法国料理的其他元素一样，最终将这些故事都融进了法国人关于食物的信念中——从此它们不再是编造的了，而是“货真价实的”，成为对一款奶酪或葡萄酒进行正宗性评估至关重要的参考。在这方面起到助力作用的还有美食家库农斯基（Curnonsky）对农民和地方烹饪的有力支持。他在1934年发表了一篇名为《法国——奶酪的天堂》（*La France, paradis des fromages*）的文章和一份标记手工奶酪诞生地的地图。手工奶酪享受AOC的地位始于1925年的罗克福奶酪，但其命名只划定了罗克福镇用于陈化奶酪的洞穴区域，而非奶源的地理产区。

和葡萄酒不一样，奶酪在某些方面具有工业化特质，相关监管规定的精神反映了这一理念。为了解决影响法国奶制品在国内外销售的布鲁氏菌和结核菌大流行问题，1935年通过的一项新法律为商业牛奶制品设定了卫生标准，在大多数情况下要求对牛奶进行巴氏法消毒。这项法令决定了用来制作广受欢迎的“国民奶酪”（卡芒贝尔、布里和格吕耶尔奶酪）之基底的基本特性（脂肪含量、牛奶种类等），尤其还禁止了地方生产者将“自产自用的奶酪”直接卖给消费者。[16]尽管手工奶酪在法国市场仍占一席之地，但1935年的法律在某种意义上构成对工业化奶酪的官方认可。强大的工业化大厂商辩称，均质化的奶酪更符合奶酪产业现代化和扩大出口的目标。与葡萄酒不同的是，对奶酪的原产地命名避免了对奶源产地进行地理区域划分，且不承认奶源的“风土”，以免阻碍扩大生产。[17] 直到 1990 年，对奶酪 AOC 的修订才迫使奶酪制造者遵循和葡萄酒一样的“风土”体系，将奶酪所有组成部分的地理来源纳入监测。同年，原产地命名规则开始应用于法国所有食品。法国模式也启发了欧洲在 1992 年创立原产地命名保护标志（AOP），应用于欧洲除了葡萄酒外的所有食品，葡萄酒则在 2009 年才获得 AOP 标签资格。法国的 AOC 黄油包括诺曼底地区以独特的风味、色泽、高矿物质和油脂含量著称的伊斯尼（Isigny）黄油，来自西南部、制作过程中需使用经过 15 个小时才能成熟的奶油的夏朗德 - 普瓦图（Charente-Poitou）黄油和来自法国东部的新晋的布雷斯（Bresse）黄油。[18]

AOC 奶酪在原材料和制作工艺上都要遵循严格规则，这也是法国人对食品进行品类分级癖好的部分体现，以抬高法国创造的门槛和维持其“正宗形式”，使其经受得住时间的慢慢侵蚀。这里仅举一例作为说明：继 1905—1935 年的“奶酪法令”之后，1988 年一项法令明确规定，只有山羊奶酪才能采用“传统的”直径为 60 毫米、长度为 10 到 20 厘米，或直径为 65 毫米、长度为 5 到 7 厘米的圆筒形（称为“塞子”形）或任何大小和尺寸的金字塔形。[19] 1980 年代末，法国的手工奶酪强势回归，尽享人们对其独特“风土”的赞誉，并在展示和包装上力求淳朴。有一款名为伊泊斯（Epoisses）的气味刺鼻的洗浸奶酪，按照 AOC 规则必须使用金丘地区三种母牛（棕牛、西门塔尔牛和蒙贝利亚牛）产的牛奶为原料。这一规则实际上使这种16世纪诞生于勃艮第地区的奶酪的“风土”得到标准化和强化；这款奶酪曾在1950年代销声匿迹，在1991年凭借一位农户的一己之力复兴，并获得AOC标志。美食评论家们普遍更青睐这些朴实无华的地方奶酪，因为传统的制作工艺与正宗性是紧密联系在一起的。

受原产地命名保护的伊泊斯生（牛奶）奶酪

规则同样塑造着葡萄酒的消费和潮流。从1950年代开始，朗格多克地区开始努力将高产的“大红”品种逐步换成更高品质的葡萄，从生产低等、便宜的酒向生产具备更多AOC品质的葡萄酒看齐。在1961—1978年间，法国普通葡萄酒的年消费量从每人130升下降到90升，对AOC标签酒的需求随着其品质可靠的保障和日渐传播的盛名而水涨船高。在 AOC 标签的加持下，葡萄酒不再是“必需的首要”食品，而成为一种“文化商品”[20]。皮埃尔・马约尔（Pierre Mayol）记录的 1970 年代关于一名里昂当地酒商搞促销活动的故事是这么讲的：在每一瓶普通葡萄酒上有一张贴纸，集齐 10 张贴纸的顾客将收到一瓶优良产区酒（VDQS，为 1944 年所设等级体系的第二等酒），通常是一瓶罗纳河谷大区干红。优良产区酒之所以具备当作“礼品”的象征价值，是因为分类体系确保了其高于一般的品质；高档酒的“正向区分性象征”为其创造了在特殊场合的消费需求，即使对于那些每天习惯了喝普通酒的人也是如此。[21] 这种细致的教育培养出了那些并非出于必要、而仅为了马约尔所谓的“饮酒之道”或文化品酒活动而喝酒的消费者；这种文化标准同样能够强化法国本土产品的等级区分。然而，法国拒绝为阿尔及利亚的葡萄酒创建 AOC 标签。在 1962 年阿尔及利亚独立后，法国立马将阿尔及利亚葡萄酒从法国国家产品中踢出去，剥夺其法国身份，一劳永逸地解决了阿尔及利亚葡萄酒是否拥有法国“风土”的争论。即使拥有超过 100 年的生产史，阿尔及利亚葡萄酒也“从未在法国葡萄酒的叙事中存在过”[22]。1990 年代，随着伊斯兰宗教激进主义的发展，阿尔及利亚先前的葡萄园基本上都被麦田取代。

AOC 标签和 INAO 在现代法国料理优越性的故事中发挥了重要作用，通过“一种国家分级体系使法国料理的法律地位进一步巩固”[23]。和其他法国占主导地位的食品一样，奶酪和葡萄酒的分级体系帮助法国在国际舞台上巩固了其优越地位，并带来可观的经济收益。主打乡村、手工特色的 AOC 标签为消费者将奶酪的等级区分出来。在某种意义上，AOC 系统一方面强调了法国最精致食物的乡村属性，另一方面也使乡村生产者的坚守在全国食物地域志中获得承认。对一些人来说，AOC 体系展现了“农业法国最好的一面”[24]，因为法国消费者能借此秉持本地农业的理念，免受全球化和工业化农业的干扰；它还为确切支持（法国的）实践行为和履行原则提供了一种机制。然而，原版的 1935 年法并未就 AOC 葡萄酒的品质或应具备的特色（比如苏代白葡萄酒的甜味）做出规定，只有关于地理特征和特定生产过程的一些说明。INAO 所长约瑟夫・卡布斯（Joseph Capus）在 1947 年坚称，AOC 酒的完整性必须通过专家品鉴和化学分析确认。于是，科学和艺术这对孪生学科在对法国葡萄酒的鉴赏中得到统一。对于葡萄酒来说，只有通过品尝才能区分这一具备深厚传统底蕴和技艺积淀产品的细微差别和特色；但品尝不是科学，“和所有艺术门类一样，因其应用的领域和方式不同而具有不同的、纯主观的价值”[25]。科学，或者说化学分析，则必须提供可核验的客观方式，但并不是唯一方式。现在那些 AOC 标准的监察员要么将“风土”解释为产品生长或制作环境赋予的自然品质，要么将其作为自然和人为（“制作之道”）因素的混合体。[26] 和葡萄酒一样，科学和个人判断被一起用来解释奶酪的“风土”——通过微生物测试来确认某种奶酪独具的菌种发育，通过品鉴来评估其制作工艺和风味。和 AOC 标签最初从地理定义上发展丰富起来一样，INAO 对“风土”的定义也认为其应不限于有形的土地，应该包括一个群体代代相传的"'制作之道'的集合"[27]。AOC 标签包含了人类和地理环境的共同作用，引申而来的另一层内在逻辑是：只有存在于法国的社会因素才能在这片土地上生产出如此产品。所有的因素缺一不可，只有集齐了天赐的地理、气候、土壤和法国人的聪明才智才能生产出如此佳品。

烤鹅肝，佩里戈尔的特色菜，同时也是库农斯基的最爱

诸如手工奶酪之类的地方特产在 20 世纪受到新的追捧，一方面是因为渴求新鲜的巴黎人将其视为"处女地"；另一方面在于，殖民地独立后，它们被作为国民料理（前身是巴黎料理）的新发展再度进入"欧洲之法国"的概念中。在 19 世纪法国国民饮食属性的形成过程中，巴黎毫无疑问占据了中心位置，外省则臣服于其脚下。在现代，那些开始称颂地方饮食传统的美食作家通常

也是为巴黎富裕的旅行者服务，并从其所属的巴黎精英的视角出发的。然而，大部分法国农民的饮食方式和上个世纪相比没有什么区别。在 1910 年后，农民们才完全用越来越白、用麦子做的面包替代了粮食粥（除了一些最偏远的地方），并用大米替代了粟类。[28]但更传统的水煮谷物的烹饪方式并没有完全消失，而是演变成了甜点，比如 1906 年《“好好吃”的艺术》（*Art du bien manger*）在熏肉油脂浸玉米面（cruchade，比利牛斯地区一道用玉米糊和肥肉做的主食）的食谱中加入食糖来增加甜味。[29]直到一战前，农民们还维持着他们熟悉的自给自足模式，广泛摄取当地食物，仅以少量的购买作为补充。因交通不发达，各个农村地区之间的差异仍然很大。巴黎大加宣传的国民料理和大部分法国居民的饮食方式鲜有共同点，一个地区的居民对邻近地区居民饮食知道的也寥寥无几。

最开始在格里莫·德·拉雷尼埃尔 1806 年《美食年鉴》中的文章《美食地理学》（*Gourmand Geography*）和卡戴·德·迦西古尔 1808 年的法国美食地图中获得褒奖的地方饮食传统开始通过城市美食作家和大量的旅行指南获得法国国内和国际关注。库农斯基和鲁夫在他们合著的 24 卷《环法美食之旅》（*Tour de France gastronomique*）系列（始于 1912 年）中展示了地方特色，并向全国各地私人府邸中的精细饮食表达了敬意，称这些法国料理“是一伟大的艺术，是理性和智力上的美妙体验”[30]。他们在“佩里戈尔指南”中指出，油封鸭配黑松露并非游客独享的专利，而是“任何一场本地盛宴的标志”[31]。这些评论也反映出美食作家的真实态度：他们认为外省相当于法国境内的外国领地，其新式传统值得探索，但需要采取与巴黎的法国料理不同的评判标准，并与之刻意保持距离。在 1923 年巴黎秋季沙龙艺术节上，地方烹饪被誉为第九艺术，显示出巴黎文学界将地方美食抬升到“最具地区特色”和“无法再提升的均质整体”的位置。[32] 在 1933 年《法国美食珍宝》（*Trésor gastronomique de la France*）中，库农斯基和奥斯丁·德·克罗兹（Austin de Croze）力图对所有地方食材进行盘点，提供了一份作为单独整体的法国菜肴和葡萄酒的完整

油封鸭配清淡肉汁酱，这种做法代表了地方特色菜加简化配菜的现代新做法

清单，供大厨们在此基础上参考自创菜单。南部料理比起北部和东部料理在法国国内要更成功——20世纪关于普罗旺斯的烹饪书比关于萨尔萨斯、诺曼底、布列塔尼和里昂的加起来还要多。[33]

多亏远离巴黎，里昂才能为其女性大厨进入美食料理行业发展提供空间。里昂在文艺复兴时期就被称为拉伯雷小说中庞大固埃的母国，并被1935年库农斯基同名著作称为“世界美食之都”；里昂在美食领域久负盛名，尤其靠它发扬光大的家常菜烹饪。在里昂本地特色小餐馆中可以吃到鱼丸、猪脚等本地菜，喝到本地人引以为傲的当地葡萄酒。在现代，里昂以其女性大厨（“里昂母亲”）的美食遗产与巴黎区别开来，其中最著名的母亲要属欧仁妮·布拉泽了。1921年，她在里昂开了一家同名餐厅，并于1933年为两家不同餐厅赢下米其林三星，成为当时世界第一人。她师从于另一位“里昂母亲”——弗朗索瓦兹·菲丽尤（Françoise Fillioux），后者在1890年将一家酒铺改造成餐厅，一直到她1925年去世前都雷打不动地提供由里昂香肠、鱼丸、洋蓟配黑松露鹅肝和黑松露炖鸡组成的菜单。传奇法国大厨保罗·博古斯也师从布拉泽母亲。而布拉泽母亲餐厅至今仍在，2008年经马修·威亚内（Mathieu Viannay）之手焕发出新的活力。20世纪早期，里昂女性在餐厅掌厨传统的部分原因可能在于这座城市工业发达，女性习惯于在外工作。尽管女性从18世纪起就在里昂餐厅担任主厨了，但“里昂母亲”获得全国关注是在法国战败后——当时的法国企图通过寻根问祖来重树国民信心。布拉泽在她的特色小餐馆里和合作伙伴经营着传统家常菜，包括带酱汁的菜肴和炖肉，再

加上根植于当地特色的加工美食。布拉泽（和菲丽尤）的招牌菜“黑松露炖鸡”（法文意为“半默哀”鸡①）采用布雷斯鸡肉，将黑松露薄片置于皮下。评论家对她们简约的烹饪赞不绝口，并小心翼翼地避免将其和高级料理混为一谈。用一位历史学家的话说，这些备受赞誉的“母亲”通过使用“无可指摘的食材”，“将对简单的追求置于首位，但丝毫不掩盖她们的‘制作之道’！”[34]女性厨师在外省城市烹饪家常特色菜并不影响法国料理的形象，但女性厨师在巴黎的顶级餐厅掌勺（虚构的芭贝特不算）则需要花更

梭子鱼鱼丸，里昂料理的招牌菜

① 黑松露片置于鸡皮之下，看上去像戴了黑色面纱一样。

长的时间才能被人接受。布拉泽之后，还有四位法国女厨师获得过米其林三星，她们都在巴黎之外的餐厅：法国东部艾因省的玛丽·布尔乔（Marie Bourgeois，1933 年）、法国东南部上萨瓦省的玛格丽特·碧斯（Marguerite Bise，1951 年）、法国东南部瓦朗斯市的安娜－苏菲·比格（Anne-Sophie Pic，2007 年）和美国旧金山的多米尼克·克莱恩（Dominique Crenn，2018 年）。据统计，在 2015 年营业的 609 家米其林餐厅中，16 家由女厨师主厨。[35]

乌贼汁鱼丸，传统梭子鱼鱼丸的变种，国家利益市场的里昂－保罗·博古斯大厅

汽车旅行时代的到来为那些有能力的人带来了新的可能性，也为孤立于法国其他地方的外省餐馆和旅店带来了收益。一战后，宣传小镇和法国内陆传统的地方旅游指南带来的是蜂拥而至的自驾游客。从 1900 年巴黎世界博览会开始印刷的米其林汽车

指南也将重心从介绍汽车和轮胎转向美食：上面列举的车行信息越来越少，关于旅馆和餐厅的介绍越来越多。在其1912年的版本中，关于轮胎的介绍还占据了全书600页中的62页；但到1927年，轮胎只占全书990页中的5页。[36]这本指南从1923年开始标记餐厅，并从1931年起开始使用一到三星的评级体系来评价外省餐厅，在1933年后才加上巴黎餐厅——这进一步证明该指南主要是为旅行的巴黎人服务的。尽管外省餐厅在巴黎已屡见不鲜，但地方餐厅巧妙利用巴黎不能复制的"风土"，通过主打一道只有在当地才产的菜肴或食材招徕顾客。然而，如今的法国小镇在逐渐消亡，镇中心的咖啡馆和商店大多让位于商业购物中心。在2017年，下勃艮第地区一座前矿业城镇里的名厨杰罗姆·布罗歇（Jérôme Brochot）主动提出自愿放弃其餐厅的米其林星级，称其无力支付维持米其林星级餐厅的成本，而且当地顾客也负担不起吃饭的费用。[37]

地方料理比肩全国性法国料理的地位提升得益于法国料理惯有的神话构建传统，城市居民"通过品尝被记忆美化的菜肴来使他们在外省的根得到复活"，并将美化过的乡村呈现在城市面前。[38]在创造20世纪特有的地方或全国性美食模式时，法国人重写了美食主义的主旋律。曾经被定义为"在城市背景下，由资深厨师用无与伦比的技术对最精细的食材进行改造"的美食主义变成了主张扎根土壤，向大众灌输"法国料理最出色的菜谱是'风土'和植根当地的杰作，只有它们才能赋予美食主义的虚构和幻想以意义和价值"这一信念。[39]在这种背景下，里昂在其城市现代美食史上重获“高卢人之都”的称号。[40] 美食主义的概念转换与反映这一新价值观的 AOC 立法相呼应，进一步强调唯一的法国“制作之道”无法从法国土壤中剥离，只能存在于法国国境之内。面对其他地方的模仿复制，法国人可以说“地方料理跑不了”[41]。

高级料理在现代的呈现方式也发生了变化，更少强调巴黎；新的烹饪圣经将专业级别的食谱传授给普通大众，好像面对的读者是餐厅大厨一般。奥古斯特·埃斯科菲耶在《厨艺指南》中用“再简单一点”的训诫再次定义了经典法国料理，其 1934 年的《我的餐桌》（*Ma table*）面向的就是家庭妇女主厨。尽管埃斯科菲耶在写作中向尊敬的前辈卡莱姆和杜布瓦致意，但他完全是通过在餐厅环境中受训和工作而成长起来的——决不是在私人宅邸中。他的职业生涯从巴黎的普罗旺斯兄弟餐厅和小红磨坊餐厅开始。在 1870 年普法战争期间，他成为随军厨师。在 1890 年，他成为伦敦萨沃伊饭店的主厨。后来，他还在伦敦的丽思卡尔顿酒店工作了很长一段时间。他最伟大的遗产是对现代厨房专业团队组织方式的影响，还有他对法式酱汁的革命——将油面为基底的酱汁更换成肉汤精华。1970 年代的“新派菜系”厨师将其革命延续下去，再将浓酱改成了清淡肉汤——这实际上开了 18 世纪以来最初“新派菜系”厨师改革的倒车，后者当时嫌弃加了过多香料的肉汤而更青睐用面粉勾芡、更加优雅的酱汁。1907 年，阿里巴巴（Ali-Bab）[亨利·巴宾斯基（Henri Babinski）的假名]出版了《实用美食》（*Gastronomie pratique*），这是一部详细的高级料理烹饪书和注脚众多的历史评论的合集。博斯伯·蒙塔涅（Prosper Montagné）在1938年编纂了影响广泛的巨著《拉鲁斯美食词典》。这是一部经常被引用的作品，延续了法国人对烹饪技术和传统进行等级分类的一贯做法，在1961年被翻译成英文版，现在还加上了“世界上最伟大的烹饪百科全书”的副标题。

1920年代和1930年代关于法国美食的出版物特别受欢迎，或许因为法国人刚刚经历了一战期间的困难。战争期间，法国的食品保障在1917年前都做得很好，在此之后物价开始上涨，主食也越来越难见到。土豆、咖啡、食用油和巧克力几乎从货架上消失，食糖、面包和肉类的短缺更加严重。法国政府再度转向严格的面包法令来管理有限的面粉供应。1917年2月，当局禁止制作“花式面包”（软白面包）、奶油面包和羊角面包，餐厅向每一位消费在4法郎以下的顾客限量供应200克面包，消费额在4法郎以上则再增加100克面包。[42] 政府采取的这种方式参考了认为居民收入和面包消费量呈反向相关的传统观念与最早可以追溯到文艺复兴时期按固定重量定价的体系。当时的法国居民靠又灰又干的面包勉强度日，法国士兵则在允许的时间范围内尽可能久地享受了真正的面包和餐食。肉铺必须按规定一星期关门两天来限制肉类供应；法国食品保障部还规定餐厅只能在中午供应肉类，晚餐不行，除非是星期日。和法国大革命期间一样，土豆再次荣升为人民潜在的救星：政府鼓励人民多吃土豆，少吃面包。

在二战期间，国家被分裂成自由区和敌占区；由于农民们上了前线，法国农场的产量下降了一半。从1940年被德国占领起，

罗西尼嫩牛排配肥鹅肝、黑松露和土豆柱。诸如松露和肥鹅肝等地方特色在 20 世纪被巴黎美食料理采用

法国人民就忍受了严酷的限制和配给政策，这使得交易商品和兑换券的黑市异常发达。1940 年食品供应最吃香的是面包和食糖，

紧随其后的是黄油、奶酪、肉类、鸡蛋和咖啡；到 1941 年加上了巧克力、鱼、土豆、牛奶、葡萄酒和新鲜蔬菜。在战争期间，政府和在以往所有面临压力的时期一样，放松了管制来满足人民需求，尤其是对大多数的工业化奶酪。卡芒贝尔奶酪借此机会获得了全国性承认和源源不断的订单；即使在被占期间，法国政府也并未完全放弃卡芒贝尔奶酪，而是规定奶酪成品多乳脂含量最多不能超过 30%，而不是平常的至少 45%。[43] 餐馆则偷偷违反规则，为付得起钱的人提供非法获取的肉类和葡萄酒；而遵守规则的餐馆只提供固定菜单：前菜是没有鱼或鸡蛋的冷盘，葡萄酒和黄油只能二选一。[44] 通过这种方式，法国人维持了某种程度的文明，在餐饮方面平衡了限制政策和文化生活的需求。

在 20 世纪中期，城市和乡村之间的生活习惯仍存在很大差异。1950 年代在法国外省的乡村地区，典型的早餐仍然包括面包、汤、熟肉制品、白葡萄酒或苹果酒，与城市里的牛奶咖啡配黄油面包形成鲜明对比。城市居民家消费的牛羊肉更多、猪肉更少；农村家庭中午总是喝汤，晚餐经常也是如此。[45] 库农斯基在他关于佩里戈尔的美食指南中，发现当地居民主要食用禽肉和野味，很少吃家畜肉或鱼——除非是河鱼，而且从不吃黄油，因为“佩里戈尔人看不上黄油”，更青睐鹅或猪身上的油脂。[46] 1950 年代的一项官方调查显示，尽管 90% 的农村家庭通上了电，但只有 34% 的家庭有自来水，10% 的家庭拥有室内马桶。[47] 后来，城乡交通的日益发达便利了全国统一市场的建立，农村人的饮食结构开始慢慢向城市模式靠拢，开始吃面包师烤的面包、鲜鱼，出现了农贸市场，本地居民可以在此购买通常被卖到城里的新鲜蔬菜。[48]农民的饮食结构的本地化程度降低，变得更加工业化——曾经吃自产奶酪的农民如今选择将奶源卖给大型奶酪厂家，再从市面上购买奶酪来吃。

法式长棍面包

安托万·帕尔芒捷见证了1778年面包变得越来越长和越来越薄的趋势——更轻更软的发酵面团使面包师得以尽可能扩大面包表面脆皮的面积。而现在被认为是法国美食标志之一的长棍面包是在20世纪才风靡法国的。20世纪20年代，包括揉面机和注汽烘箱在内的技术进步使各种形状的长棍面包的生产技术进一步完善，从更软的“细长条”（ficelle）到更宽的“巴黎式”（parisien）等都有，最终实现大批量生产。标准法棍（来自法语“棍子”一词）是目前法国最流行的一种面包产品，也是在国际上最知名的“法式”面包。巴黎人从18世纪起就对“花式面包”，即各种形状的软面包青睐有加；法棍也首先在巴黎站稳脚跟，然后才作为20世纪国家食品计划的一部分在全法国推广。今天的巴黎法棍重250克，长度为60至70厘米，同时外皮上带有7道割纹。1993年颁布的一部法令规定了法国手工面包的标准，用以抵御工业化面包和超市面包的侵蚀——这可以视为关于防止食品欺诈和掺假的1905年法令的延伸；这部法令还催生了AOC目录。为了将质量更高的法国面包像法国奶酪的AOC标签一样毫无争议地与法国进行绑定，政府创造了“传统法式面包”这个标签，只限用于用小麦粉、水和盐以及酵母或酸面起子制作的面包，同时大豆、麦芽或豆粉的比例不能超过2%。[49]这种为具有高识别度的法国产品设立法国标签和标准的防御性做法，体现出法国美食遗产界感受到的持续威胁。作为国家“风土”的一部分，手工法式面包毫无疑问也要遵从由食材到制作技术的传统。但随着国家发生变化，烘焙师也在改变。现代烘焙领域越来越成为年

符合法国政府定义的“传统”法棍

轻技师的天下，尤其是那些来自移民家庭的年轻人。2018 年“最佳巴黎法棍奖”授予了穆罕默德·穆赛迪（Mahmoud M’seddi）——一个突尼斯移民的儿子，并给予其向爱丽舍宫供应面包的荣誉。法国总统府的现任首席大厨纪尧姆·戈麦斯（Guillaume Gomez）是西班牙移民的儿子。2017 年的“最佳法棍奖”颁给了萨米·布阿图尔（Sami Bouattour），他父母也是突尼斯人。2015 年，塞内加尔裔面包师吉卜力·波迪安（Djibril Bodian）第二次摘取了这一奖项。[50]

战后的艰难期最终过去，法国迎来了经济大发展时期。在 1945—1975 年被称为“光荣 30 年”的时期，法国享受了充分就业、更高的工资和出生率。随之而来的饮食结构的现代化也使国民饮食习惯趋同，并改变了一些长期习惯。随着可支配收入增加，汽车的普及使人们可以去位于郊区的廉价超市，法国消费者逐渐沉迷于享受奶酪和热带水果等“甘肥厚味”，而更少食用面包和土豆等基本主食。在 1959—1970 年间，法国家庭在新鲜蔬菜和水果上的花费翻了一倍，在奶酪上的花费是之前的三倍。1993 年，法国人在肉和鱼上的开销比 1959 年增长了一倍，奶酪和奶制品几乎增长了两倍，新鲜水果增长了 50% 还多，但土豆和其他根茎类蔬菜则下降了近 20%。[51] 1959—1970 年间，法国家庭在酒上的开销增长了 50%，但最近降低了酒的总体消费量，尤其是普通佐餐酒，从 1965 年人均年消费 84 升降至 1989 年的 21 升。[52] AOC 葡萄酒的消费量则不降反升，从 1970 年的人均 8 升上升到 2008 年

的人均 22 升。[53] 在二战刚结束的时期，面包的消费量有过显著上升，随后开始下降，从 1950 年每人每年超过 100 千克降到 1965 年的 84 千克，再到 1989 年的 44 千克。[54] 虽然面包仍在法国餐桌上不可或缺，但其份额越来越小；2016 年一项研究显示，过去 10 年面包消费量下降了近 25%，现在仅为每人每年 34 千克。只有三分之一的法国人每顿饭吃面包。并没有明显证据显示，收入差异和面包消费量之间存在联系。[55]

尽管面包消费量在法国持续下降，但面包仍然是一种珍贵食品，和中世纪一样受到法律保护。为了保证法国面包的质量，1998 年通过的一项法令规定，只有在现场混合、揉面、发酵和烘焙的商店才能冠以面包店的名号；违反该法的行为，包括烘焙冷冻面包或售卖非现场制作品将面临高达 37 500 欧元的罚款和两年监禁。[56] 政府关于面包价格和重量的干预行为则暂时停止了，面包重量并不在特别规定范围内，且因地区而异。在巴黎的棍子面包重量必须为 250 克，笛子面包（flûte）重量必须为 200 克；但另一个城市的棍子面包重量可在 200 克和 300 克之间，只要重量清楚且准确地在商店标出。法国面包师自 1986 年起拥有了自由定价权，只需要将价格明确标在每种面包的种类和重量旁。这项最初源自 1978 年的法令后来经过一系列修改，设定了面包最高价格，增加了关于涨价的协议和调节通货膨胀的尝试，最终又返回到该法令原本的样子。[57] 这项法令后来被并入《商法典》（2019 年 1 月）中，保留了卖家的自由定价权，但允许政府在危机和特殊情况下对面包价格进行干预。[58]

与通过确定传统形式来保护法国美食遗产的努力相呼应，美食主义在1970年代再次寻求自我革新，掀起了第二波“新派菜系”的浪潮。发起冲锋的是餐厅评论家亨利·戈（Henri Gault）和克里斯蒂安·米约（Christian Millau），他们提出了新式法国料理的“十诫”。戈和米约敦促厨师放弃使用不必要的复杂操作，减少烹饪时间，使用易得的新鲜食材，不使用浓厚酱汁和加面糊增稠，在地方料理和法国高级料理之间优先选择前者；最后，“永远尝试创新”[59]。伊丽莎白·大卫（Elizabeth David）记录了“新派菜系”的起起伏伏：发起第一波创新的厨师寻求改变毫无希望且过时的经典料理，抛弃其“僵硬死板的传统和规矩”，采用更清淡的食材和更简单的烹饪技术；但后来变成了在食材和摆盘上的过度矫饰，最终在1980年代引起了“风土料理”的回归。[60]其中的典范之作包括迅速在国际上打开知名度的煎三文鱼薄片配酸模（salmon escalope with sorrel）。这道菜为罗阿讷（靠近里昂）三胖之家餐厅所创：将三文鱼煎至半熟，置于经过精心调味的酱汁之上。烹饪的创新潮催生了一波新的明星厨师，包括三胖之家餐厅的让和皮埃尔兄弟（brothers Jean and Pierre），保罗·博古斯和米歇尔·盖拉德（Michel Guerard）——盖拉德的“瘦身料理”（水疗料理）促使法国高端料理进一步向清淡化发展，并为他赢得了1976年《时代》杂志的封面。在“新派菜系”时代出现的新烹饪技术中还有微波炉烹饪法、外软内韧（al dente）蔬菜烹饪法和不粘锅无油烹饪法。

随着“瘦身料理”的潮流逐渐归于平静，政治和社会领域的

变化为传统料理的回归搭好了舞台。在弗朗索瓦·密特朗当政时期（1981—1995年），当时的文化部长雅克·朗（Jacques Lang）积极推广法国创意和文化活动，部分出于抵御美国的文化“帝国主义”在1980年代带来的巨大威胁的动机。朗，甚至包括密特朗政府，都将文化发展作为首要任务，领域包括餐饮、时尚，在全法举办音乐节，开展建造地标性建筑的“大工程”——留下了诸如卢浮宫金字塔、拉德芳斯大拱门、巴士底狱歌剧院和新国家图书馆等作品。这些大项目提升了法国在国际上的能见度，其中法国料理也功不可没。1980年代，法国国家烹饪艺术中心设立了一份厨艺遗产名录，在文化部、农业部、卫生部、教育部和旅游部等部门通力合作下，为法国22个省份单独设卷。1989年，烹饪艺术国家委员会成立；从1990年起开始设立“尝味周”——在每年10月举办一系列活动，旨在教会法国成人和儿童如何品尝、评鉴和欣赏料理和法国的“制作之道”。

朗直接参与了爱丽舍宫的菜单制定。当时的爱丽舍宫是接待显要人物来访的重要窗口，其提供的菜肴，用朗的话来说，“差不多就是1923年《拉鲁斯美食词典》里的料理”，其中最受器重的是烤肉和甜点。[61]这位文化部长深刻认识到法国总统府所呈现的美食形象的重要性，拒绝那些虽受尊敬但陈旧过时的菜单，为受密特朗青睐的“祖母料理”，以及浓郁酱汁和精致甜点的回归打下基础。通过重现和展示这些奢靡食物与法国总统府的联系，朗和密特朗释放出法国成功和放纵有度的信号，这是经济健康和人民生活欣欣向荣的表现。此时，1970年代兴起的“新派菜系”运动已经达到巅峰，在密特朗上任时刚好平复。大环境的变化使品味追求重新转向传统、浅显易懂和值得尊敬的家常料理；同时，家常料理还具有代表着法国乡村的爱国属性，适合任何阶级，老少咸宜。2010 年，旨在使“法国美食”成功入选联合国教科文组织颁布的人类非物质文化遗产清单的宣传活动也是与这个逻辑一脉相承的——法国人将法国料理作为一种与艺术或建筑同样重要的、对法国国民身份至关重要的文化产品来推广。

对法国料理的维护并不仅限于上层阶级，具有长期光荣传统的农民行动主义在乔瑟·波维身上有了新表现。波维在 1980 年代抗议转基因食品，尤其凭借在雅克·希拉克当政期间的 1999 年捣毁了米约市一家在建的麦当劳餐厅而蜚声国内外。作为农民联盟的联合创始人之一，波维将自家养羊场生产的罗克福奶酪作为需要保护的农业法国的象征，号召人们抵制工业化“垃圾食品”的入侵。他反对世界贸易组织和法国农业中转基因作物的高调行动吸引了公众的注意，一定程度上因为他“发展利用了‘深层法国’中的小农户形象来宣传他的事业”[62]。尽管有波维的名气在，法国对（美国）快餐的反对却是“雷声大，雨点小”，因为快餐连锁店在法国土地上持续繁荣，在年轻一代中尤为受欢迎。2014 年，法国的麦当劳餐厅是美国之外最赚钱的分店；法国麦当劳前总经理德尼·埃那甘（Denis Hennequin）将功劳大部分归于波维。在 1999 年的事件后，麦当劳通过宣传使用本地食材（夏洛莱牛肉和法国土豆）和提供就业岗位使其在法国的地位更加稳固。[63]

高层推广法国美食的庞大机构和法国料理在世界上享有的独

特地位使法国料理成为精英、世俗和富裕的象征。这种形象将“边缘的”法国饮食文化和不同经济社会条件与宗教信仰下在法国现实存在的饮食习惯排除在外。此前，从外界感知的威胁促使法国在食物供给方面采取了保护主义行为；现在则导致法国料理将排斥作为第一手段。保守派希望保存正统，消除移民文化、全球化甚至是人口更迭带来的痕迹——年轻一代已经失去了与每周日例行蔬菜牛肉汤之间的联系。饮食文化的盲区除了阶级还有宗教，20 世纪早期关于清真肉的争议就说明了这一点。2009 年，快客汉堡打算推出一些清真连锁店（现在法国有 22 家），这在法国公众中掀起了轩然大波。有人出于尊重文化多样性表示接受，反对的人则认为这些店威胁到“法国共和理念的最核心”[64]，而（终于有一次）不仅因为它们是快餐连锁店。虽然快餐店提供的食品来自本国，但在宗教影响下有成为外来威胁的危险。快客之前是一家比利时公司，2007 年被法国一家集团收购，但法国媒体似乎想当然地将其当作法国品牌。因此，与完全属于美国的麦当劳相比，快客的地位要稍高一筹。但清真汉堡的引入挑起了法国人的“防御性美食民族主义”情绪，即在法国国内通过日常食物来强化法国身份的行为。[65] 在这里，快餐（或者至少说法国快餐）终于得到受保护的法国料理的接纳。在清真肉渗透的威胁下，快餐不再是法国料理的敌人，而成为法国文化需要保护的一部分。

那些反对快客尝试的人称清真汉堡是对非穆斯林法国公民的歧视，因为其要求顾客根据自身文化从属而不是按地位平等的普通个人身份来选择食物。再往深处探究，有的顾客称，尽管提供给顾客选择吃清真肉还是非清真肉的权利是可接受的，但将清真作为唯一选项违背了平等和政教分离原则。然而，同时提供两种选择意味着需要两条生产线，由此可能带来交叉污染的风险。玛丽娜·勒庞（Marìne Le Pan）在 2012 年竞选总统时宣称所有大法兰西岛的肉铺都提供清真肉（并且只有清真肉）的言论之所以举众哗然，是因为这事关法国美食主义的核心巴黎，并搅动了民众对食品系统在暗中受到侵蚀污染的担忧——因为玛丽娜·勒庞暗示巴黎人在不知情的情况下消费着清真肉。这个指控正中象征意义的要害，因为它威胁到了牛肉的世俗属性和蔬菜牛肉浓汤的精髓。从更广的角度来说，它反映了法国人对法国食物丧失法国性的深层次恐惧，尤其因为巴黎为接纳移民潮而做出改变，在饮食上反映出新的世界大同主义倾向。为了回应勒庞，法国食品部的官员很快确认在巴黎流通的肉类都来自兰吉斯中央市场，这里的肉类从全法国进货。巴黎仅存的几家屠宰场可以按照清真或犹太洁食标准处理肉类，但是必须根据 2011 年 12 月颁布的法令分订单来做。[66]

主流（保守）观点中的法国料理是存在于记忆中、需要高智商来制作、排他性的料理；在今天，法国料理则是“国家的想象和社会现实之间脱节的症状表现之一”[67]。饮食与政治之间的冲突延续到最近关于是否该给穆斯林或犹太人的学校和监狱提供无猪肉餐食的讨论中。2018 年，里昂的上诉法庭推翻了一名市长关于取消学校食堂不含猪肉的替代餐的命令——当时法国其他不少市镇也出现了同样的倡议。法庭援引了一条 1984 年通过的法令，称允许学生吃遵从自身宗教或哲学原则的替代餐并不损害所

有国家机构必须遵循的政教分离原则。[68] 因此，法国在继续努力将多种不同的饮食身份吸纳进一个占主导地位的、历史悠久的饮食传统中来，这个传统可以说是法国的立国之本，帮助法国度过侵略、贫瘠和被迫割地的岁月，并一次次帮法国获得欧洲强权国家的地位。法国的饮食身份支撑着其经济成就和旅游业，保持着它的法国属性。今天的新法国面临着更多不确定性，它要包容的除了不同的宗教，还有素食主义和无麸质饮食，令那些致力于保存传统火种的人难以想象，只能在关于食品研究的会议上伤感且焦虑地发出“我们需要怎样的共和国？”的呼喊。[69]

人口、经济生产和国民身份的重大改变不仅将法国带入新时代，也给法国食品的未来带来了焦虑。作为曾经小农经营的农业国家和最精致高级料理的掌舵者，法国开始将这两种身份合二为一，通过对地方料理的发扬和二次国家化将全国不相关的部分统一起来，如此法国料理既可以是地区性的也可以是全国性的。法国美食故事依靠的是每个独具特色的地区组成整个国家的信念，所谓“各具特色，一体多元”[70]。殖民地饮食中可接受的部分有一段时间被吸收进地方或国民料理，只要不影响这些菜肴“风土”的法国属性。法国料理中关于农民的叙事既是现实的也是象征性的，并继续发挥着作用；农民形象在维希政权下得到复兴，在从战后时期的农民联盟到乔瑟·波维的年月里产生了深远影响。在光谱的另一端——高级料理的殿堂，大厨和消费者们开始拒绝将法国料理打造成“料理的代名词而不是料理之一”的卡莱姆/埃斯科菲耶模式，认为这种大张旗鼓的高级料理拒人于千里之外并且食古不化，比如其用到的食鱼刀和料汁勺就是“吓人的和歧视性的用具”[71]。关于法国美食作为一项可营销产品还是法国身份固定器的定位仍有争议，取决于人们将其作为一种国际知名料理还是法国家庭和餐馆日常操持的烹饪方式。为了维护料理霸权这一法国最重要的自然资源，美食主义打破了性别的界限：男人主导餐厅厨房，但女性也被招募进宣传法国厨艺优越性和丰富性的大军；大厨们开办针对女性的烹饪课程，出版刊物和家庭烹饪书籍；女性主理的地方餐厅长期传承着法国的经典家常菜肴，直到被重新发现并移植到巴黎。现代法国饮食的形象不论在地方料理、小酒馆和当地特色餐馆还是在祖母厨房，都是抚慰人心的。它也鼓励高级料理进行某种形式的创新。米歇尔·盖拉德在他的“瘦身料理”中向中式料理致敬，采用了蒸的技法；当今的法国大厨还将日式高汤作为酱汁的基础之一，取代了之前的增稠稀汁或酱汁基底。但当阿兰·帕萨尔（Alain Passard）在2001年将琶音餐厅的菜单从“荤食料理”基本改成全素时，美食评论家们却称之为“对法国料理的犯罪”——尽管他们了解他遵循了用外省的精华供养巴黎这一毋庸置疑的法国传统，在法国西部建了三个精心养护的园子来为其提供食材。事实上，法国饮食的现实图景包括了快餐、速冻食品和外来食品——硬面包圈、甜甜圈和无处不在的土耳其烤肉等。关于法国餐桌的叙事迟迟不愿承认来自法国之外但现实存在的影响——全球化的工业化食品和来自“墙外”的饮食传统，它们威胁到了受到精心润饰和高度重视的法国料理形象，尽管这一形象的建构历经了数世纪的不懈努力。

阿兰·帕萨尔在巴黎琶音餐厅推崇的“素食料理”。现代法国料理被划分成丰盛的地方料理和高度精细化、装饰性的“新派菜系”

妙莉叶·芭贝里[1]:《终极美味》(2000 年)[2] 之农场[3]

就在那里，在科莱维尔农场的百年老树下，就着猪群喧闹的杂音（未来某天复述这个故事的人也会十分愉快），我享受了人生中最美妙的一顿饭。食物简单[4]美味，但那些生蚝、火腿、芦笋和鸡肉都是次要的东西，我真正大快朵颐的是主人们你来我往、互不相让的言语：语序或许是胡乱草率的，但其稚子般的率真让人感到如此温暖。[5] 我尽情享用着他们的言语，是的，这些在乡下兄弟 [6] 联欢会上流动的言语，有时能比肉食给人带来更多乐趣。言语将奇异现象先贮存起来，然后转换成文学选集中的吉光片羽；言语是改变现实面貌的魔术师，赋予其值得被铭记的权利 [7]，被放置于记忆图书馆中。生活唯有通过言语和事实的相互渗透才能得以存在，前者用华服将后者包裹起来。因此，这些与我萍水相逢的人的言语，为这顿饭冠以从未有过的恩惠，不知不觉几乎成为我这顿盛宴 [8] 的实质；令我如此享受的不是肉，而是词句 [9]。

注释

[1] 芭贝里曾出版广受好评的《刺猬的优雅》(*L'Elegance du hérisson*, 2006)。她出生于摩纳哥，拥有哲学博士学位，至今出版了四部小说。

[2] 节选自艾莉森·安德森（Alison Anderson）翻译的英文版《美食狂想曲》(*Gourmet Rhapsody*，纽约，2009)，第 99 页。这本书赢得了 2000 年法国美食文学最佳图书奖，被翻译成西班牙语、意大利语、葡萄牙语、丹麦语、瑞典语、德语、俄语和土耳其语，证明法国美食故事在国际上仍有市场。在小说中，重病晚期的美食评论家通过回忆他人生中的美食体验，企图找出最完美的一次来使他获得临终前的平静，并揭示其人生意义。

[3] 在回忆去诺曼底的一次旅途中，美食评论家描述了他在问路时在一间农舍偶然遇到的美食。农舍人家刚刚做好午饭，在桌边给他腾出一个座位，他吃了生蚝、奶油鸡肉、努瓦尔穆杰（Noirmoutier）土豆、芦笋和完美的苹果馅饼。这一餐是法国人理想中朴实地方料理的缩影，女主人使用了当地特产，并在同桌的令人敬佩的农场工人的帮助下得

到完善。芭贝里散文诗般的语言让人想起库农斯基对“本地人”的描写，她也许不知不觉地吸收了 19 世纪晚期以来关于农民的流行叙事。

[4] 适合这顿饭的恰当形容词。虽然做得很好，但够不上巴黎标准。

[5] 算是一种赞赏，但有将农民当作幼儿对待之嫌——进一步划清他们和这位巴黎美食评论家的界限，因为后者住在巴黎塞纳河左岸格勒内勒街的公寓里，离荣军院不远。

[6] 兄弟之情，换句话说，强调了他们“乡下佬”的身份。

[7] 一种对法国料理故事至关重要的记忆领域。

[8] 正如同格里莫·德·拉雷尼埃尔和 19 世纪的第一批美食家一样，对于芭贝里的故事来说，写下（或者说出）的文字是美食主义不可或缺的组成部分。

[9] 用法语表达更优雅：“le verbe et non la viande”。

结　语

法国的饮食史不是美食主义史，不是“风土”史，不是农民史，而是所有这些东西的合集。它从来不是能一言以概之的，而是由高级料理和家常烹饪、巴黎和地方、城市和乡村共同构成的法国饮食例外主义的“千层饼”。法国饮食的全貌包括来自境外的产品和菜肴——经过命名和实际改造的处理就变成法国的了。科学和艺术的强强联合产生了最好的面包，并确立了 AOC 葡萄酒和奶酪的苛刻标准。最重要的是，法国食物的历史是构建在神话和象征基础上的，使日常饮食超脱现实，达到想象和虚构的领域。关于奶酪的传奇、葡萄酒发明者和酱汁名字的故事已经变成了法国人民的“记忆库”，其重要性与这些产品的质量同等重要。人们共享的饮食史（无论编造与否）为一个民族创造了联系纽带。法国人格外擅长创造和推广其共同的饮食身份，这个精心设计的身份震撼了全世界。在马里 - 安托万 · 卡莱姆和让 · 安泰尔姆 · 布里亚 - 萨瓦兰的努力下，贵族饮食演变成为“经典”法式料理，使法式料理成为毋庸置疑的高级料理。同时，古斯塔夫 · 福楼拜和乔治 · 桑则用笔描绘出健康的乡下人享用的扎扎实实和“真正”（接地气）食物的场景。在法国文学的想象中，绕

不开的是绝对高级的玛德琳蛋糕和肉冻牛肉，但蔬菜牛肉浓汤和家常料理也有一席之地，因为它们植根于法国“风土”，永远附着在法国的领地上。

法国饮食史是由三个维度组成的统一整体：永远的美食主义、地道的大众饮食和照料法国故土肥沃土壤的农民。每个时期都会呈现这些基本神话的一些版本，并常常重叠。最重要的是，法国人发明了美食主义，或者至少是这个术语及与之相应的态度。在这个术语远没有在词典中出现之前，法国人（最初是高卢人和法兰克人）就以善吃和讲究吃闻名。文艺复兴和 17 世纪的宫廷料理引导了潮流，也招来了注意和嫉妒，“法国料理”这个标签就诞生于古典烹饪书的时代。19 世纪，法国大厨有意识地将完美的饮食与贵族联系起来，并使之令人向往。精英或宴会料理无论在何处都是与上层阶级相联系的。虽然法国将精英料理变成了国民料理，但即使在大革命之后，贵族在被剥夺权力后还对贵族料理念念不忘，并邀请每个人都来分一杯羹——除了实际参与，还可以通过文字在精神上参与；如果上不了宴会，享用一条好面包的行为也算。与中世纪建立起来的、法国人人都有权按公平价格吃上好面包和肉的理念相一致，法国的法律法规对食品质量做出保障，并建立起一种法国人后来接受和主动要求的政府监管的传统。为了维持懂行大众的高标准，法国人致力于不断改进他们的技术，并用科学进行支撑。通过将时尚和下一个难以言喻的潮流相结合，法国人在菜单上和烹饪书中用法语词汇来增添额外的优雅，在欧洲大陆十字路口中独一无二的首都城市推广这种料理，最终创造出法国不容挑战的美食霸权。在饮食发展的每一个转折点上，法国人都寻求等级分类，设立可量化的类型和品质标准。法国料理的故事通过推广和培育法国饮食优越性的观念成为其自身品质的保证。其用词就天然具备内置优势——“料理”（cuisine，为法语单词）这个词从来不会离开法国太远。对让-弗朗索瓦·雷韦尔来说，“料理完善了饮食。美食主义又完善了料理本身”[1]。高级美食的术语依存于法语，根植于对美食这个文化构建物具有特殊意义的法国性里。

法国大革命的理想在外人看来或许还有所谓“自由、平等、博爱”格言来虚饰，但在美食领域，所有道路都直指宫廷料理。在为大众提供价格公正公平的面包的努力里，或许还有玛丽·安托瓦内特的影子。而关于面包的法令从不干涉人们对柔软洁白的“花式面包”的渴望。法国美食主义从本质上来讲是为所有人提供王孙般的用餐享

烤面包，来自 15 世纪修道院日历

受，而不是将饮食水平拉低到普罗大众。在大革命后，风靡全世界的卡莱姆模式并不是大众料理，而是一种高度智力化和文学化的料理，在大众文化中令人神往，并受到研究饮食学者的狂热追捧。餐厅大厨服务的是新贵族，是享受得起“大餐典礼”的个人。高级食品实现的一个重要转变是从贵族独享物变成19世纪那些能负担得起的人的公共产品。如果把阶级问题放在一边，美食主义也是有可圈可点之处的。餐厅和精致饮食的名声可以说将法国从战争和被占领后的军事与经济的低迷中解救出来，并靠游客在餐厅的狂热消费继续支撑着法国。法国旅游业的发展也在很大程度上依靠对19世纪闪闪发光的料理的推广、营销和信念。

作为概念的美食主义为料理这一法国最重要的艺术提供了一个有意义的框架。在法国，让-弗朗索瓦·雷韦尔声称：“料理是一种规范性的艺术，就像在基本原理中，道德和医药、描述与规定是紧密结合的”[2]。在法国，与料理相关的学科规则对法国人来说都是固定的，并存在唯一“正确”的方式。严格的规则使这种法国艺术免遭污染，但仍需要通过创新使美食主义始终保持在巅峰状态。虽然法国第一批资深大厨模仿的是他们自己的老师，第一波美食主义运动模仿的是皇家餐桌，但创新与这个过程一直相伴左右并带来成功的新浪潮。创新驱使大厨们不断迎接新挑战，但按照帕斯卡尔·欧利的话说，也使“人们对变化习以为常，同时对外国产品特别容易接受”[3]。现代社会的创新带来了“融合料理”的可能性，这有可能稀释法国的文化蕴含。关于美食主义无可辩驳、血统纯正的法国形象的弊端是有与民族主义走得太近之嫌，丝毫不允许威胁到统一的经典法国料理地位的挑战行为。弗洛朗·格列称，在法国建立起来的“美食主义话语体系从根本上是民族性的，但同时法国又强调其普世性”[4]。为使法国标准保持纯洁，法国人有所保留地将“风土”转移到海外领地，在阿尔及利亚葡萄酒上试行了一段时间后禁止。如今的法国美食主义不再像过去一样，拥抱“想象中世俗、普世、理性、和平的餐桌”[5]；其现在的作用主要是强调法国美食这一产品的法国属性。2008年，联合国教科文组织曾拒绝将“法国美食主义”列入人类非物质文化遗产名录，理由是：美食主义并不是法国独有的，而且它带有精英专享色彩。尽管如此，法国人还是锲而不舍地继续申遗，终于在2010年以“法国美食主义菜肴”的名义申遗成功。

以家庭菜肴为代表的地道法国料理属于人民，在名义上属于外省。带有怀旧色彩的“祖母料理”甚至能与高级料理在谁看上去更法式的头衔上一较高下。中产阶级料理在代表今天法国饮食的形象中脱颖而出，但法国各地区独特“风土”的概念在中产阶级诞生之前就有了。朴素料理和美食主义一样，是在19世纪划分高级料理和家常料理的过程中被奉为圭臬的。通过将家常烹饪（主角通常为女性）封存在次一级的构架中，职业大厨们保住了他们保留的小天地，反过来也为法国烹饪文化创造了一条双速赛道，使其影响范围更加广泛。现在，法国的美食身份仍然可以区分为高级料理和经典料理。18世纪梅农发展起来的中产阶级料理在家庭厨师中间普及了烹饪知识，并将法式技术远远传播到餐厅厨房之外。打理炉灶的家庭妇女将地方料理传承下来，并在餐桌

上教会了孩子们良好的品味。这些深埋的记忆或许解释了为什么从普鲁斯特到马塞尔·鲁夫再到玛丽斯·孔德等诸多文学家虚构的大厨都是女性。对非精英料理的全面接纳也促进了地方特色烹饪的发展，为巴黎烹饪的创新提供了源泉和20世纪复兴法国厨艺的渠道。1980年代，密特朗通过总统厨房的榜样和外延使“风土料理”在象征意义和实际意义上得到回归。结果是，法国料理进入了新世纪，从巴黎上升到全国层面，触及各个阶层——这在美食家和乡村“风土”爱好者密特朗身上得到充分体现。

20世纪早期，对家常烹饪的支持使法国各大区成为特色美食的合法来源，但这并不威胁首都的地位。数世纪以来，各大区的定位仅仅是作为服务巴黎的偏远岛屿。烹饪技术的进步发生在巴黎，也留在了巴黎。法国大革命期间，面包的形状从圆形变成长条，但仅限于巴黎地区；乡村地区继续吃粥或用非小麦粉做的面包。餐馆诞生于巴黎，在那里发展了近一个世纪才渗透到法国其他地方。中世纪时，法国用将外省榨干的方式来供养巴黎，这种做法在20世纪早期法国国民美食将地方料理的特色篡为己用的现象中遗风仍存。香槟酒就是一个地区产品变成国民产品的例子。1870年将“香槟”列在酒标上而不是用该地区某个酒庄名字的策略，成功呈现出统一标准的产品形象，并扫除了生产者用好几种葡萄当原料可能招致的对产品地道性的质疑。但是，“风土”是与外省密不可分的；这个概念来源于1600年住在里昂郊外的奥利维耶·德·塞尔。尽管处于次要地位，但各大区在保存地方料理方面发挥了类似保护性温室的作用，女性也可以在巴黎之外的天下成为烹饪明星。玛丽·阿瑞勒使来自诺曼底的卡芒贝尔奶酪举世闻名。欧仁妮·布拉泽循着其“里昂母亲”先贤的脚步，使里昂料理成为一块现代点金石。更近一点的还有来自马格里布地区的移民将他们的家乡菜添加到法国南部沿海城市的菜单里。巴黎仍然是美食的引力中心，但是家常料理和地方特色在现实法国饮食及其故事中占据了重要位置。

关于法国的饮食故事绕不开农民和土壤，这两者在“风土”的概念中得到统一。法国美食的成功之处在于常常与法国的“农业遗产和财富”和其小农经营的传统联系起来。如今，“农民”成为一种营销分类方式；但在中世纪，农民直接塑造了他们的土地，农民通过这些建立起法国人和来自他们土壤的食物之间富有象征意义的联系。马克·布洛赫证明，当土地收益分成制使法国从单独地块种植向大农场经营转变时，城市居民开始获得与土地的直接联系，他们拥有农场后也在产品中投入了精力。殖民地的试验园在国外复制了土壤与“风土”之间的联系。殖民者在殖民地孵化了一批小农场，将“农民的‘制作之道’”发扬光大。维希政权选择使那些流离失所的法国公民再次回归土地的战略，旨在通过农业重振法国。然而，农业政策制定者们由于过度迷恋小农场模式，忽略了法国北方迈向大型工业化农场的稳定趋势——该趋势进一步加剧了法国南北之间的差异。

不管怎么说，田园、土壤、“风土”的概念在法国饮食故事中是一脉相承的。中世纪的农民在吃不上肉和进不了狩猎场所的情况下，凭借菜园活下来。吃当地生产的食品后来变成宫廷潮流，

来自本土的产品身价倍增，连在殖民地种植园中都出现了象征性的“风土”标签。统治阶级料理成为美食的前提是农民阶级提供高品质农产品，这为法国料理插上了腾飞的翅膀。阿兰·帕萨尔的素食料理建立在改造过的农场形象基础上，里面虽然没有农民的影子，但充满对法国乡村田园的想象。农民身份还时不时被拿来为政治和文化目的站台且备受重视。人们通过对饮食史的研究得出结论：中世纪的农民之所以喝蔬菜汤，是因为他们崇尚简朴，因为他们懂得欣赏法国土地的产品（不是简单因为他们穷）。殖民地食品计划显示，法国人试图将与土地的联系同样扩展到他们在国外的产品，移植的“风土”可以在经批准的情况下授予某些产品，即使其产地远在天边；但前提是有科学和经济上的需求。农民形象复兴的原因在于它对“风土”的概念起到了支撑作用，因为法国人坚定地相信农业传统和现代法国是能够且可以共存的。

如果将法国饮食史概括为美食技巧、传统和与土地的联系的话，那么有一道菜——法式浓汤，可以说集这几者之大成。法式浓汤既具有历史意义又具备很强的说服力，反映了农民的节俭美德和烹饪水平，并且与面包有千丝万缕的联系。作为美食例外主义的象征，18 世纪的肉汤冻给我们带来了餐馆这一新式就餐场所，并启发阿佩尔发明了现在块状浓缩汤的雏形产品。布里亚－萨瓦兰宣称最好的汤毫无疑问在法国，因为“汤是法国国民料理的基础，经过数世纪的打磨得以至臻完善”[6]。卡莱姆在《管家》中表示同意，并赞扬道：经那些为路易十五和路易十六服务过、在大革命后逃往国外的大厨完善过的浓汤在 19 世纪终于重回故土。蔬菜汤反映了简朴的品德，甚至还有宗教的虔诚。基督化的法国饮食就是从中世纪修道院中的蔬菜汤和谷物粥开始的，之后才出现了提倡禁欲苦修的圣伯努瓦之规。法语中的“浓汤”（potage）一词源于“菜园”（potager），其自古就由农民精心耕作，代表了高卢和富饶土壤的法国领地，为受到封建领主地租钳制的下层阶级提供了无须缴税的食物来源。雷韦尔将蔬菜汤称为“法国料理的祖传表现形式”，因为它打破了时间和阶级的限制，其食材基本上都根植于法国大地。[7]现在的汤通常是指和面包一

成套银质汤盖碗之一，带花菜和小龙虾装饰，约1744—1750年，托马斯·热尔曼（Thomas Germain）制作

起吃的配菜，但是18世纪文字记载的“汤”是指可以将就当作一顿饭的硬面包泡水。安托万·帕尔芒捷（1778年）和保罗-雅克·马洛因（1779年）的面包制作手册中都提到了两种面包：一种是用来做汤泡面包的，另一种是配蔬菜浓汤吃的。[8]

汤反映了法国料理在高端和低端方向兼具普适性。弗朗索瓦·拉瓦莱纳、弗朗索瓦·马兰和卡莱姆在他们的基础烹饪书中都收录了不少浓汤和蔬菜汤的食谱，并选取他们所处时代的流行食材。尼古拉·德·帮丰在他1654年关于园艺的小册子中称：“我关于汤所说的一切可以成为适用任何食物的法则”[9]。《芭贝特之宴》里就有一道令人惊艳的海龟汤；法国士兵的口粮被统称为“汤”，因为汤在兵营中是最基本的食物。既有肉又有汤的蔬菜牛肉浓汤可以认为是非官方的法国国菜。汤也得到了卡莱姆的高度赞扬，并在马尔蒂·多德（Marthe Daudet）1913年出版的《法国好菜》（*Les Bons Plats de France*）这本“反现代烹饪书”中得以地域化。这本书将法国分成四个区域，每个区域都由一种汤代表，卷首就是蔬菜牛肉浓汤[10]；法国的每个地区都有其代表性的汤或炖汤，比如马赛有“杂鱼汤”（bouillabaisse），比利牛斯地区有卷心菜汤（garbure），巴黎有游客爱吃的洋葱汤（gratinée）。与法国往昔和乡村紧密相连的汤，在作为“老法国”的象征上仍然有说服力。在1957—1963年间对巴黎外居民饮食习惯的一项调查显示，在农村地区（甚至像马赛和里昂这样的城市），几乎半数受调查者早餐喝汤，超过四分之三的人午餐第一道菜是汤，90%的受访者将汤作为晚餐的一部分。[11]与此形成对比的是，巴黎城市居民早餐喝牛奶咖啡，午餐很少喝汤，只有晚上常喝蔬菜汤。调查者得出结论：对汤的疏远显然是法国人饮食结构现代化和城市化的标志。承认汤离法国餐桌越来越远、被三明治或令人心惊胆战的快餐食品取代或许加剧了人们对这道久经考验、嵌入法国料理骨髓的菜肴的焦虑和怀念。

查尔斯·威廉斯（Charles Williams，1797—1830 年）：《英式烤牛肉和法式汤：英国羊羔和法国老虎》，英国讽刺拿破仑一世的政治漫画（1806 年）

法国食品从根本上来说是地理和天才创新者共同创造的产物，自然因素加上集中力量来推广全国性统一料理的决心使法国创新获得成功。法国面包制作艺术的成功是诸多因素作用的综合

罗兰·巴特（Roland Barthes）在他死后出版的自传中提到的传统摩洛哥哈里拉汤

结果，包括法国小麦的地理优势，天主教的兴起和限制肉食但准许面包的斋戒规则；面包制作工艺精确术语体系的建立和烘焙职业在法律支持下的标准化也使面包的品质得到保障。法国高档葡萄酒的发展则凭借的是对经济因素的克服：中世纪的富裕领主们负担得起在远离交通要道的地方种植葡萄，那些实力稍差的人则保证了普通酿酒厂的发展。天主教在合理的范围内并不完全否认享乐主义，因此虔诚的饮食并不排斥食物的美味和精致。尽管僧侣们保持着禁欲的饮食，但也生产出了我们现在知道的修道院奶酪，其种植的葡萄园产出了佩里依修士的酒（即使不是其标志性的起泡酒），并拉高了面包制作工艺标准。历史上的食品危机、军事占领和入侵、粮食短缺和重大政治动荡从未使法国人放弃

“好好吃”和将制作精致食品当作优先事项的道路。百科全书派哲学家曾试图反对肉类，大革命领导者鼓励节俭，“健康饮食”的风潮企图去除黄油和浓酱，但是法国人的饮食方式自岿然不动。文森特·马蒂尼（Vincent Matigny）坚称，不论社会环境如何，美食在法国国民想象中永远是与美好的回忆联系在一起的，是永恒的“轻松愉悦，是宴饮之乐的同义词”[12]。

从 19 世纪开始，现代法国料理就一直在传统和创新之间拉锯。[13] 这两种相伴的驱动引导着新大厨的培养和新菜单的呈现，但也同样激起了复兴法国料理“旧日光荣”的呼声——尽管具体原因成谜。通过料理创造一个排他性身份的尝试也不断经受挑战。如果法国料理允许不断革新的话，那它的根基就会垮掉。如果法国料理中的外来影响过于活跃，那它也不能再保持“法国”的冠名了。现代性在法国食物中并不总是令人愉快的——融合料理可能会威胁经典法国料理的地位，葡萄根瘤蚜灾后的葡萄酒抹除了法国传统，巴氏法消毒的奶酪带走了手工奶酪的独特性。但一味抗拒变化也是危险的——对美国葡萄品种稀释法国“风土”的恐惧一度使葡萄根瘤蚜灾危机不断蔓延，使法国付出了巨大代价：葡萄园被摧毁，最终迫使一些经验丰富的酿酒师改行。向大规模农场的缓慢转型意味着法国农业到 19 世纪还落后于其欧洲邻居。鉴于这么多的阻碍，法国模式应该不会取得今天的成功。然而，法国美食主义的胜利依赖的是复杂的术语和令人捉摸不透与难以复制的实操手法。高级料理的最高境界是看起来毫不费力的复杂，使用最简单优雅的呈现方式，而将背后耗费的巨量时间和庞大开销隐藏起来。因此，如今世界上的餐厅都在教授和实践法国烹饪技艺。宫廷饮食和农民本不该在同一种饮食传统中和平共存，但法国做到了——通过“制作之道”这一法国人在饮食故事中发明和复制的共同元素紧紧相连。面包师牢牢地按流程将法国农民辛勤种植的粮食变成无与伦比的面包。农民们收获的牛奶在法国独有的微生物和数代传承的技艺下变成大名鼎鼎的奶酪。大厨们通过改良旧式菜肴发明新菜，既不守旧也不一味求新。从泥土到想象的云端，法国食物凭借其多样性而经久不衰。法国料理受益于其不可解释性和不可复制性，使其数世纪来在全球独树一帜。但法国食物面临的挑战也很明显，他们在打造其现代饮食名片时难免也会犯错；但是，法国美食总会找到解决办法和一个新的故事来讲述。

可颂面包，法国的经典象征

历史菜谱

酸扁豆配香菜（Lenticula）

出自安提姆斯的《食物观察信笺》，约 511 年，译自马克·格兰特（Mark Grant）（托特尼斯，德文郡，1996 年）

将扁豆用清水洗净煮好。注意将第一遍煮的水倒掉，再按要求加入热水，不要太多，然后放在灶上慢炖。煮熟后，用一点醋和一种叫叙利亚漆树粉的香料来调味。在扁豆锅离火之前，洒上一勺这种漆树粉并搅拌均匀。将扁豆从火上拿开，准备上菜。为了增加风味，还可以在第二遍加热水时再加一大勺青橄榄油、一两株带根的香菜（整株且不磨碎）和一小撮盐调味。

鲈鱼 / 丁鲷 / 鳎鱼 / 小龙虾稀汁（Un coulis de perche ou de tanche ou de sole, ou d'ecrevisses）

出自《巴黎管家》（约 1393 年）（巴黎，1846 年）

用清水煮（鱼）并保留汤底。然后，将杏仁和一些鲈鱼肉一同搅碎，加入一点之前的汤底稀释。倒出，放入锅中煮。然后，将汤汁淋在鲈鱼上，表面撒上糖。如果太稀的话，多加一些糖。

（注：塔伊旺的《食肉者》中也有同样的食谱）

蜗牛

出自《巴黎管家》（约 1393 年）（巴黎，1846 年）

最好在清晨从葡萄藤上或灌木丛中采集。选出鲜嫩、小只和黑壳的，在水中将其泡沫洗净。用盐和醋再搓洗一遍，加水煮。必须用针将蜗牛肉从壳中挑出来；去除黑色的尾部，因为这是它的排泄物。再洗一遍，再用水煮，然后捞出置于盘中或浅碗中，配面包食用。有人认为，在用上述方法煮熟后，加油和洋葱或烈酒煎，配上香料食用，会更好，这是富人的吃法。

糖渍洋蓟（Artichaux confits）

出自奥利维耶·德·塞尔的《农业舞台》（1600 年）（日内瓦，1651 年）

用来糖渍的洋蓟最好选用鲜嫩、个头小的，千万不能挑大个的。为了成品好看，要挑选外形格外优美的，这样干燥后能永远封存其从花园里刚被采摘时笔挺完整的嫩绿叶子的模样。采摘时保留两指宽的茎，以方便后续处理。采摘后，为了防止萎蔫，应马上用盐封存（之前先用清水洗净）。10 或 12 天以后（不能提前），将其取出并去除盐分（用流水冲洗或浸泡，中途换三四次水）。在这之后，将其放入陶制盖碗中，用糖浆像上面一样裹起来（用煮过的糖浆，一天两次），搁置 10 或 12 天，等其完全干燥后，再上最后一层糖衣。

蛙肉烧饼（Tourte de grenouilles）

出自弗朗索瓦·拉瓦莱纳的《法国大厨》（1651 年）（巴黎，1659 年）

将蛙大腿肉切下置于煎锅中，加新鲜优质黄油、蘑菇、欧芹、熟洋蓟块和刺山柑花蕾炒香上色。充分调味后放入轻薄多层的酥皮中继续烹饪。做好后，配上白酱食用，注意酱汁不要浇在烧饼上。

覆盆子火鸡（Poulet d'Inde à la framboise）

出自弗朗索瓦·拉瓦莱纳的《法国大厨》（1651 年）（巴黎，1659 年）

将火鸡腌好后，从叉骨处去骨，将骨头上面的肉加上肥肉和少量小牛肉剁碎，再加入蛋黄和乳鸽肉，调味后再填入火鸡。再加入盐、胡椒、磨碎的丁香和刺山柑花蕾。将火鸡置于烤叉上缓慢转动。快烤好时，将火鸡取下并置于砂锅中，加入上等肉汤、蘑菇和用欧芹、百里香及青葱做的香料束。为了使酱汁凝固，取少量碎肥肉，煎出油后加入一点面粉，加热至焦化，再加入一点肉汤和醋稀释，然后倒入砂锅中，加上柠檬汁后就可以上菜了。如果是覆盆子成熟的季节，可以在上面放一把覆盆子，或用石榴替代。

酿馅圆白菜（Choux pommés farcis）

出自尼古拉·德·帮丰的《乡村美味》，第二卷（巴黎，1679 年）

将圆白菜外层叶子去除，保留理想的尺寸，煮至半熟。取出并沥干水分。稍微放凉后，扒开所有的叶子并稍微按压以露出菜心。在菜心里放入两三片非常薄的肥肉，并加入一小撮胡椒调味。在肥肉上放一小把填料，或者加上用在酿馅黄瓜中一样的碎肉，再用几片肥肉盖起来，插上两三颗丁香粒。然后，小心地将圆白菜的叶子层层合上，将填料包起来，用双手将圆白菜合起，挤干水分。然后，用细绳或线将其捆两三圈以防散架。将圆白菜单独烹饪，做好后置于盘中或面包上，去除细绳，将其切成两或三份以露出内馅，然后用煎面包或其他配菜装饰……如果是斋戒日，和酿馅黄瓜一样用鱼肉或香草作为填料。

阿勒曼德酱梭子鱼（Brochet à la sausse allemande）

出自弗朗索瓦·玛西亚洛的《皇家大厨和中产阶级厨师》（巴黎，1693 年）

取一条梭子鱼腌渍好。将其切成两块并用水稍微煮一下。将鱼从水中取出，去皮，露出洁白的鱼肉，放入砂锅中加白葡萄酒、刺山柑花蕾碎末、凤尾鱼、百里香、新鲜香草、碎蘑菇还有松露和羊肚菌一起烹饪。开锅后，转小火以免鱼肉破碎。加入一块上好黄油和一小块帕尔玛干酪增稠。上菜时，可加上任何配菜摆盘。

家常式小牛肩膀肉（Epaule de veau à la bourgeoise）

出自玛西亚洛的《中产阶级女大厨》（巴黎，1752 年）

将一块小牛肩膀肉放入烤盘中，加入两夸脱水、两汤匙醋、盐、胡椒、欧芹、小洋葱、两头蒜、一片月桂叶、两个洋葱、两种切片的根茎类蔬菜、三整头丁香和一点黄油。将食材包起来，并用水和的面将缝隙完全封闭。用烤箱烤三小时，然后用筛子将烤盘酱汁中的脂肪分离出去。将过滤后的酱汁淋在小牛肩膀肉上食用。

家常蔬菜牛肉浓汤，或元气肉汤（Pot-au-feu de maison, ou bouillon restaurant）

出自玛丽－安托瓦·卡莱姆的《19 世纪法式烹饪艺术》，第一卷（巴黎，1833 年）

在足够大的陶罐中放入四磅后臀肉、一大片小牛小腿肉和一只用烤钎烤得半熟的鸡。加入三升冷水，将陶罐置于火前慢慢煮沸。开锅后，马上加入一点盐、两个胡萝卜、一个蔓菁、三根青蒜，加半根芹菜杆的香草束和一个插满丁香粒的洋葱。在加入根茎类蔬菜后，再次小心将陶罐煮沸。然后，用文火不间断再煨五小时。之后，取出根茎类蔬菜，小心去皮。尝一下肉汤并用盐适当调味。然后，撇去油脂，往汤中泡入面包片，再加上蔬菜，就可以上菜了。

这是一道健康的、有助于恢复体力的家庭版肉汤，适合需要给孩子们提供健康食物的家庭来做。

松露火鸡（Dinde aux truffes）

出自凯瑟琳小姐（Mademoiselle Catherine）的《中产阶级女大厨完全烹饪手册》(巴黎，1846年)

将两磅佩里戈尔松露去皮；洗净后沥干，切碎后放入砂锅中，加入一磅碎肥肉、盐、胡椒、肉豆蔻、一束香草和松露皮。在火上煎半小时，然后填进去除内脏并洗净内腔的火鸡中，将火鸡捆好。等四天，待火鸡充分吸收松露风味后，再将火鸡用烤扦插好，用涂满黄油的纸包起来烤两小时。然后，再用十五分钟时间使其上色。装盘后，用之前小心保存的松露皮装饰。

马排（Horse-steacks[①]）

出自德斯塔米尼尔先生（M.Destaminil）的《围城时期的料理：马肉和驴肉菜谱》(巴黎，1870—1871年)

取一片里脊肉，去筋，切成大拇指宽的肉片，锤松。如果条件允许，用马油或融化的黄油腌一会儿。大火热锅，肉烤熟后翻面并加入一块核桃大小的马油和香草、盐、胡椒、柠檬汁。可以根据食客的喜好做成全熟或一分熟。

栗子蛋糕（Gâteau de marrons）

出自毕达尔男爵夫人（Mme Baronne Bidard）的《法国料理：“好好吃”的艺术》[艾德蒙·理查丹（Edmond Richardin）

① 标准拼写应为 steak。

整理出版]（巴黎，1906 年）

取一千克板栗，去除外壳，用水煮熟后去皮。将栗子捣成泥，倒入加了糖的牛奶，加入香草和六个打发至蓬松的鸡蛋清，搅拌成糊后倒入刷了一层焦糖的模具中，中火烘烤一小时。将蛋糕放置一天后，再配上香草蛋奶冻食用。

雪蛋（Oeufs à la neige）

出自库农斯基和马塞尔·鲁夫的《美食主义法国：佩里戈尔》（巴黎，1921 年）

比例为八个鸡蛋配一升牛奶。将蛋清和蛋黄分离。将蛋清打发至紧实后加入无糖牛奶中煮熟（无糖是关键）。加的时候分几次倒在沸腾的牛奶中，并用漏勺拨动，煮的时间不要超过三分钟，然后全部倒在铺好纱布的盖碗上，使蛋白和牛奶分离。将过滤好的牛奶煮沸，加入糖和鸡蛋黄，用力搅拌。

将搅拌均匀的牛奶蛋黄液倒入沙拉盘或者瓷制或陶制的浅碗，随意将煮好的蛋白摆上去冷却。上菜前一刻钟或半小时前，准备一份烤得刚好的、不黄不黑的焦糖淋在蛋白上。

玛尔加库斯库斯（Couscous à la Marga）（阿尔及利亚）

出自 R. 德诺特尔的《殖民地好料理：亚洲 - 非洲 - 美洲》（巴黎，1931 年）

使用口小底深的汤锅，加入切成同样大小的羊肩膀肉和羊腰肉各一块、一只切成五六块的老母鸡，再加三升水完全没过肉。

煮沸后撇去油脂，加入两到三个西红柿、一些西葫芦、两到三个甜椒、几个蔓菁、几个洋蓟芯、几个洋葱（事先切成同样块头），再加入一些泡过一夜的豌豆和鹰嘴豆、一汤匙粗盐、一茶匙甜辣椒粉、一大撮小茴香和其他香料，再加两个番椒。然后将盛有按一般方法处理好的库斯库斯的蒸屉叠放在汤锅口，文火煨两小时。

用深底大盘来盛库斯库斯，将肉和蔬菜摆在上面，同盛有肉汤的盖碗一起上菜。

注 释

若非特别说明，本书所有法译英都由本书作者完成。

前言

1 Waverley Root, *The Food of France* (New York, 1958), p.v.

2 Pascal Ory, 'Gastronomie', in *Les Lieux de mémoire*, ed. Pierre Nora, Colette Beaume and Maurice Agulhon (Paris, 1984), vol. Ⅲ/3, p. 829.

3 Alexandre Lazareff, *L'Exception culinaire française: un patrimoine gastronomique en péril?* (Paris, 1998), p. 13.

4 Florent Quellier, *Gourmandise: Histoire d'un péché capital* (Paris, 2013), p. 116.

5 Amy B. Trubek, *The Taste of Place: A Cultural Journey into Terroir* (Berkeley, CA, 2008), p. 53.

6 Quellier, *Gourmandise*, p. 155.

第一章 寻根高卢

1 本章标题使用的是“高卢”一词，尽管此处用“高卢 - 罗马”在历史学层面上更精确。我用“高卢”是为了强调这片土地被罗马人占领期间和占领之后一直存在的高卢 / 法兰克人的饮食习惯。

2 重要提示：学术界在古代许多有关烹饪名词的准确翻译上存在分歧，尤其是许多在现代找不到对应物的动植物名称。安德鲁・达尔比（Andrew Dalby）警告，许多译者在使用南瓜、西葫芦、条形南瓜和法国青豆等名词时太过随意，“尽管大家都同意古代没有这些品种”［*Food in the Ancient World from A to Z*（London/New York, 2014），p. xv］。鉴于我也不是植物考古学家，我对这些名词的译名进行了多版本比较，但终究还是依赖在此引用的学者和译者的成果。鉴于此，我接受并重申达尔比的观点，“应对这些命名持推敲立场”。

3 Mark Grant, Introduction to Anthimus, *De observatione ciborum*, trans. Mark Grant (Totnes, Devon, 1996), p. 28.

4 同上书，p. 35。

5 同上书，p. 65。

6 Paul Ariès, *Une Histoire politique de l'alimentation* (Paris, 2016), p. 146.

7 Pliny the Elder, *Natural History*, trans. John Bostock and H. T. Riley (London, 1855), Book Ⅺ, chapter 97.

8 Martial, *Epigrammata*, ed. Jacob Borovskij (Stuttgart, 1925), Book 12, chapter 32.

9 Strabo, *Geography*, trans. H. C. Hamilton and W. Falconer (London, 1903), Book Ⅳ, chapter 3, § 2.

10 Anthimus, *De observatione ciborum*, § 14, p. 57.

11 Martial, *Epigrammata*, Book 13, chapter 54.

12 Ariès, *Une Histoire politique*, p. 195.

13 同上; Massimo Montanari, 'Romans, Barbarians, Christians: The Dawn of European Food Culture', in *Food: A Culinary History*, ed. Jean-Louis Flandrin, Massimo Montanari and Albert Sonnenfeld (New York, 2000), p. 167。

14 Ariès, *Une Histoire politique*, p. 179.

15 Pliny, *Natural History*, Book XVIII, chapter 12. 博斯托克和莱利 (Bostock and Riley) 将 *frumentum* 翻译为“玉米”。在英国的用法中，它通常指一种谷物。

16 Dalby, *Food in the Ancient World*, p. 158.

17 Roger Dion, *Le Paysage et la vigne: essais de géographie historique* (Paris, 1990), p. 195.

18 奥索尼乌斯在其拉丁文原版著作中用的是“salmo”，而安提姆斯的拉丁原文中用的是“esox”（很可能是拉丁语化的凯尔特语词）来指代英文译者称之为“salmon”（鲑鱼）的东西。卡尔·德鲁（Carl Deroux）认为“esox”是指成年鲑鱼。奥索尼奥斯作品中的其他拉丁词语还有 capito（白鲑）、salar（鳟鱼）、perca（鲈鱼）、mullis（胭脂鱼）、lucius（梭子鱼）和 alburnos（河鲱）。

19 Decimus Magnus Ausonius, 'Mosella', in *Ausonius: In Two Volumes*, ed. and trans. Hugh G. E. White (New York, 1919), pp. 231–233. 请参阅带注释的文学选段，以便更全面地了解此文。

20 Anthimus, *De observatione ciborum*, § 40, p. 65.

21 Danuta Shanzer, 'Bishops, Letters, Fast Food, and Feast in Later Roman Gaul', in

Society and Culture in Late Antique Gaul, ed. Ralph W. Mathisen and Danuta Shanzer (Burlington, VT, 2001), p. 231.

22 Ariès, *Une Histoire politique*, p. 171.

23 Deroux, 'Anthime', p. 1124.

24 Anthimus, *De observatione ciborum*, § 22 (pheasants and geese), § 27 (cranes), § 25–26 (partridges, starlings, turtledoves), pp. 59–60.

25 Liliane Plouvier, 'L'Alimentation carnée au haut moyen âge d'après le *De observatione ciborum* d'Anthime et les *Excerpta* de Vinidarius', *Revue belge de philologie et d'histoire*, LXXX/4 (2002), pp. 1357–1369. 莉莉安娜・普鲁维耶称安提姆斯"雪蛋"的做法具备"超乎寻常的精细度和令人惊讶的现代性"（1367 年），这对实际上是一份打发蛋白的东西算得上不吝溢美之词了。

26 Montanari, 'Production Structures and Food Systems in the Early Middle Ages', in *Food: A Culinary History*, ed. Flandrin, Montanari and Sonnenfeld, p. 171.

27 Dalby, *Food in the Ancient World*, p. 158.

28 Deroux, 'Anthime', p. 1111.

29 Anthimus, *De observatione ciborum*, § 67, p. 71.

30 关于冬小麦，参见 Pliny, *Natural History*, Book XVIII, chapter 20；关于恐慌，参见前书第 25 章。

31 Pliny, *Natural History*, Book XVIII, chapter 12.

32 Florence Dupont, 'The Grammar of Roman Dining', in *Food: A Culinary History*, ed. Flandrin, Montanari and Sonnenfeld, p. 126.

33 同上。

34 Emmanuelle Raga, 'Bon mangeur, mauvais mangeur. Pratiques alimentaires et critique sociale dans l'oeuvre de Sidoine Apollinaire et de ses contemporains', *Revue belge de philologie*, LXXXVII/2 (2009), p. 183.

35 Grant, Introduction to Anthimus, *De observatione ciborum*, p. 9.

第二章　中世纪和文艺复兴时期的法国：面包时代

1 Colette Beaune, *Naissance de la nation française* (Paris, 1993).

2 "她比其他国家更渴望在信仰和遵守神圣意愿方面得到应有的回报。"同上书，p. 228。

3 查理大帝在公元 814 年去世后，"虔诚者"路易在公元 817 年颁布诏令三分帝国，将其分给三个儿子分别管理，直到他再娶后有了第四个儿子。公元 843 年的《凡尔登条约》彻底终结了查理曼帝国，将其分成西法兰克王国（由"秃头"查理统治）、东法兰克王国（由日耳曼人路易统治）和中法兰克王国——现在的意大利和法国普罗旺斯的一部分（由洛泰尔统治）。

4 Alban Gautier, 'Alcuin, la bière et le vin', *Annales de bretagne* et *des pays de l'ouest* (2004), pp. 111–113. 戈蒂埃将阿尔金 (Alcuin) 对英国啤酒的诋毁解释为一种宗教批评，而不是民族认同的创造。

5 Roger Dion, *Histoire de la vigne et du vin en France: des origines au xixe siècle* (Paris, 1959), p. 594. 另见 Antoni Riera-Melis, 'Society, Food, and Feudalism', in *Food: A Culinary History*, ed. Jean-Louis Flandrin, Massimo Montanari and Albert Sonnenfeld (New York, 2000), p. 264。

6 Dion, *Histoire de la vigne*, p. 608.

7 Bruno Laurioux, *Manger au moyen age: pratiques et discours alimentaires en Europe aux xive et xve siècles* (Paris, 2002), p. 88.

8 Louis Stouff, *Ravitaillement et alimentation en Provence xiv et xve* (Paris, 1970); Francesco Petrarca to Pope Urban Ⅴ, *Rerum senilium*, Book 9, Letter Ⅰ（写于 1366 年）.

9 Jean-Claude Hocquet, 'Le Pain, le vin et la juste mesure à la table des moines carolingiens', *Annales. Économies, sociétés, civilisations*, Ⅺ/3 (1985) pp. 665–667.

10 Sakae Tange, 'Production et circulation dans un domaine monastique à l'époque carolingienne: l'exemple de l'abbaye de Saint-Denis', *Revue belge de philologie et d'histoire*, LXXV/4 (1997)pp. 945, 951.

11 Riera-Melis, 'Society, Food, and Feudalism', pp. 262–263.

12 Kirk Ambrose, 'A Medieval Food List from the Monastery of Cluny', *Gastronomica*, Ⅵ/1 (2006), pp. 14–20.

13 Bernard de Clairvaux, 'Apologie à Guillaume de Saint-Thierry', in *Oeuvres complètes*, trans. Abbé Charpentier (Paris, 1866), chapter Ⅸ, sec. 20–21.

14 Pierre Abelard, *Lettres d'Abélard et d'Héloïse*, trans. Victor Cousin (Paris, 1875), vol. Ⅱ, Lettre Ⅷ, p. 317.

15 Riera-Melis, 'Society, Food, and Feudalism', pp. 260–261.

16 Massimo Montanari, 'Peasants, Warriors, Priests: Images of Society and Styles of Diet', in *Food: A Culinary History*, ed. Flandrin, Montanari and Sonnenfeld, p. 184.

17 Hocquet, 'Le Pain, le vin', pp. 678–679.

18 Paul Ariès, *Une Histoire politique de l'alimentation: du paléolithique à nos jours* (Paris, 2016), p. 205.

19 Françoise Desportes, *Le Pain au moyen age* (Paris, 1987), p. 17.

20 Hocquet, 'Le Pain, le vin', p. 673.

21 Desportes, *Le Pain au moyen age*, p. 28.

22 René de Lespinasse, *Les Métiers et les corporations de la ville de Paris* (Paris, 1886), vol. Ⅰ, XIV–XVIIIE siècles, p. 367.

23 *Lettres du prévôt de Paris, contenant un nouveau texte de statuts en dix-sept articles, pour les pâtissiers*, 4 August 1440. 引自 Lespinasse, *Les Métiers*, p. 376。

24 Ariès, *Une Histoire politique*, p. 174.

25 Fabrice Mouthon, 'Le Pain en bordelais médiéval (XIIIE–XVIE siècle)', *Archéologie du midi médiéval* (Carcassonne, 1997), pp. 205–213.

26 Mouthon, 'Le Pain en bordelais médiéval', p. 207.

27 同上，p. 210。

28 Desportes, *Le Pain au moyen age*, p. 90.

29 Françoise Desportes, 'Le Pain en Normandie à la fin du moyen age', *Annales de Normandie*, XXXI/2 (1981), p. 104.

30 Mouthon, 'Le Pain en bordelais médiéval', p. 208.

31 Desportes , 'Le Pain en Normandie', p. 103.

32 Desportes, *Le Pain au moyen age*, pp. 89–90.

33 Lespinasse, *Les Métiers*, p. 195.

34 Ordonnance de Philippe le Bel, adressée au prévôt de Paris, portant règlement sur le commerce du pain, des vivres, et sur le métier des boulangers, 28 April 1308, in Lespinasse, *Les Métiers*, pp. 197–198.

35 Ordonnance du roi Jean ii, sur la police générale et sur les divers métiers de la ville de Paris, 20 January 1351, in Lespinasse, *Les Métiers*, p. 3.

36 Lespinasse, *Les Métiers*, p. 200.

37 Desportes, *Le Pain au moyen age*, p. 108.

38 Mouthon, 'Le Pain en bordelais médiéval', p. 211.

39 Lespinasse, *Les Métiers*, pp. 196, 206.

40 Olivier de Serres, *Le Théâtre d'agriculture et mesnage des champs* (Paris, 1600), vol. Ⅷ, pp. 825–826.

41 同上书，p. 826. 甚至还有两个烤箱，一个用来烤白面包，一个用来烤其他所有的面包。仆人被要求永远不要把它们混在一起。

42 Marc Bloch, *Les Caractères originaux de l'histoire rurale française* (Paris, 1988), pp. 111–138. 关于为什么这个系统性变化首先出现在法国，马克·布洛赫仅表示“我

没有找到答案”，并建议其他研究者继续努力探究。

43 ‘Il cesse d’être un chef d’entreprise - ce qui l’amènera aisément à cesser d’être un chef tout court. Il est devenu rentier du sol’, 同上书，p. 139。

44 同上书，p. 147。

45 Emmanuel Le Roy Ladurie, *Histoire des paysans français: de la peste noire à la Révolution* (Paris, 2002), p. 191.

46 Bloch, *French Rural History*, trans. Janet Sondheimer (London, 2015), p. 148.

47 Thomas Brennan, *Burgundy to Champagne: The Wine Trade in Early Modern France* (Baltimore, MD, 1997), p. 110.

48 同上书，p. 114。

49 Thomas Parker, *Tasting French Terroir: The History of an Idea* (Oakland, CA, 2015), p. 31. 高奥利的书和杜・贝莱写的《保卫和发扬法兰西语言》出版于同一年，后者的书中认为法语在语言的完美度和诗歌表达的丰富程度上已经超过了拉丁语。

50 Parker, *Tasting French Terroir*, p. 31.

51 Etienne de Conty, *Brevis tractatus* (1400), 引自 Beaune, *Naissance de la nation française*, p. 322。

52 Dion, *Histoire de la vigne et du vin*, p. 186.

53 Beaune, *Naissance de la nation française*, p. 320.

54 Serres, *Théâtre d'agriculture*, vol. Ⅷ, p. 824.

55 Le Roy Ladurie, *Histoire des paysans français*, p. 151.

56 Montanari, ‘Production Structures and Food Systems in the Early Middle Ages’, in *Food: A Culinary History*, ed. Flandrin, Montanari and Sonnenfeld, p. 173.

57 Montanari, ‘Toward a New Dietary Balance’, in *Food: A Culinary History*, ed. Flandrin, Montanari and Sonnenfeld, p. 249.

58 Louis Stouff, ‘La Viande. Ravitaillement et consommation à Carpentras au XVE siècle’, *Annales. Economies, sociétés, civilisations*, XXIV/6 (1969), p. 1442.

59 Philippe Wolff, ‘Les Bouchers de Toulouse du XIIE au XVE siècle’, *Annales du Midi: revue archéologique, historique et philologique de la France méridionale*, LXV/23 (1953).

60 Lettre patente de Charles Ⅵ, August 1416, 引自 Lespinasse, *Les Métiers*, p. 276。

61 Laurioux, *Manger au moyen age*, p. 82.

62 Bruno Laurioux, ‘L’Expertise en matière d’alimentation au moyen age’, in *Expertise et valeur des choses au moyen âge*. Ⅰ: *le besoin d’expertise,* ed. Claude Denjean and Laurent Feller (Madrid, 2013), p. 26.

63 Laurioux, 'L'Expertise en matière d'alimentation', p. 26.

64 Jacques Dubois (Sylvius), *Régime de santé pour les pauvres* (1544), 转引自 Jean Dupère, 'La Diététique et l'alimentation des pauvres selon Sylvius', in *Pratiques et discours alimentaires à la Renaissance: actes du colloque de Tours de mars 1979*, ed. Jean-Claude Margolin and Robert Sauzet (Paris, 1982), p. 50.

65 Philip Hyman, 'L'Art d'accommoder les escargots', *L'Histoire*, 85 (1986), pp. 41–44.

66 Dubois, Régime de santé (1544), 转引自 Dupère, 'La Diététique et l'alimentation', p. 51。

67 特伦西·斯加利宣称，关于纪尧姆·蒂黑尔是否真为《食肉者》第一份手稿作者的争论是"一个无意义的问题"（Taillevent and Terence Scully, *The Viandier of Taillevent: An Edition of All Extant Manuscripts* (Ottawa, 1988), p. 9）。关于《食肉者》的研究表明，这并非一本书，而是一系列相互关联的手稿，其中没有一份能被称为最初的"原版"。斯加利在他的书的引言中对该问题进行了大篇幅探讨。蒂黑尔应当是人们所知的塔伊旺，据考证他在 14 世纪曾为宫廷大厨。简单来说，所有现存的《食肉者》版本（除了最早那些早于蒂黑尔职业生涯盛年期的版本）都在前言中将功劳归于塔伊旺，似乎可以推断那些最早的版本是他用来借鉴的模板。斯加利认为，由塔伊旺在第一版和现在公认的第二版之间创作的版本可能才是真正的《食肉者》（p.14）。杰罗姆·比雄和乔治·威凯尔断言，在 14 世纪晚期，1392 年版本的《食肉者》在厨师和管家之间以手抄本的形式流传，《巴黎管家》中对《食肉者》内容的直接引用可以证明（Taillevent, *Le Viandier de Guillaume Tirel dit Taillevent: publié sur le manuscrit de la Bibliothèque Nationale, avec les variantes des Mss. de la Bibliothèque Mazarine et des archives de la manche*, ed. Jérôme B. Pichon and Georges Vicaire (Paris, 1892), p. XXXIX）。

68 Jack Goody, *Cooking, Cuisine and Class* (Cambridge, 1982), p. 136. 古迪进一步指出英语中关于活畜的命名源自盎格鲁－撒克逊语言（比如奶牛、猪的英文单词 cow、pig），但餐桌上的肉类名称则源自法语（比如牛肉、猪肉的英文单词 beef、pork，在法语中分别为 boeuf、porc）。

69 Anne Willan and Mark Cherniavsky, *The Cookbook Library: Four Centuries of the Cooks, Writers, and Recipes that Made the Modern Cookbook* (Berkeley, CA, 2012), p. 39.

70 Bruno Laurioux, *Le Règne de Taillevent: livres et pratiques culinaires à la fin du moyen âge* (Paris, 1997), p. 231.

71 Barbara K. Wheaton, *Savoring the Past: The French Kitchen and Table from 1300 to 1789* (New York, 2015), p. 42.

72 Ariès, *Une Histoire politique*, p. 212.

73 Béatrix Saule, 'Insignes du pouvoir et usages de cour à Versailles sous Louis xiv', *Bulletin du Centre de recherche du château de Versailles*, 18 July 2007.

74 Laurioux, *Manger au Moyen Age*, pp. 20–21.

75 Jean-Louis Flandrin, 'Seasoning, Cooking, and Dietetics in the Late Middle Ages', in *Food: A Culinary History*, ed. Flandrin, Montanari and Sonnenfeld, pp. 317 , 324.

76 见 Bibliothèque Nationale 持有的手稿，日期由其所有者 Pierre Buffaut 标注为 1392 年（重印于 Pichon and Vicaire）。

77 Laurioux, *Manger au moyen age*, p. 39.

78 Laurioux, *Le Règne de Taillevent*, p. 341.

79 Pichon and Vicaire, eds, *Le Ménagier de Paris* [1393] (Paris, 1896), vol. Ⅱ, p. 236.

80 Vanina Leschziner, 'Epistemic Foundations of Cuisine: A Socio-cognitive Study of the Configuration of Cuisine in Historical Perspective', *Theory and Society*, XXXV/4 (August 2006), pp. 426–427.

81 François Rabelais, *Gargantua* [1534], ed. Abel Lefranc (Paris, 1913), p. 187.

82 Laurioux, *Manger au moyen age*, p. 22.

83 Jean-Louis Flandrin, 'Brouets, potages et bouillons', *Médiévales: Nourritures*, Ⅴ (1983), p. 5.

84 Florent Quellier, *La Table des Français: une histoire culturelle, XVE–début XIXE siècle* (Rennes, 2013), p. 32.

85 Susan K. Silver, '"La Salade" and Ronsard's Writing Cure', *Romanic Review*, LXXXIX/1 (January 1998), p. 21.

86 Jacqueline Boucher, 'L'Alimentation en milieu de cour sous les derniers Valois', in *Pratiques et discours alimentaires*, ed. Margolin and Sauzet, pp. 162–163.

87 Serres, *Théâtre d'agriculture*, vol. Ⅷ, p. 856.

88 Boucher, 'L'Alimentation en milieu de cour', p. 164.

89 See Wheaton, *Savoring the Past*, p. 43.

90 Jean-Louis Flandrin,'Médecine et habitudes alimentaires anciennes', in *Pratiques et discours alimentaires*, ed. Margolin and Sauzet, p. 86.

91 Dion, *Histoire de la vigne*, p. 7.

92 Serres, *Théâtre d'agriculture*, vol. Ⅷ, p. 831.

第三章 法式创新：烹饪书、香槟、罐装食品和奶酪

1 Alain Girard, 'Le Triomphe de "La cuisinière bourgeoise": Livres culinaires, cuisine et société en France au XVIIE et XVIIIE siècles', *Revue d'histoire histoire moderne et contemporaine*, XXIV/4 (October–December 1977), p. 507.

2 Vanina Leschziner, 'Epistemic Foundations of Cuisine: A Socio-cognitive Study of the Configuration of Cuisine in Historical Perspective', *Theory and Society*, XXXV/4 (August 2006), p. 432.

3 Girard, 'Le Triomphe de "La cuisinière bourgeoise"', p. 507.

4 Paul Hyman and Mary Hyman, 'Printing the Kitchen: French Cookbooks 1480–1800', in *Food: A Culinary History*, ed. Jean-Louis Flandrin, Massimo Montanari and Albert Sonnenfeld (New York, 2000), p. 400.

5 Molière (Jean-Baptiste Poquelin), *La Critique de l'école des femmes* [1663] in *Oeuvres complètes* (Paris, 1873), p. 359.

6 François Pierre La Varenne, *Le Cuisinier françois* (Paris, 1651), p. 50.

7 同上书，p. 74。

8 lsr, Editor's note, *L'Art de bien traiter* (Lyon, 1693), n.p.

9 lsr, Préface, *L'Art de bien traiter* (Lyon, 1693), p. 2.

10 François Marin, 'Avertissement au lecteur', *Les Dons de Comus* (Paris, 1739), pp. xx–xxi. The Avertissement is believed to have been composed by two Jesuits, Pierre Brumoy and G. H. Bougeant.

11 Arjun Appadurai, 'How to Make a National Cuisine: Cookbooks in Contemporary India', in *Comparative Studies in Society and History*, XXX/1 (1988), p. 11.

12 François Massialot, Préface, *Le Cuisinier royal et bourgeois* (Paris, 1693), p. viii.

13 Emmanuel Le Roy Ladurie, *Histoire des paysans français: de la peste noire à la Révolution* (Paris, 2002), pp. 321–324.

14 Stephen Mennell, *All Manners of Food: Eating and Taste in England and France from the Middle Ages to the Present* (Oxford, 1985), p. 73.

15 同上书，p. 83。

16 Girard, 'Le Triomphe de "La cuisinière bourgeoise"', p. 513.

17 Barbara K. Wheaton, *Savoring the Past: The French Kitchen and Table from 1300 to 1789* (New York, 2015), p. 114.

18 Anne Willan, Mark Cherniavsky and Kyri Claflin, *The Cookbook Library: Four*

Centuries of the Cooks, Writers, and Recipes That Made the Modern Cookbook (Berkeley, CA, 2012), pp. 155, 161.

19 Nicolas de Bonnefons, 'Aux Maîtres d'hôtel', in *Délices de la campagne* (Paris, 1654), p. 214.

20 Anon., *Dictionnaire portatif de cuisine, d'office et de distillation* (Paris, 1767).

21 Girard, 'Le Triomphe de "La cuisinière bourgeoise"', p. 512. 吉拉德在书中援引了布列塔尼一名政府官员的例子，他在 1710 年支付其男性厨师每年 150 里弗尔，在 1754 年支付其女性厨师每年 70 里弗尔；而同时期在该省贵族家庭工作的女性厨师能挣到 90 里弗尔。

22 Wheaton, *Savoring the Past*, p. 156.

23 Mennell, *All Manners of Food*, p. 67.

24 苏珊・平克德称方砖炉灶在 16 世纪的罗马就应用于教皇厨房和 1570 年名厨巴托洛米奥・斯卡皮的工作中了。

25 lsr, *L'Art de bien traiter*, pp. 65–67.

26 Daniel Roche, Tableau 2, 'Cuisine et alimentation populaire à Paris', in *Dix huitième Siècle*, XV (1983), p. 11.

27 参见 Jean-Louis Flandrin, 'From Dietetics to Gastronomy: The Liberation of the Gourmet', in *Food: A Culinary History*, ed. Flandrin, Montanari and Sonnenfeld, p. 421。

28 Pierre Couperie, 'L'Alimentation au xviie siècle: les marchés de pourvoierie', *Annales. Economies, sociétés, civilisations*, XIX/3 (1964), pp. 467–479.

29 Philip Hyman, 'L'Art d'accommoder les escargots', *L'Histoire*, LXXXV (1986), pp. 43–44.

30 Sydney Watts, *Meat Matters: Butchers, Politics, and Market Culture in Eighteenth-century Paris* (Buffalo, NY, 2006), p. 8.

31 Roche, 'Cuisine et alimentation populaire', p. 13.

32 Olivier de Serres, Préface, *Le Théâtre d'agriculture et mesnage des champs* (Paris, 1600), n.p.

33 同上书，vol. Ⅰ, p. 14。

34 'à ce que chacune rapporte son goût particulier', 同上书，vol. Ⅷ, p. 846。

35 Bonnefons, *Délices de la campagne*, pp. 215–216.

36 Bonnefons, Préface au lecteur, *Le Jardinier français* (Paris, 1679), p. x.

37 Thomas Parker, *Tasting French Terroir: The History of an Idea* (Oakland, CA, 2015), p. 88.

38 Bonnefons, Epistre, *Le Jardinier français*, p. vii.

39 Florent Quellier, *Festins, ripailles et bonne chère au grand siècle* (Paris, 2015), pp. 50–51.

40 同上书，p. 51。

41 参见 Wheaton, *Savoring the Past*, p. 184。

42 Jean Meyer, *Histoire du sucre* (Paris, 2013), p. 109.

43 完整的标题是：*Nouveau Traité de la civilité qui se pratique en France parmi les honnêtes gens* (New Treatise on Civility That Is Practiced in France among People of Culture)。

44 Norbert Elias, *The Civilizing Process*, trans. Edmund Jephcott, ed. Eric Dunning, Johan Goudsblom and Stephen Mennell (Oxford, 2000), pp. 58–59.

45 Maryann Tebben, 'Revising Manners: Giovanni Della Casa's Galateo and Antoine de Courtin's Nouveau Traité de la civilité', *New Readings*, XIII(2013), p. 13.

46 Michel de Montaigne, 'De L'Expérience', in *Essais* (Paris, 1588), vol. III, ch. XIII, p. 480.

47 Fernand Braudel, *The Structures of Everyday Life* (Berkeley, CA, 1981), p. 206.

48 Louis de Rouvroy, duc de Saint-Simon, *Mémoires* [1701] (Paris, 1856), vol. III, p. 21.

49 同上书，[1715], vol. XII, p. 45。

50 Jean-Pierre Poulain and Edmond Neirinck, *Histoire de la cuisine et des cuisiniers*, 5th edn (Paris, 2004), p. 172.

51 Roche, 'Cuisine et alimentation populaire', p. 14.

52 Paul Ariès, *Une Histoire politique de l'alimentation: du paléolithique à nos jours* (Paris, 2016), p. 285.

53 Florent Quellier, *Gourmandise: histoire d'un péché capital* (Paris, 2013), p. 84.

54 同上书，p. 101。

55 Benoît Musset, 'Les Grandes Exploitations viticoles de champagne (1650–1830). La Construction d'un système de production', *Histoire et Sociétés Rurales*, XXXV/87 (2011), p. 87. 奥维耶修道院 1694 年批次的香槟酒成交价格一度破了纪录，达到每百升 350 里弗尔。然而，勃艮第特殊年份的酒能卖到更高的价格。

56 Musset, 'Les Grandes Exploitations', p. 80. 根据穆塞记载，1650 年的普通酒售价为每百升 10～25 里弗尔；但从 1690 年开始，勃艮第葡萄酒从未低于过每百升 30 里弗尔，香槟酒则在 1690 年后超过了每百升 40 里弗尔。

57 Roger Dion, *Histoire de la vigne et du vin en France: des origines au xixe siècle* (Paris, 1959), p. 627.

58 Nicolas de La Framboisière, *Gouvernement nécessaire à chacun pour vivre longuement*

en santé [1600] (Paris, 1624), p. 105.

59 'incommodes voluptueux', lsr, *L'Art de bien traiter*, p. 32–33.

60 Jean-François Revel, *Un Festin en paroles: histoire littéraire de la sensibilité gastronomique de l'antiquité à nos jours* (Paris, 2007), p. 181.

61 Thomas Brennan suggests that racking was documented in professional treatises in the 1730s (*Burgundy to Champagne: The Wine Trade in Early Modern France* (Baltimore, MD, 1997), p. 248). 托马斯・布伦南认为，抽取技术最早出现于 1730 年代的专业文献中。穆塞则声称，关于抽取设备的记载最早见于 1740 年代，装瓶设备则出现于 1760 年代。

62 引自 Dion, *Histoire de la vigne*, p. 644。

63 Brennan, *Burgundy to Champagne*, pp. 248–249.

64 Dion, *Histoire de la vigne*, p. 645.

65 Musset, 'Les Grandes Exploitations', p. 88.

66 Archives départementale de Marne, 引自上书，p. 91。

67 引自 Brennan, Burgundy to Champagne, p. 191。

68 Kolleen Guy, *When Champagne Became French* (Baltimore, MD, 2003), pp. 28–29.

69 同上书，p. 31。

70 Nicolas Appert, *L'Art de conserver pendant plusieurs années toutes les substances animales et végétales* (Paris, 1810), pp. ix–xi.

71 同上书，p. 6。

72 同上书，p. 110。

73 Sue Shephard, *Pickled, Potted, and Canned: How the Art and Science of Food Preserving Changed the World* (New York, 2000), p. 233. 苏・谢巴德援引了一篇诺曼・考威尔未发表的博士论文，称阿佩尔曾与英国布莱恩・唐金、约翰・甘博尔和约翰・豪尔的团队合作来维护他关于罐装技术的经济利益；当时，拿破仑刚刚退位且未支付阿佩尔与法国海军的合同报酬（同前书，pp. 234–239）。

74 Shephard, *Pickled, Potted, and Canned*, p. 241.

75 Jack Goody, *Cooking, Cuisine and Class* (Cambridge, 1982), p. 160.

76 Martin Bruegel, 'How the French Learned to Eat Canned Food, 1809–1930s', in *Food Nations: Selling Taste in Consumer Societies*, ed. Warren Belasco and Philip Scranton (London, 2002), p. 121.

77 Bruegel, 'How the French Learned', p. 122.

78 比如参见Alexandre-Balthazar-Laurent Grimod de La Reynière, *Almanach des*

gourmands, Year 3 (Paris, 1805), p. 138; Year 5 (1807), p. 309; Year 6 (1808), p. 103。

79 Marie-Antoine Carême, *Le Maitre d'hôtel français: ou parallèle de la cuisine ancienne et moderne* (Paris, 1822), p. 119.

80 “帝国科技”一词来自西蒙・内勒，'Spacing the Can: Empire, Modernity, and the Globalisation of Food', *Environment and Planning A*, XXXII (2000), p. 1628。

81 Photis Papademas and Thomas Bintsis, *Global Cheesemaking Technology: Cheese Quality and Characteristics*, ebook (Hoboken, NJ, 2018).

82 Dick Whittaker and Jack Goody, 'Rural Manufacturing in the Rouergue from Antiquity to the Present: The Examples of Pottery and Cheese', *Comparative Studies in Society and History: An International Quarterly*, XLIII/2 (2001), p. 235.

83 Paul Kindstedt, *Cheese and Culture: A History of Cheese and Its Place in Western Civilization* (Hartford, VT, 2012), pp. 127–130.

84 'France', in *Oxford Companion to Cheese*, ed. Catherine W. Donnelly (New York, 2017), p. 293; 'Maroilles: Historique', Institut national de l'origine et de la qualité (inao), www.inao.gouv.fr, accessed 15 August 2018.

85 Catherine Donnelly, 'From Pasteur to Probiotics: A Historical Overview of Cheese and Microbes', *Microbiol Spectrum*, Ⅰ/1 (2012), p. 12.

86 Raymond Dion and Raymond Verhaeghe, 'Le Maroilles: “le plus fin des fromages forts”', *Hommes et terres du nord*, Ⅰ (1986), p. 69.

87 Serres, *Théâtre d'agriculture*, vol.Ⅳ, p. 286.

88 Kindstedt, *Cheese and Culture*, p. 153.

89 Gilles Fumey and Pascal Bérion, 'Dynamiques contemporaines d'un terroir et d'un territoire: le cas du gruyère de Comté', *Annales de géographie*, Ⅳ/674 (2010), pp. 386–387.

90 同上书，p. 397, n. 9。

91 Jean Froc, *Balade au pays des fromages: les traditions fromagères en France* (Versailles, 2007), p. 30.

92 同上书，p. 50。

93 Whittaker and Goody, 'Rural Manufacturing in the Rouergue', p. 239.

94 'Roquefort: Historique', inao, www.inao.gouv.fr, accessed 15 August 2018.

95 Danielle Hays, 'L'Implantation du groupe Bongrain en Aquitaine: la recherche et le succès de fromages nouveaux', in *Histoire et géographie des fromages: actes du Colloque de géographie historique Caen*, ed. Pierre Brunet (Caen, 1987), p. 168.

96 Laurence Bérard et Philippe Marchenay, 'Le Sens de la durée: ancrage historique des "produits de terroir" et protection géographique', in *Histoire et identités alimentaires en Europe*, ed. Martin Bruegel and Bruno Laurioux (Paris, 2011), p. 35.

97 Pierre Boisard, *Camembert: A National Myth* (Berkeley, CA, 2003), pp. 27, 37.

98 同上书，p. 5。

99 同上书，pp. 44–45。

100 同上书，p. 68。

101 'Camembert: Historique', inao, www.inao.gouv.fr, accessed 15 August 2018.

102 Boisard, *Camembert*, p. 6.

103 同上书，p. 10。博伊萨德写了一整本书来解释玛丽·哈雷尔神话的真实性和重要性。我在这里的简要总结只触及表面。

104 Parker, *Tasting French Terroir*, pp. 56–58.

第四章　大革命及其影响：屠宰师、面包师和酿酒师

1 Emmanuel Le Roy Ladurie, *Histoire des paysans français: de la peste noire à la Révolution* (Paris, 2002), pp. 400–402. 勒罗伊·拉杜里将这些地区的农业成功归功于自中世纪起的工业发展，尤其是 17 世纪羊毛和纺织业的发展。这与盛产酒但未工业化的法国大西洋沿岸港口地区和欠发达的南部地区形成鲜明对比。

2 Kolleen M. Guy, *When Champagne Became French: Wine and the Making of a National Identity* (Baltimore, MD, 2003), p. 47.

3 Le Roy Ladurie, *Histoire des paysans*, pp. 380–381. 作者强调这些数据是估计值，但暗示"全国葡萄产量在 1550 至 1670 年间最少增长了四分之一甚至三分之一"（p. 380）。

4 Roger Dion, *Histoire de la vigne et du vin en France: des origines au XIXE siècle* (Paris, 1959), p. 594.

5 Thomas Brennan, *Burgundy to Champagne: The Wine Trade in Early Modern France* (Baltimore, MD, 1997), p. 226.

6 艾蒂安·契瓦利埃 (Etienne Chevalier), 1790 年阿根泰伊酿酒厂发言人，引自 Dion, *Histoire de la vigne*, p. 511。

7 Brennan, *Burgundy to Champagne*, p. 146.

8 Dion, *Histoire de la vigne*, p. 607.

9 同上。

10 Robert Philippe, 'Une Opération pilote: l'étude du ravitaillement de Paris au temps de

Lavoisier', in *Pour une Histoire de l'alimentation*, ed. Jean-Jacques Hémardinquer (Paris, 1970), p. 63.

11 Louise A. Tilly, 'The Food Riot as a Form of Political Conflict in France', *Journal of Interdisciplinary History*, Ⅱ/1 (1971), p. 23.

12 Le Roy Ladurie, *Histoire des paysans*, p. 717.

13 Reynald Abad, *Le Grand Marché: l'approvisionnement alimentaire de Paris sous l'ancien régime* (Paris, 2002), p. 798.

14 Tilly, 'The Food Riot', p. 28.

15 Le Roy Ladurie, *Histoire des paysans*, p. 191.

16 Tilly, 'The Food Riot', pp. 52–55.

17 Steven L. Kaplan, *The Bakers of Paris and the Bread Question, 1700–1775* (Durham, NC, 1996), p. 573.

18 Kaplan, *The Bakers of Paris*, p. 481.

19 Steven L. Kaplan, *Provisioning Paris: Merchants and Millers in the Grain and Flour Trade during the Eighteenth Century* (Ithaca, NY, 1984), p. 339.

20 同上书，p. 273。

21 Judith A. Miller, *Mastering the Market: The State and the Grain Trade in Northern France, 1700–1860* (Cambridge, 1999), p. 70.

22 Cynthia A. Bouton, T*he Flour War: Gender, Class, and Community in Late Ancien Régime French Society* (University Park, PA, 1993), pp. 82–84.

23 George Rudé, 'La Taxation populaire de mai 1775 en Picardie en Normandie et dans le Beauvaisis', *Annales historiques de la Révolution française*, XXXIII/165 (1961), p. 320.

24 Bouton, *The Flour War*, Appendix 1, pp. 263–265.

25 同上书，pp. 87–88。

26 Kaplan, *The Bakers of Paris*, p. 561.

27 Etienne-Noël d'Amilaville, 'Mouture', in *Encyclopédie; ou dictionnaire raisonné des sciences, des arts et des métiers, etc.*, ed. Denis Diderot and Jean le Rond d'Alembert (Neufchâtel, 1765), vol. Ⅹ, p. 828.

28 Antoine Augustin Parmentier, *Le Parfait Boulanger ou traité complet sur la fabrication & le commerce du pain* (Paris, 1778), p. 176.

29 Paul-Jacques Malouin, *Description et détails des arts du meunier, du vermicelier et du boulanger, avec une histoire abrégée de la boulengerie et un dictionnaire de ces arts* (Paris, 1779), p. 166.

30 Kaplan, *The Bakers of Paris*, p. 480.

31 Malouin, *Arts du meunier*, pp. 217, 356.

32 Maurice Aymard, Claude Grignon and Françoise Sabban, 'A La Recherche du Temps Social', in *Le Temps de Manger: alimentation, emploi du temps et rythmes sociaux*, ed. Aymard, Grignon and Sabban (Paris, 2017), p. 11.

33 Malouin, *Arts du meunier*, p. 6.

34 Abel Poitrineau, 'L'Alimentation populaire en Auvergne au xviiie siècle', in *Pour une Histoire de l'alimentation*, ed. Jean-Jacques Hémardinquer (Paris, 1970), pp. 147–149.

35 Guy Thuillier, 'L'Alimentation en Nivernais au xixe s.', in *Pour une Histoire de l'alimentation*, ed. Hémardinquer, pp. 155–156.

36 Parmentier, *Le Parfait Boulanger*, p. 436.

37 Kaplan, *The Bakers of Paris*, p. 569.

38 Bouton, *The Flour War*, p. 240.

39 Lynn Hunt, *Politics, Culture, and Class in the French Revolution* (Berkeley, CA, 2004), pp. 67–71.

40 Hunt, *Politics*, p. 146.

41 Guy Lemarchand, 'Du Féodalisme au capitalisme: à propos des conséquences de la Révolution sur l'évolution de l'économie française', *Annales historiques de la Révolution française*, CCLXXII/1 (1988), p. 192.

42 Jean de Saint-Amans, *Fragment d'un voyage sentimental et pittoresque dans les Pyrénées* (Metz, 1789).

43 Sydney Watts, *Meat Matters: Butchers, Politics, and Market Culture in Eighteenth-century Paris* (Buffalo, NY, 2006), p. 8.

44 Léon Biollay, 'Les Anciennes Halles de Paris', *Mémoires de la société de l'histoire de Paris et de l'Ile de France*, vol. Ⅲ (1877), p. 12.

45 同上书，p. 14。

46 Abad, *Le Grand Marché*, p. 456.

47 Nicolas Delamare, *Traité de la police*, vol. Ⅱ (Paris, 1722), p. 493.

48 Biollay, 'Les Anciennes Halles', pp. 11–12.

49 Sylvain Leteux, 'La Boucherie parisienne, un exemple singulier de marché régulé à une époque réputée "libérale" (1791–1914)', *Chronos*, XXVI (2011), p. 216.

50 Lettre patente de Louis XIII, juillet 1637; in *René de Lespinasse, Les Métiers et les corporations de la ville de Paris* (Paris, 1886), vol. Ⅰ: XIV–XVIIIE siècles, pp. 286–287.

51 Delamare, *Traité de la police*, vol. Ⅱ, p. 529.

52 Watts, *Meat Matters*, p. 76.

53 'Statuts des bouchers en soixante articles et lettres patentes de Louis xv confirmatives', July 1741; in *Lespinasse, Les Métiers*, pp. 291–292.

54 很难统计规则放宽后“屠宰师数量爆发式增长”的确切数字：相关证据表明在1791年有250～300名资深屠宰师，到1802年屠宰师的总数在700～1 000人区间。Watts, *Meat Matters*, p. 197; Elisabeth Philipp, 'L'Approvisionnement de Paris en viande et la logistique ferroviaire, le cas des abattoirs de La Villette, 1867–1974', *Revue d'histoire des chemins de fer*, XLI (2010), p. 1; Louis Bergeron, 'Approvisionnement et consommation à Paris sous le premier Empire', in *Mémoires publiés par la fédération des sociétés historiques et archéologiques de Paris et de l'Ile-de-France*, vol. XIV (Paris, 1963), p. 219.

55 Eric Szulman, 'Les Evolutions de la boucherie parisienne sous la révolution', in *A Paris sous la révolution: nouvelles approches de la ville*, ed. Raymonde Monnier (Paris, 2016), pp. 117–126.

56 Abad, *Le Grand Marché*, p. 390.

57 Leteux, 'La Boucherie parisienne', p. 218.

58 Szulman, 'Les Evolutions de la boucherie', p. 125.

59 Leteux, 'La Boucherie parisienne', pp. 223–224.

60 Jean-Michel Roy, 'Les Marchés alimentaires parisiens et l'espace urbain du XVIIE au XIXE siècle', *Histoire, économie et société*, XVII/4 (1998), p. 709.

61 参见 Stephen Mennell, *All Manners of Food: Eating and Taste in England and France from the Middle Ages to the Present* (Oxford, 1985), p. 139; Jean-François Revel, *Un Festin en paroles: histoire littéraire de la sensibilité gastronomique de l'antiquité à nos jours* (Paris, 2007), pp. 207–208。

62 Rebecca L. Spang, *The Invention of the Restaurant: Paris and Modern Gastronomic Culture* (Cambridge, MA, 2001), p. 24. 斯潘是关于餐厅起源历史研究的权威，她的研究成果比我在这里呈现的要详细得多。

63 *Avantcoureur* [journal], 9 March 1767, 引自上书，p. 34。

64 'Restauratif ou restaurant', in *Encyclopédie*, ed. Diderot and d'Alembert (1765), vol. XIV, p. 193.

65 Spang, *The Invention of the Restaurant*, p. 44.

66 同上书，pp. 173–174。

67 August von Kotzebue, *Souvenirs de Paris, en 1804*, trans. René Charles Guilbert de Pixérécourt (Paris, 1805), vol. Ⅰ, p. 263.

68 参见斯潘关于大库维特和餐桌民主化的讨论，*Invention of the Restaurant*, pp. 149–150。

69 Kotzebue, *Souvenirs de Paris*, pp. 263–264.

70 Spang, *The Invention of the Restaurant*, p. 179.

71 Mennell, *All Manners of Food*, p. 140.

72 Spang, *The Invention of the Restaurant*, p. 185.

73 Mennell, *All Manners of Food*, p. 140.

74 Spang, *The Invention of the Restaurant*, p. 200.

75 Louis-Sébastien Mercier, *L'An deux mille quatre cent quarante: rêve s'il en fût jamais* (London, 1770), p. 5.

第五章　19 世纪和卡莱姆：法国美食征服世界

1 Priscilla Parkhurst Ferguson, 'A Cultural Field in the Making: Gastronomy in 19th - century France', *American Journal of Sociology*, CIV/3 (1998), p. 599.

2 Emile Zola, *Le Ventre de Paris* [1873], ed. A. Lanoux and H. Mitterand (Paris, 1963), p. 630.

3 Patrice de Moncan and Maxime Du Camp, *Baltard – Les Halles de Paris: 1853–1973* (Paris, 2010), p. 85.

4 Armand Husson, *Les Consommations de Paris*, 2nd edn (Paris, 1875), pp. 187–188.

5 同上书，p. 373。

6 August von Kotzebue, *Souvenirs de Paris, en 1804*, trans. René Charles Guilbert de Pixérécourt (Paris, 1805), vol. Ⅰ, pp. 268–269.

7 Husson, *Les Consommations de Paris*, pp. 320, 326.

8 Edme Jules Maumené, *Traité theorique et pratique du travail des vins: leurs propriétés, leur fabrication, leurs maladies, fabrication des vins mousseux* (Paris, 1874), p. 540.

9 Husson, *Les Consommations de Paris*, p. 265.

10 同上书，p. 145。

11 Martin Bruegel, 'Workers Lunch Away from Home in the Paris of the Belle Epoque: The French Model of Meals as Norm and Practice', *French Historical Studies*, XXXVIII/2 (2015), p. 264.

12 Georges Montorgueil, *Les Minutes parisiennes: midi* (Paris, 1899), p. 55.

13 Emile Zola, *L'Assommoir* [1877], ed. A. Lanoux and H. Mitterand (Paris, 1961), p. 720.

14 Eugène Briffault, *Paris à table* (Paris, 1846), pp. 62–63.

15 Zola, *L'Assommoir*, p. 406.

16 Claude Grignon, 'La Règle, la mode et le travail: la genèse sociale du modèle des repas français contemporain', in *Le Temps de manger: alimentation, emploi du temps et rythmes sociaux*, ed. Maurice Aymard, Claude Grignon and Françoise Sabban (Paris, 2017), pp. 276–323.

17 A. B. de. Périgord, *Nouvel Almanach des gourmands: servant de guide dans les moyens de faire excellente chère* (Paris, 1825), pp. 34–36.

18 Jean-Louis Flandrin, 'Les Heures des repas en France avant le XIXE siècle', in *Le Temps de manger*, ed. Aymard, Grignon and Sabban, pp. 197–226.

19 Jean-Paul Aron, *Essai sur la sensibilité alimentaire à Paris au 19e siècle* (Paris, 1972), p. 41.

20 Balzac, 'Nouvelle Théorie du déjeuner' [May 1830], in *Oeuvres complètes de Honoré de Balzac* (Paris, 1870), pp. 455–457.

21 Grignon, 'La Règle, la mode et le travail', p. 323.

22 Ferguson, 'A Cultural Field in the Making', p. 625.

23 Louis de Jaucourt, 'Cuisine', in *Encyclopédie; ou, Dictionnaire raisonné des sciences, des arts et des métiers, etc.*, ed. Denis Diderot and Jean le Rond d'Alembert (Neufchâtel, 1754), vol. 4, p. 537.

24 'Gastronomie', *Le Dictionnaire de l'Académie française*, 8th ed, vol. Ⅰ (Paris, 1932–1935).

25 Stephen Mennell, *All Manners of Food: Eating and Taste in England and France from the Middle Ages to the Present* (Oxford, 1985), p. 267.

26 Ferguson, 'A Cultural Field in the Making', p. 606.

27 Rebecca L. Spang, *The Invention of the Restaurant: Paris and Modern Gastronomic Culture* (Cambridge, MA, 2001), p. 202.

28 Briffault, *Paris à table*, p. 149.

29 Jean Anthelme Brillat-Savarin, *Physiologie du goût* [1825] (Paris, 1982), p. 142.

30 同上书，pp. 144–145。

31 Jean-François Revel, *Un Festin en paroles* (Paris, 2007), Chapter 8.

32 Ferguson, 'A Cultural Field in the Making', p. 620.

33 Marie-Antoine Carême, *Le Pâtissier royal parisien: ou, Traité élémentaire et pratique de la pâtisserie ancienne et moderne* (Paris, 1815), pp. xix–xxx.

34 同上书，Préface, n.p。

35 Marie-Antoine Carême, *Le Cuisinier parisien: ou l'art de la cuisine française au dix-neuvième siècle* (Paris, 1828), p. 31.

36 同上书，p. 14。

37 "相反，我希望它能成为一个通用的工具。" Marie-Antoine Carême, *L'Art de la cuisine française au xixe siècle* (Paris, 1833), vol. Ⅰ, p. lviii.

38 M. Audigier, 'Coup d'oeil sur l'influence de la cuisine et sur les ouvrages de M. Carême', ibid., vol. Ⅱ, p. 314.

39 Marie-Antoine Carême, *Le Maitre d'hôtel français: ou, Parallèle de la cuisine ancienne et moderne* (Paris, 1822), vol. Ⅱ, p. 151.

40 同上。

41 Carême, *L'Art de la cuisine*, vol. Ⅱ, p. 7.

42 Kotzebue, *Souvenirs de Paris*, p. 260.

43 Brillat-Savarin, *Physiologie*, p. 280.

44 Carême, *L'Art de la cuisine*, vol. Ⅰ, p. 2.

45 Carême, *Le Cuisinier parisien*, pp. 26–28.

46 A. Tavenet, *Annuaire de la cuisine transcendante* (Paris, 1874), pp. 44–45.

47 Carême, *Le Maitre d'hôtel français*, vol. Ⅰ, p. 7.

48 Carême, *Le Pâtissier royal parisien*, p. iii.

49 Briffault, *Paris à table*, p. 63.

50 Carême, *Le Maitre d'hôtel français*, p. 69.

51 Carême, *L'Art de la cuisine*, vol. Ⅰ, pp. 72–74.

52 Mennell, *All Manners of Food*, p. 150.

53 Périgord, *Nouvel Almanach des gourmands*, p. 226.

54 Patrick Rambourg, 'L'Appellation "à la provençale" dans les traités culinaires français du XVIIIE au XXE siècle', *Provence historique*, LIV/218 (October–December 2004), p. 478.

55 Julia Csergo, 'The Emergence of Regional Cuisines', in *Food: A Culinary History*, ed. Jean-Louis Flandrin, Massimo Montanari, Albert Sonnenfeld (New York, 2000), p. 377.

56 Ferguson, 'A Cultural Field in the Making', p. 625.

57 Jean-Jacques Hémardinquer, 'Les Graisses de cuisine en France: essais de cartes', in *Pour une Histoire de l'alimentation*, ed. Jean-Jacques Hémardinquer (Paris, 1970), pp. 261–262.

58 Husson, *Les Consommations de Paris*, p. 418.

59 Eugen J. Weber, *Peasants into Frenchmen: The Modernization of Rural France, 1870–1914* (London, 1977), p. 142.

60 Gabriel Désert, 'Viande et poisson dans l'alimentation des Français au milieu du XIXE siècle', Annales, XXX/2 (1975), p. 521. 德塞特的分析基于 1840—1852 年的统计数据。

61 同上书，p. 530。

62 同上书，p. 521；Husson, *Les Consommations de Paris*, p. 213。在这里，各位作家引用的数据差别非常大。郁松以巴黎消费税统计为基础进行大宗食品总量分析。德泽尔使用的则是 1840—1852 年间的农业调查数据，包括每人平均肉类消费量和五口工人阶级家庭在肉类方面的平均开销。尽管德泽尔没有说明，但他在这里研究的仅仅为家畜肉，不包括火腿和熟食。

63 Désert, 'Viande et poisson', p. 529.

64 Mennell, *All Manners of Food*, p. 240; Husson, *Les Consommations de Paris*, p. 237.

65 Rolande Bonnain, 'L'Alimentation paysanne en France entre 1850 et 1936', Etudes rurales, LVIII/1 (1975), p. 31.

66 Weber, *Peasants into Frenchmen*, p. 139.

67 同上书，pp. 133–135。

68 Bonnain, 'L'Alimentation paysanne', p. 34.

69 Gordon Wright, *Rural Revolution in France: The Peasantry in the Twentieth Century* (Stanford, CA, 1964), p. 12.

70 Jean Lhomme, 'La Crise agricole à la fin du XIXE siècle en France', *Revue économique*, XXI/4 (1970), pp. 521–553.

71 Wright, *Rural Revolution*, p. 6. 艾米·特鲁贝克同时注意到法国仍然是欧洲最大的农业国。到 1929 年，面积在 5 到 50 公顷的农场占到农场总面积的 42%；到 1955 年，小农场的比重为 60%，并一直维持到 1983 年［Trubek, *The Taste of Place: A Cultural Journey into Terroir* (Berkeley, CA, 2008), p. 41］。

72 Wright, *Rural Revolution*, p. 17.

73 Husson, *Les Consommations de Paris*, pp. 526–527, for the year 1869. 这些数据应该被视为粗略估计，因为它们以消费税记录为基础，中间可能存在误差或假账。但不管怎么说，这还是给我们提供了一个法国城市之间进行比较的标准，而且也没有更可靠的数据来源了。

74 W. S. Haine, *The World of the Paris Café: Sociability among the French Working Class, 1789–1914* (Baltimore, MD, 1999), p. 3.

75 Jean-Marc Bourgeon, 'La Crise du phylloxera en Côte-d'Or au travers de la maison

Bouchard père et fils', *Annales de Bourgogne*, LXXIII (2001), p. 167.

76 Kolleen Guy, *When Champagne Became French: Wine and the Making of a National Identity* (Baltimore, MD, 2003), p. 112.

77 同上书，p. 113; Bourgeon, 'La Crise du phylloxera', p. 168。

78 Bourgeon, 'La Crise du phylloxera', p. 168.

79 Haine, *The World of the Paris Café*, pp. 95–98.

第六章　文学点金石

1 Marcel Proust, *Du Côté de chez Swann* [1913] in *A La Recherche du temps perdu*, ed. P. Clarac and A. Ferre (Paris, 1962), p. 45.

2 同上书，p. 18。

3 Proust, *Côté des Guermantes* (1920), pp. 500, 589; *Le Temps retrouvé* (1922), p. 712.

4 Proust, *La Prisonnière* (1922), p. 130; *A l'Ombre des jeunes filles en fleurs* (1918), p. 506; *Swann*, p. 71.

5 Proust, *A l'Ombre des jeunes filles*, p. 458.

6 Jean-Pierre Richard, 'Proust et l'objet alimentaire', *Littérature*, Ⅵ (May 1972), p. 6.

7 Alain Girard, 'Le Triomphe de "La cuisinière bourgeoise": livres culinaires, references 319 cuisine et société en France aux XVIIE et XVIIIE siècles', *Revue d'histoire moderne et contemporaine*, XXIV/4 (1977), p. 512.

8 François Pierre La Varenne, *Le Cuisinier françois* (Paris, 1651), pp. 27, 50.

9 Roland Barthes, 'Bifteck et frites', in *Mythologies* (Paris, 1957), p. 72.

10 Jean Anthelme Brillat-Savarin, *Physiologie du goût* [1825] (Paris, 1982), p. 82.

11 Guy de Maupassant, *Contes et nouvelles* [1882], ed. A. M. Schmidt and G. Delaisement (Paris, 1959–1960), p. 76; Gustave Flaubert, *Madame Bovary* [1857], ed. R. Dumesnil (Paris, 1945), pp. 139–140.

12 *Larousse gastronomique* (Paris, 2000), p. 1946.

13 Richard, 'Proust et l'objet alimentaire', p. 11.

14 Proust, *A l'Ombre des jeunes filles*, p. 458.

15 Proust, *Le Temps retrouvé* [1922] in *A La Recherche du temps perdu*, p. 612.

16 Priscilla Parkhurst Ferguson, *Accounting for Taste: The Triumph of French Cuisine* (Chicago, IL, 2006), p. 120.

17 Amy B. Trubek, *The Taste of Place: A Cultural Journey into Terroir* (Berkeley, CA, 2008), p. 38.

18 Antoine Compagnon, 'La Recherche du temps perdu de Marcel Proust', in *Les Lieux de mémoire*, ed. Pierre Nora, Colette Beaume and Maurice Agulhon (Paris, 1984)vol. Ⅲ, p. 955.

19 James Gilroy, 'Food, Cooking, and Eating in Proust's A La Recherche du temps perdu', *Twentieth-century Literature*, XXXIII/1 (1987), p. 101.

20 Muriel Barbéry, *Une Gourmandise* (Paris, 2000), pp. 41–42.

21 Bill Buford, Introduction to Jean Anthelme Brillat-Savarin, *The Physiology of Taste; or, Meditations on Transcendental Gastronomy*, trans. M.F.K. Fisher (New York, 2009), p. viii.

22 'The Fruit of the Rose Bush as a Preserve', *Scientific American*, 3 May 1879, p. 281.

23 Charles Baudelaire, *On Wine and Hashish* [1851], trans. Martin Sorrell (Richmond, Surrey, 2018), p. 108; Paul Ariès, *Une Histoire politique de l'alimentation: du paléolithique à nos jours* (Paris, 2016), p. 356.

24 Jean-Paul Aron, *Le Mangeur du XIXE siècle* (Paris, 1989), p. 203.

25 Francine du Plessix Gray, 'Glorious Food', *The New Yorker*, 13 January 2003.

26 Alexandre Lazareff, *L'Exception culinaire française: un patrimoine gastronomique en péril?* (Paris, 1998), p. 16.

27 Rebecca L. Spang, *The Invention of the Restaurant: Paris and Modern Gastronomic Culture* (Cambridge, MA, 2001), p. 202.

28 Brillat-Savarin, *Physiologie*, pp. 166–167.

29 Victor Hugo, *Les Misérables* [1862] (Paris, 1957), p. 43.

30 Flaubert, *Madame Bovary*, p. 152.

31 同上。

32 Jean-Pierre Richard, 'La Création de la forme chez Flaubert', in *Littérature et sensation* (Paris, 1954).

33 Flaubert, *Madame Bovary*, p. 55.

34 同上书，pp. 30–31。

35 Emile Zola, *Le Ventre de Paris* [1873], ed. and notes Henri Mitterand (Paris, 2002), p. 68.

36 Giordano Bruno (pseud. of Augustine Fouillée), *Le Tour de la France par deux enfants* (Paris, 1877), p. 282.

37 Zola, *Ventre*, p. 46.

38 同上书，pp. 823–824。

39 同上书，p. 827。

40 Ferguson, *Accounting for Taste*, p. 201.

41 Anne-Laure Mignon, 'Les Lubies culinaires des présidents', *Madame Figaro*, 29 June 2018, www.madame.lefigaro.fr/cuisine, accessed 16 November 2018.

42 Véronique André et Bernard Vaussion (chef de l'Elysée), *Cuisine de l'Elysée* ebook (Paris, 2012).

43 'Intervention télévisée de M. Jacques Chirac, Président de la République, à la suite du décès de M. François Mitterrand', *Palais de l'Élysée*, 8 January 1996, jacqueschirac-asso.fr.

44 Proust, *La Fugitive* [1922] in *A La Recherche du temps perdu*, ed. P. Clarac and A. Ferre (Paris, 1962), p. 497.

45 Proust, *Côté des Guermantes*, p. 513.

46 'Le Foie Gras halal, un marché en plein essor', *Le Point*, 24 December 2012, lepoint.fr.

47 Eugène Fromentin, *Un Été dans le Sahara* [1857] (Paris, 1877), p. 20.

48 Sylvie Durmelat, 'Making Couscous French? Digesting the Loss of Empire', *Contemporary French Civilization*, XLII/3–4 (1 December 2017), p. 397.

49 Gisèle Pineau and Valérie Loichot, '"Devoured by Writing": An Interview with Gisèle Pineau', *Callaloo*, XXX/1 (2007), p. 328.

50 Valérie Loichot, 'Between Breadfruit and Masala: Food Politics in Glissant's Martinique', *Callaloo*, XXX/1 (2007), p. 133.

51 Edouard Glissant, *Tout-monde* (Paris, 1995), pp. 477–478.

52 Pineau, *Exile According to Julia* [1996], trans. Betty Wilson (Charlottesville, VA, 2003), p. 165.

53 同上书，p. 110。

54 Pineau, '"Devoured"', p. 333.

55 Maryse Condé, *Victoire: My Mother's Mother* (Les Saveurs et les mots [2006]), trans. Richard Philcox (New York, 2010), p. 4.

56 同上书，p. 124。

57 同上书，p. 142。

58 同上书，p. 70。

59 同上书，p. 190。

60 Reynald Abad, 'Aux Origines du suicide de Vatel: les difficultés de l'approvisionnement en marée au temps de Louis XIV', *Dix-septième siècle*, CCXVII (2002), p. 631.

61 Jennifer J. Davis, *Defining Culinary Authority: The Transformation of Cooking in France, 1650–1830* (Baton Rouge, LA, 2013), p. 173.

62 Joseph Berchoux, *La Gastronomie, poëme* (Paris, 1805), p. 78.

63 Alexandre Balthazar Laurent Grimod de La Reynière, *Almanach des gourmands* (Paris, 1812), p. xiii.

64 Armand Husson, *Les Consommations de Paris*, 2nd edn (Paris, 1875), p. 236.

65 Davis, *Defining Culinary Authority*, pp. 176–177.

66 Marie-Antoine Carême, *Le Cuisinier parisien; ou, L'Art de la cuisine française au dix-neuvième siècle* (Paris, 1828)n.p.; Carême, *L'Art de la cuisine française au XIXE siècle* (Paris, 1833), pp. xi, 237.

67 Patrice de Moncan and Maxime Du Camp, *Baltard – Les Halles de Paris: 1853–1973* (Paris, 2010), p. 81.

68 Davis, *Defining Culinary Authority*, p. 183.

69 James Beard, Foreword, in Shirley King, *Dining with Marcel Proust: A Practical Guide to French Cuisine of the Belle Epoque with 85 Illustrations* (London, 1979), p. 7.

第七章　六边形之外：海外的“风土”

1 圣多明各（海地）在 1626 年成为法国殖民地，一度沦为加勒比海盗的庇护所。法国政府在 17 世纪后期对该岛屿加以保护并建起甘蔗种植园。阿尔及利亚在 1848 年并入法国，成为法国的阿尔及利亚省；此后遭受数十年战争和法国侨民的涌入（其中有些是从 1870 年被德国吞并的阿尔萨斯 - 洛林地区流亡过来的）。1854 年，阿尔及利亚受法国战争部管辖，但法国其他殖民地则由海洋和殖民地部管辖。1858 年，这两个部门合并成立了阿尔及利亚和殖民地部。1954—1962 年的阿尔及利亚战争（阿尔及利亚人称之为革命）以《依云停火协议》和承认阿尔及利亚从法国独立的全民公投告终。

2 在经过一系列冲突，包括 1946 年的印度支那战争后，1954 年的《日内瓦协议》承认越南、柬埔寨和老挝独立。

3 Herman Lebovics, *Bringing the Empire Back Home: France in the Global Age* (Durham, NC, 2004), p. 80.

4 Alexandre Lazareff, *L'Exception culinaire française: un patrimoine gastronomique en péril* (Paris, 1998), pp. 19–20.

5 Jules Ferry, 'Les Fondements de la politique coloniale' [28 July 1885], www.assemblee-nationale.fr, accessed 18 June 2018.

6 参见 Thomas Parker, *Tasting French Terroir* (Oakland, CA, 2015)。

7 Menon, *La Science du maître d'hôtel cuisinier, avec des observations sur la connaissance & propriétés des alimens* (Paris, 1749), pp. xx–xxi.

8 同上书，p. xxii。

9 R. de Noter, *La Bonne Cuisine aux colonies: Asie – Afrique – Amérique* (Paris, 1931), p. ix.

10 Catherine Coquery-Vidrovitch, 'Selling the Colonial Economic Myth (1900–1940)', in *Colonial Culture in France since the Revolution*, ed. Pascal Blanchard et al., trans. Alexis Pernsteiner (Bloomington, IN, 2014), p. 180.

11 Kolleen Guy, 'Imperial Feedback: Food and the French Culinary Legacy of Empire', *Contemporary French & Francophone Studies*, XIV/2 (March 2010), p. 151.

12 Suzanne Freidberg, *French Beans and Food Scares: Culture and Commerce in an Anxious Age* (New York, 2004), p. 49.

13 Amy B. Trubek, *The Taste of Place: A Cultural Journey into Terroir* (Berkeley, CA, 2008), p. 41.

14 Christophe Bonneuil and Mina Kleiche, *Du Jardin d'essais colonial à la station expérimentale: 1880–1930: éléments pour une histoire du cirad* (Paris, 1993).

15 Auguste Chevalier, 'Contribution à l'histoire de l'introduction des bananes en France et à l'historique de la culture bananière dans les colonies françaises', *Revue de botanique appliquée et d'agriculture coloniale*, XXIV/272–4 (April–June 1944), pp. 116–127.

16 'Productions végétales', GraphAgri RéRégions 2014, Agreste Statistique agricole annuelle 2010, Ministre de l'agriculture et de l'alimentation, http://agreste.agriculture.gouv.fr.

17 Freidberg, *French Beans*, p. 58.

18 Christophe Bonneuil, 'Le Muséum national d'histoire naturelle et l'expansion coloniale de la troisième république (1870–1914)', *Revue française d'histoire d'outre-mer*, LXXXVI/322–3 (1999), p. 157.

19 Bonneuil and Kleiche, *Du Jardin d'essais colonial*, p. 18.

20 Cited in Sandrine Lemaire, Pascal Blanchard and Nicolas Bancel, 'Milestones in Colonial Culture under the Second Empire (1851–1870)', in *Colonial Culture in France since the Revolution*, ed. Bancel, Blanchard Lemaire et al., p. 80.

21 Bonneuil and Kleiche, *Du Jardin d'essais colonial*, pp. 19, 72.

22 Guy, 'Imperial Feedback', p. 152.

23 Lauren Janes, *Colonial Food in Interwar Paris: The Taste of Empire* (London, 2017), p. 14.

24 Charles Robequain, 'Le Sucre dans l'union française', *Annales de géographie*, LVII/308 (1948), pp. 322–340.

25 Dale W. Tomich, *Slavery in the Circuit of Sugar: Martinique and the World Economy, 1830–1848* (Albany, NY, 2016), p. 55.

26 Tomich, *Slavery in the Circuit of Sugar*, p. 116.

27 Georges Treille, *Principes d'hygiène coloniale* (Paris, 1899), p. 191.

28 Erica J. Peters, 'National Preferences and Colonial Cuisine: Seeking the Familiar in French Vietnam', *Proceedings of the Western Society for French History*, XXVII (1999), p. 154.

29 Pierre Nicolas, *Notes sur la vie française en cochinchine* (Paris, 1900), pp. 148–156.

30 同上书，pp. 158–159。

31 Peters, 'National Preferences and Colonial Cuisine', p. 151.

32 Deborah Neill, 'Finding the "Ideal Diet": Nutrition, Culture, and Dietary Practices in France and French Equatorial Africa, c. 1890s to 1920s', *Food and Foodways*, XVII/1 (2009), p. 13.

33 Martin Bruegel, 'How the French Learned to Eat Canned Food, 1809–1930s', in *Food Nations: Selling Taste in Consumer Societies*, ed. Warren Belasco and Philip Scranton (New York, 2002), p. 118.

34 同上。

35 Peters, 'National Preferences and Colonial Cuisine', p. 156.

36 'L'insuccès de diverses tentatives d'exploitations agricoles a pu faire croire à certains esprits chagrins que la culture du sol était impossible dans ce pays pour les Européens', *Nicolas, Notes sur la vie française*, pp. 255–256.

37 Bonneuil and Kleiche, *Du Jardin d'essais colonial*, p. 83.

38 同上书，p. 42。

39 Coquery-Vidrovitch, 'La Politique économique coloniale', in *L'Afrique occidentale au temps des français: colonisateurs et colonisés, 1860–1960*, ed. Coquery-Vidrovitch and Odile Goerg (Paris, 1992), p. 105.

40 Jean Tricart, 'Le Café en Côte d'Ivoire', *Cahiers d'outre-mer*, XXXIX/10 (July–September 1957), pp. 212–213.

41 Janes, *Colonial Food in Interwar Paris*, pp. 31–32.

42 Pierre-Cyrille Hautcoeur, 'Was the Great War a Watershed? The Economics of World War Ⅰ in France', in *The Economics of World War I*, ed. S. N. Broadberry and Mark Harrison (Cambridge, 2009), p. 171.

43 Lauren Janes, 'Selling Rice to Wheat Eaters: The Colonial Lobby and the Promotion of Pain de riz during and after the First World War', *Contemporary French Civilization*, XXXVIII/2 (January 2013), p. 182.

44 凯伦・赫斯在《卡罗莱纳州米饭厨房：与非洲的联系》中勾勒了大米烹饪在法国的发展情况。汤泡饭（用肉汤或杏仁奶煮的饭）很可能在 1300 年时就在巴黎流行了，1393 年的《巴黎管家》中收录了这道菜的菜谱，但随后人们很快失去对它的兴趣（p. 38）。而作为普罗旺斯标志菜之一的杂烩饭（米饭用调味后的肉汤小火煮熟后盖上盖子，将水分基本焖干）开始出现在 19 世纪早期的烹饪书中，尽管赫斯称杂烩饭在被收录进食谱中之前就已经是一道受欢迎的菜了（pp. 58–64）。

45 Janes, 'Selling Rice to Wheat Eaters', p. 193.

46 同上书，p. 180。

47 Albert Sarraut, La Mise en valeur des colonies (Paris, 1923), p. 96.

48 同上书，p. 33。

49 参见 Bonneuil and Kleiche, Du Jardin d'essais colonial, pp. 43–96。

50 Sandrine Lemaire, 'Spreading the Word: The Agence Générale des Colonies (1920–1931)', in *Colonial Culture in France since the Revolution*, ed. Bancel, Blanchard, Lemaire et al., p. 165.

51 Dana S. Hale, *Races on Display: French Representations of Colonized People, 1886–1940* (Bloomington, IN, 2008).

52 Patricia A Morton, *Hybrid Modernities: Architecture and Representations at the 1931 Colonial Exposition* (Cambridge, MA, 2000), pp. 4–5.

53 Herman Lebovics, *True France: The Wars over Cultural Identity, 1900–1945* (Ithaca, NY, 1992), p. 134.

54 Jean Garrigues, *Banania, histoire d'une passion française* (Paris, 1991), p. 55.

55 Janes, *Colonial Food in Interwar Paris*, p. 139.

56 Noter, *La Bonne Cuisine aux colonies*, pp. xiii–xiv.

57 Freidberg, *French Beans*, p. 164.

58 引自上书，p. 165。加洛特于 2003 年去世，公司破产；Sélection 于 2018 年清算了其资产。

59 Coquery-Vidrovitch, 'La Politique économique coloniale', pp. 133–135.

60 同上书，p. 139。

61 Fernand Braudel, *Civilization and Capitalism: Fifteenth- Eighteenth century*, trans. Siân Reynolds (New York, 1981), vol. Ⅰ, p. 259.

62 Tricart, 'Le Café en Côte d'Ivoire', pp. 216–218.

63 同上书，p. 219。

64 Valérie Loichot, *The Tropics Bite Back: Culinary Coups in Caribbean Literature* (Minneapolis, 2013), p. 7.

65 同上书，p. 7。

66 William Rolle, 'Alimentation et dépendance idéologique en martinique', *Archipelago*, Ⅱ (November 1982), p. 86.

67 Lauren Janes and Hélène Bourguignon (trans.), 'Curiosité gastronomique et cuisine exotique dans l'entre-deux-guerres: une histoire de goût et de dégoût', *Vingtième siècle. Revue d'histoire*, 123 (July–September 2014), p. 71.

68 *Pot-au-feu*, XVI (1934), p. 245, 引自 Janes, 'Curiosité gastronomique', p. 75。

69 Lauren Janes, 'Python, sauce de poisson et vin: produits des colonies et exotism culinaire aux déjeuners amicaux de la société d'acclimatation, 1905–1939', in *Le Choix des aliments: informations et pratiques alimentaires de la fin du moyen âge à nos jours*, ed. Martin Bruegel, Marilyn Nicoud and Eva Barlö sius (Rennes, 2010), p. 141.

70 'Productions végétales', GraphAgri Régions 2014, Agreste Statistique agricole annuelle 2010, Ministre de l'agriculture et de l'alimentation, http://agreste.agriculture.gouv.fr, accessed 28 May 2019.

71 'Comptes et revenus', GraphAgri Régions 2014, Agreste Statistique agricole annuelle 2010, Ministre de l'agriculture et de l'alimentation, http://agreste.agriculture.gouv.fr, accessed 28 May 2019.

72 T. Champagnol, 'Synthèses Commerce extérieur agroalimentaire', n° 2018/321, Agreste Panorama no. 1 (March 2018), p. 39. http://agreste.agriculture.gouv.fr, accessed 28 May 2019.

73 Janes, 'Curiosité gastronomique', p. 76.

74 Sylvie Durmelat, 'Making Couscous French? Digesting the Loss of Empire', *Contemporary French Civilization*, XLII/3–4 (December 2017), pp. 391–407.

75 Maurice Maschino, 'Si vous mangez du couscous', *Le Monde diplomatique*, June 2002, www.monde-diplomatique.fr, accessed 21 June 2018.

76 Eugen Weber, 'L'Hexagone', in *Les Lieux de mémoire*, ed. Pierre Nora (Paris, 1984), vol.

XX/2, p. 111. 韦伯引用了《纽约客》1996 年 12 月 31 日的一篇文章，里头第一次提到法国是“六边形”。

77 Weber, ‘L’Hexagone’, p. 101.

78 Vidal de la Blache and Quillet, 引自上书，pp. 99–100。

79 Patrick Weil, *Qu’est-ce qu’un Français? Histoire de la nationalité française depuis la Révolution* (Paris, 2002), p. 250. 截至 2018 年，任何出生在法国土地上、父母为法国人的人都是法国公民，但那些出生在法国、父母为非法国人的人在 11 岁后在法国居住五年（不一定连续）后可以成为法国公民。

80 同上书，p. 244。

第八章　摩登时代：永远的农民

1 Amy B. Trubek, *The Taste of Place: A Cultural Journey into Terroir* (Berkeley, CA, 2008), p. 41; Marc Bloch, *Les Caractères originaux de l’histoire rurale française* (Paris, 1988), p. 180.

2 Eugen J. Weber, *Peasants into Frenchmen: The Modernization of Rural France, 1870–1914* (London, 1977), p. 173.

3 Gordon Wright, *Rural Revolution in France: The Peasantry in the Twentieth Century* (Stanford, CA, 1964). 韦伯引述的人口调查将“乡村”定义为最多不超过 2 000 名居民的社区。

4 自 290 万至 350 万区间。怀特提醒应对相关农业领域调查的结果持保留态度，因为它们没有考虑有的农场主既是地主又是佃农的情况。

5 Susan Carol Rogers, ‘Good to Think: The “Peasant” in Contemporary France’, *Anthropological Quarterly*, LX/2 (1987), p. 59.

6 Robert Paxton, *French Peasant Fascism*, ebook (New York, 1997), Chapter 1.

7 Wright, *Rural Revolution in France*, p. 77.

8 同上书，p. 85。

9 同上书，p. 168。

10 Antoine Bernard de Raymond, ‘La Construction d’un marché national des fruits et légumes: entre économie, espace et droit (1896–1995)’, *Genèses*, LVI/3 (2004), pp. 37–41.

11 同上书，p. 49。

12 Décret n°53-959 du 30 septembre 1953, ‘Organisation d’un réseau de marchés d’intérêt national’, *Journal officiel de la République française*, 1 October 1953, pp. 8617–8618.

13 Décret législatif du 30 juillet 1935, 'Défense du marché des vins et régime économique de l'alcool', Chapter Ⅲ, 'Protection des appellations d'origine', Article 21, *Journal officiel de la République française*, 31 July 1935.

14 Claire Delfosse, 'Noms de pays et produits du terroir: enjeux des dénominations géographiques', *Espace géographique*, XXVI/3 (1997), pp. 224.

15 同上书，pp. 222–230。

16 Loi du 2 juillet 1935, 'Tendant à l'Organisation et à l'assainissement des marchés du lait et des produits résineux', Chapter Ⅰ, Article 13, *Journal officiel de la République française*, 2 July 1935.

17 A. M. Guérault, 'Les Fromages français', *France laitière* (1934), p. 84.

18 Elaine Khosrova, *Butter: A Rich History* (Chapel Hill, NC, 2016), pp. 131–132。

19 Décret n°88-1206, *Journal officiel de la République française*, 31 December 1988. 向来采用木塞装形状的传统牛奶奶酪被允许继续这样做。

20 Joseph Bohling, '"Drink Better, but Less": The Rise of France's Appellation System in the European Community, 1946–1976', *French Historical Studies*, XXXVII/3 (Summer 2014), p. 529.

21 Pierre Mayol, 'Le Pain et le vin', in *L'Invention du quotidien. 2. habiter, cuisiner*, ed. Michel de Certeau, Luce Giard and Pierre Mayol (Paris, 1994), pp. 138–139.

22 Kolleen Guy, 'Imperial Feedback: Food and the French Culinary Legacy of Empire', *Contemporary French & Francophone Studies*, XIV/2 (March 2010), p. 156.

23 Vincent Martigny, 'Le Goût des nôtres: gastronomie et sentiment national en France', *Raisons politiques*, XXXVII/1 (April 2, 2010), p. 50.

24 Trubek, *The Taste of Place*, p. 43.

25 Joseph Capus, *L'Evolution de la législation sur les appellations d'origine: genèse des appellations contrôlées*, INAO (Paris, 1947), www.inao.gouv.fr., accessed 17 August 2018.

26 Elizabeth Barham, 'Translating Terroir: The Global Challenge of French aoc labeling', *Journal of Rural Studies*, XIX/1 (2003), p. 135.

27 'Les Signes officiels de la qualité et de l'origine siqo/aop/aoc', INAO, www.inao.gouv.fr, accessed 17 August 2018.

28 Rolande Bonnain, 'L'Alimentation paysanne en France entre 1850 et 1936', *Etudes rurales*, LVIII/1 (1975), p. 34.

29 'Cruchades', in *La Cuisine française: l'art du bien manger*, ed. Edmond Richardin (Paris, 1906), p. 849.

30 Curnonsky and Marcel Rouff, *La France gastronomique: guide des merveilles culinaires et des bonnes auberges françaises. Le Périgord* (Paris, 1921), p. 27.

31 同上书，p. 41。

32 Austin de Croze 引自 Julia Csergo, 'The Emergence of Regional Cuisines' in *Food: A Culinary History*, ed. Jean-Louis Flandrin, Massimo Montanari, Albert Sonnenfeld (New York, 2000), p. 382。

33 Patrick Rambourg, 'L'Appellation "à la provençale" dans les traités culinaires français du XVIIIE au XXE siècle', *Provence historique*, LIV/218 (October–December 2004), p. 482.

34 Jean-François Mesplède, 'Dites-moi, mes mères!' in *Gourmandises! Histoire de la gastronomie à Lyon*, ed. Maria-Anne Privat-Savigny (Lyon, 2012), p. 57.

35 'Guide michelin 2015: Les Femmes Chefs Etoilées de France', www.restaurant.michelin.fr, 17 January 2017.

36 Stephen L. Harp, *Marketing Michelin: Advertising and Cultural Identity in Twentieth-century France* (Baltimore, MD, 2001), p. 246.

37 Adam Nossiter, 'Chef Gives Up a Star, Reflecting Hardship of "the Other France"', *New York Times*, 27 December 2017.

38 Csergo, 'The Emergence of Regional Cuisines', p. 379.

39 Martigny, 'Le Goût des nôtres', p. 45.

40 Mesplède, 'Dites-moi, mes mères!', p. 57.

41 Jean-François Revel, *Un Festin en paroles: histoire littéraire de la sensibilité gastronomique de l'antiquité à nos jours* (Paris, 2007), p. 32.

42 André Castelot, *L'Histoire à table: si la cuisine m'était contée* (Paris, 1972), p. 336.

43 Pierre Boisard, *Camembert: A National Myth* (Berkeley, CA, 2003), p. 165.

44 Castelot, *L'Histoire à table*, p. 482.

45 Jean Claudian and Yvonne Serville, 'Aspects de l'évolution récente du comportement alimentaire en France: composition des repas et "urbanisation"', in *Pour une Histoire de l'alimentation*, ed. Jean-Jacques Hémardinquer (Paris, 1970), pp. 174–187.

46 Curnonsky and Rouff, *La France gastronomique*, p. 38.

47 Wright, *Rural Revolution in France*, p. 35.

48 Bonnain, 'L' Alimentation paysanne', p. 38.

49 Décret n° 93-1074 du 13 septembre 1993, *Journal officiel de la République française*, no. 0213, p. 12840.

50 Adam Nossiter, 'Sons of Immigrants Prop Up a Symbol of "Frenchness": The Baguette',

New York Times, 15 October 2018.

51 '35 Ans de consommation des ménages. Principaux résultats de 1959 à 1993 et séries détaillées, 1959-1970', INSEE (Institut national de la statistique et des etudes economiques), vol. 69–70 (March 1995), p. 18, www.epsilon.insee.fr, accessed 12 December 2018.

52 Michèle Bertrand, '20 Ans de consommation alimentaire, 1969–1989', INSEE Données no. 188 (April 1992), p. 2.

53 '35 ans de consommation des ménages', pp. 82–83; Paul Ariès, *Une Histoire politique de l'alimentation: du paléolithique à nos jours* (Paris, 2016), p. 375.

54 Bertrand, '20 Ans de consommation alimentaire', p. 2.

55 'Comportements alimentaires et consommation du pain en France', Observatoire du pain/credoc, 2016, www.observatoiredupain.fr, accessed 15 January 2019.

56 loi n° 98-405 du 25 mai 1998, Déterminant les conditions juridiques de l'exercice de la profession d'artisan boulanger, Journal officiel de la République française, CXX (1998), p. 7977.

57 Ordonnance n°86-1243 du 1 décembre 1986, Relative à la liberté des prix et de la Concurrence, *Journal officiel de la République française*, 9 December 1986, p. 14773.

58 *Code de commerce*, Version consolidée 1 janvier 2019. Livre Ⅳ 'De la liberté des prix et de la concurrence', Titre Ⅰ: Dispositions générales, Article L410–2, www.legifrance.gouv.fr, accessed 15 January 2019.

59 Henri Gault and Christian Millau, 'Vive La Nouvelle Cuisine française', *Nouveau Guide Gault et Millau*, LIV (1973).

60 Elizabeth David, 'Note to 1983 Edition', *French Provincial Cooking* (New York, 1999), pp. 7–9.

61 Raphaëlle Bacqué, 'Danièle Delpeuch, la cuisinière de Mitterrand', *Le Monde*, 23 December 2008.

62 Wayne Northcutt, 'José Bové vs. McDonald's: The Making of a National Hero in the French Anti-globalization Movement', *Proceedings of the Western Society for French History*, XXXI (2003), n.p.

63 Rob Wile, 'The True Story of How McDonald's Conquered France', *Business Insider*, 22 August 2014.

64 Wynne Wright and Alexis Annes, 'Halal on the Menu?: Contested Food Politics and French Identity in Fast-Food', *Journal of Rural Studies*, XXXII (2013), p. 394.

65 同上。

66 'Marine Le Pen démentie sur la viande halal', *Libération*, 19 February 2012.

67 Martigny, 'Le Goût des nôtres', p. 51.

68 'Menus sans porc dans les cantines scolaires', *Communiqués*, Cour Administratif d'Appel de Lyon, 23 October 2018, lyon.cour-administrative-appel.fr.

69 2018 年 6 月 7 日在法国图尔举行的 iecha 第四届食品史和食品研究国际会议上的匿名评论。

70 Martigny, 'Le Goût des nôtres', p. 45.

71 Alexandre Lazareff, *L'Exception culinaire française: un patrimoine gastronomique en péril?* (Paris, 1998), p. 48.

结语

1 Jean-François Revel, *Un Festin en paroles: histoire littéraire de la sensibilité gastronomique de l'antiquité à nos jours* (Paris, 2007), p. 39.

2 同上书，p. 35。

3 Pascal Ory, 'La Gastronomie', in *Les Lieux de mémoire*, ed. Pierre Nora, Colette Beaume and Maurice Agulhon (Paris, 1984), vol. Ⅲ/3, p. 836.

4 Florent Quellier, *Gourmandise: histoire d'un péché capital* (Paris, 2013), p. 156.

5 Sylvie Durmelat, 'Making Couscous French? Digesting the Loss of Empire', *Contemporary French Civilization*, XLII/3–4 (1 December 2017), p. 392.

6 Jean Anthelme Brillat-Savarin, *Physiologie du goût* [1825] (Paris, 1982), pp. 81–82.

7 Revel, *Festin en paroles*, p. 292.

8 Antoine Augustin Parmentier, *Le Parfait Boulanger ou traité complet sur la fabrication et le commerce du pain* (Paris, 1778). Paul-Jacques Malouin, *Description et détails des arts du meunier, du vermicelier et du boulanger, avec une histoire abrégée de la boulengerie et un dictionnaire de ces arts* (Paris, 1779).

9 Nicolas de Bonnefons, *Délices de la campagne* (Paris, 1654), pp. 215–216.

10 Allen Weiss, 'The Ideology of the Pot-au-feu', in *Taste, Nostalgia*, ed. Allen Weiss (New York, 1997), p. 108.

11 Jean Claudian and Yvonne Serville, 'Aspects de l'évolution récente du comportement alimentaire en France: composition des repas et "urbanisation"', in *Pour Une Histoire de l'alimentation*, ed. Hémardinquer (Paris, 1970), p. 180.

12 Vincent Martigny, 'Le Goût des nôtres: gastronomie et sentiment national en France', *Raisons politiques*, XXXVII/1 (2 April 2010), p. 45.

13 参见 Revel, *Festin en paroles*, p. 292。

推荐书目

Anthimus, *De observatione ciborum* (On the Observance of Foods), trans. Mark Grant (Totnes, Devon, 1996)

Ariès, Paul, *Une Histoire politique de l'alimentation: du paléolithique à nos jours* (Paris, 2016)

Bloch, Marc, *Les Caractères originaux de l'histoire rurale française* (Paris, 1968)

Boisard, Pierre, *Camembert: A National Myth* (Berkeley, CA, 2003)

Bouton, Cynthia A., *The Flour War: Gender, Class, and Community in Late Ancien Régime French Society* (University Park, PA, 1993)

Brennan, Thomas, *Burgundy to Champagne: The Wine Trade in Early Modern France* (Baltimore, MD, 1997)

Briffault, Eugène, *Paris à table* (Paris, 1846)

Brillat-Savarin, Jean Anthelme, *Physiologie du goût* [1825] (Paris, 1982)

Coquery-Vidrovitch, Catherine, and Henri Moniot, *L'Afrique noire de 1800 à nos jours* (Paris, 2005)

Dalby, Andrew, *Food in the Ancient World from A to Z* (London and New York, 2014)

Desportes, Françoise, *Le Pain au Moyen Age* (Paris, 1987)

Dion, Roger, *Histoire de la vigne et du vin en France: des origines au XIXe siècle* (Paris, 1959)

Guy, Kolleen, *When Champagne Became French: Wine and the Making of a National Identity* (Baltimore, MD, 2003)

Hale, Dana S., *Races on Display: French Representations of Colonized Peoples, 1886–1940* (Bloomington, IN, 2008)

Husson, Armand, *Les Consommations de Paris*, 2nd edn (Paris, 1875)

Kaplan, Steven L., *Provisioning Paris Merchants and Millers in the Grain and Flour Trade during the Eighteenth Century* (Ithaca, NY, 1984)

Kindstedt, Paul, *Cheese and Culture: A History of Cheese and Its Place in Western Civilization* (White River Junction, VT, 2013)

Laurioux, Bruno, *Manger au Moyen Age: pratiques et discours alimentaires en Europe aux XIVe et XVe siècles* (Paris, 2013)

Lazareff, Alexandre, *L'Exception culinaire française: un patrimoine gastronomique en péril?* (Paris, 1998)

Loichot, Valérie, *The Tropics Bite Back: Culinary Coups in Caribbean Literature* (Minneapolis, MN, 2013)

Parker, Thomas, *Tasting French Terroir* (Oakland, CA, 2015)

Quellier, Florent, *Gourmandise: histoire d'un péché capital* (Paris, 2013)

Revel, Jean-François, *Un Festin en paroles: histoire littéraire de la sensibilité gastronomique de l'antiquité à nos jours* (Paris, 2007)

Rogers, Susan Carol, 'Good to Think: The "Peasant" in Contemporary France', *Anthropological Quarterly*, LX/2 (1987), pp. 56–63

Spang, Rebecca L., *The Invention of the Restaurant: Paris and Modern Gastronomic Culture* (Cambridge, MA, 2001)

Trubek, Amy B., *The Taste of Place: A Cultural Journey into Terroir* (Berkeley, CA, 2008)

Watts, Sydney, *Meat Matters: Butchers, Politics, and Market Culture in Eight-eenth-century Paris* (Rochester, NY, 2006)

Wright, Gordon, *Rural Revolution in France: The Peasantry in the Twentieth Century* (Stanford, CA, 1964)

致 谢

这不可能——写出关于法国饮食的完整历史是一项不可能完成的任务。这也是大多数听到我这个计划的人的普遍反应。不过，从现在的结果看，这是可行的，但这与先我之前无数学者准备好的历史材料分不开。我搭建的饮食“金字塔”（承认是选择性的，尽管我尽了最大努力做到包罗万象）用的是专家关于从古代鱼类到殖民地大米之间五花八门主题的公共知识积累。作为一名研究法国饮食的学者，承蒙诸多良师益友多方关照，我对法国图尔的欧洲饮食史研究学会（Institut européen de l’histoire de l’alimentation）感激不尽，感谢它在每年的例会上允许我展示研究进展，并为我的研究提供了海量信息。

本书大部分史料研究都是我以访客身份从大学图书馆获取的，它们友好地向我开放了馆藏。我对受到耶鲁大学、阿默斯特学院、马萨诸塞大学、蒙特霍利约克学院和贝佩丝大学教职员工的欢迎表示感谢。

此外，我还得到了下列机构在研究上的宝贵协助与支持。西蒙洛克校友图书馆的员工帮助我查找文章并完成了高水准的文献目录编纂工作。若没有西蒙洛克巴德学院慷慨批准我在 2018 年秋季的公休假，这本书也无从面世。我想要特别感谢系主任帕翠西娅 · 夏普（Patricia Sharpe）女士对我的鼓励和同事们承担因我缺席产生的额外工作量。

我永远感激珍妮特 · 奥克本（Janet Okoben），她是一位文字编辑专家和耐心的初审者，她的专业水准和勤奋（更不用提丰富的常识）使我的书更加完善。最后，我想真诚地感谢我的家人对本书细节的关注和写作进展的耐心。我还要向露西（Lucy）、塞莱斯特（Celeste）、伊森（Ethan）、诺亚（Noah）和凯文（Kevin）致意。我们餐桌上见！

图片来源

作者和出版方希望对以下图片材料的来源和 / 或复制它的许可表示感谢。为了简洁起见，在此列明了一些出处。

Photo Azurita/iStock International Inc.: p. 102; photo baalihar/iStock International Inc: p. 358; photo BeBa/Iberphoto/Mary Evans Picture Library: p. 5; Bibliothèque Municipale, Dijon: p. 52; Bibliothèque Municipale, Paris: p. 36; Bibliothèque Nationale, Paris: pp. 31, 47, 383; Marcus Elieser Bloch, ausübenden Arztes zu Berlin Ökonomische Naturgeschichte der Fische Deutschlands . . . (Berlin, 1783): pp. 10-11; Bodleian Library, Oxford: p. 40; Eugène Briffault, Paris à table (Paris, 1846): p. 210; British Library, London: p. 54; Charles Louis Cadet de Gassicourt, Cours gastronomique ou Les Diners de manant-Ville, ouvrage Anecdotique, Philosophique et Litteraire (Paris, 1809): p. 183; M.-A. Carême, Le Pâtissier royal Parisien, ou Traité élémentaire et pratique de la pâtisserie ancienne et moderne..., vol. i (Paris, 1815): p. 219; Cathédrale Notre-Dame de Chartres, Chartres: p. 28; photo chaosmaker/iStock International Inc: p. 394; photo Dorde Banjanin/iStock International Inc: p. 57; Urbain Dubois, La cuisine artistique, vol. i (Paris, 1872): p. 216; Urbain Dubois, La Cuisine classique, 10th edn, vol. ii (Paris, 1882): pp. 274, 275; Louis Figuier, Les merveilles de l'industrie ou, Description des principales industries modernes (Paris, 1873–7): pp. 109, 110, 129, 131, 316; Germanisches Nationalmuseum, Nuremberg: p. 49; Jules Gouffé, Le livre de cuisine (Paris, 1867): p. 260 (下); Jules Gouffé, Le livre de cuisine (Paris: Hachette, 1877): p. 220; The J. Paul Getty Museum, Los Angeles (Open Access): pp. 62, 69, 170, 232, 239, 389; Le Magasin Pittoresque: p. 276; Paul-Jacques Malouin, Description et détails des arts du meunier, du vermicelier et du boulenger (Paris, 1767): pp. 160, 162; Edme-Jules Maumené, Traité theorique et pratique du travail des vins: leurs propriétés, leur fabrication, leurs maladies, fabrication des vins mousseux (Paris, 1874): p. 205; Clément Maurice, Paris en plein Air (Paris, 1897): p. 278; photos Metropolitan Museum of Art (Open Access): pp. 100, 229; photo Miansari66: p. 392; photo monkeybusinessimages/iStock International Inc: p. 365; Musée Calvet, Avignon: p. 7; Musée Condé, Chantilly: pp. 26, 50, 201; Musée de la Gourmandise, Hermallesous-Huy: p. 64; Musée du Louvre, Paris: p. 203; Musée National des Arts d'Afrique et 334 d'Océanie, Paris: p. 330; photo Musée National de Cambodge, Phnom Penh: p. 327; Musée National de la Renaissance, Écouen: p. 61; Musée du Petit Palais, Paris: p. 68; Musée de la Tapisserie de Bayeux, Bayeux: p. 9; National Gallery of Art, Washington, dc (Open Access): pp. 前言 5, 前言 11, 前言 12, 86, 234; photo nobtis/iStock International Inc: p. 337; reproduced by kind permission of Passion Céréales – photo Benoit Bordier (© Passion Céréales): p. 273; A. B. de Périgord, Nouvel almanach des gourmands

(Paris, 1825): p. 227; photo Ludovic Péron et vigneron: p. 64; private collection p. 311; François Rabelais, La vie de Gargantua et de Pantagruel (Paris, 1854): p. 74; Rijksmuseum Amsterdam (Open Access): p. 33; reproduced by permission of the Science History Institute, Philadelphia, as part of the Wikipedian in Residence initiative: p. 307; photos Tangopaso: pp. 38, 184; photo triocean/iStock International Inc: p. 378; photo Vagabondatheart/iStock International Inc.: p. 96; photo venakr/iStock International Inc: p. 368; photo Vichie81/iStock International Inc: p. 356; photo Claude Villetaneuse: p. 241; whereabouts unknown: p. 209; photo Yale University Art Gallery, New Haven, ct (Open Access): p. 235.

SAVOIR-FAIRE: A History of Food in France

By Maryann Tebben

First published by Reaktion Books, London, UK, 2020, in the Foods and Nations Series.

图书在版编目（CIP）数据

高卢的技艺：法兰西饮食史 /（美）玛丽安·德本（Maryann Tebben）著；何帅译. -- 北京：中国人民大学出版社，2023.5

ISBN 978-7-300-31529-4

Ⅰ. ①高… Ⅱ. ①玛… ②何… Ⅲ. ①饮食—文化史—法国 Ⅳ. ① TS971.205.65

中国国家版本馆 CIP 数据核字（2023）第 045727 号

高卢的技艺

法兰西饮食史

[美] 玛丽安·德本（Maryann Tebben） 著

何　帅　译

Gaolu De Jiyi

出版发行	中国人民大学出版社			
社　　址	北京中关村大街 31 号	**邮政编码**	100080	
电　　话	010-62511242（总编室）	010-62511770（质管部）		
	010-82501766（邮购部）	010-62514148（门市部）		
	010-62515195（发行公司）	010-62515275（盗版举报）		
网　　址	http://www.crup.com.cn			
经　　销	新华书店			
印　　刷	北京瑞禾彩色印刷有限公司			
规　　格	145mm × 210mm　32 开本	**版　　次**	2023 年 5 月第 1 版	
印　　张	14.625 插页 4	**印　　次**	2023 年 5 月第 1 次印刷	
字　　数	293 000	**定　　价**	148.00 元